真空开关技术

邹积岩　陈军平　刘晓明　董恩源　编著

机 械 工 业 出 版 社

随着现代电力系统的飞速发展，真空开关以其优异的特性在电力设备中的占比越来越高。伴随着工业4.0时代的到来，真空开关技术本身也在快速发展。本书从真空开关基本原理入手，以电力应用为主要参数背景，从工程技术视角描述真空开关设计、制造与使用中涉及的理论与技术问题，并给出了对下一代真空开关的展望。

本书内容共分三部分，第一部分（第1、2章）是真空开关概论及其工作任务；第二部分（第3~6章）为真空开关主体技术以及相关理论，包括真空灭弧室技术、真空开关开断过程的物理描述与仿真、高压真空绝缘以及真空开关的操动机构及其控制；第三部分（第7、8章）为真空开关新应用与发展，包括直流真空开关和真空开关的智能化。

本书可作为高等学校电气工程相关专业本科生或研究生选修课教材、教学参考书，也可作为电力工程领域的科技人员与电器制造行业产品研发人员的参考书。

图书在版编目（CIP）数据

真空开关技术/邹积岩等编著. —北京：机械工业出版社，2021.6(2023.1 重印)
ISBN 978-7-111-68592-0

Ⅰ.①真… Ⅱ.①邹… Ⅲ.①真空开关-教材 Ⅳ.①TM561.2

中国版本图书馆 CIP 数据核字（2021）第128007号

机械工业出版社（北京市百万庄大街22号 邮政编码100037）
策划编辑：于苏华 责任编辑：张振霞
责任校对：张晓蓉 封面设计：马精明
责任印制：刘 媛
涿州市般润文化传播有限公司印刷
2023年1月第1版第2次印刷
184mm×260mm · 11.5印张 · 281千字
标准书号：ISBN 978-7-111-68592-0
定价：59.00元

电话服务
客服电话：010-88361066
010-88379833
010-68326294

网络服务
机 工 官 网：www.cmpbook.com
机 工 官 博：weibo.com/cmp1952
金 书 网：www.golden-book.com
机工教育服务网：www.cmpedu.com

前　言

电力线路最基本的操作就是与用电对象之间的接通或者开断，所用元器件称之为“开关电器”或简称“开关”。电力开关是电力系统的基础硬件之一，从20世纪90年代起，尤其在中压配电系统中，负责切换负载和短路保护的少油断路器几乎全部换上了性能优异的真空开关，由于环保气体的使用限制，发展历史不长的SF_6断路器在配电领域的应用也日趋减少。在输电等级应用中，断路器中以真空介质替代SF_6气体的进程，随着我国绿色环保“双碳”目标的提出已步入发展的快车道。随着真空开关在电力设备中占比的增加，人们希望更多地了解真空开关，相关专业技术人员需要掌握真空开关相关技术，电气工程领域本科生、研究生也希望对新型开关电器有比较深入的认知。

1960年我国第一台电力真空开关诞生，此后约半个世纪由已故的西安交通大学王季梅教授带领弟子奋斗在我国真空开关研究领域的前沿。从1983年我国第一本《真空开关》专著出版开始，王季梅老师留下了他主笔的真空开关理论与应用专著十余部。本书的基础理论框架和主要学术思想均引自王季梅老师的这些专著。作为晚辈之一的本书作者曾两度完成真空开关相关内容的国家自然科学基金重点项目，并将项目研究的部分总结内容以及团队近年来在真空开关技术方面的收获与体会汇总成本书的扩展内容，希望能传承王季梅老师的科学精神，续写真空开关技术的新篇。作者钟爱动手实践，但理论见短，本书欲以真空开关新技术为特色，但现代技术突飞猛进，“新”字很难持久，故书名仍称《真空开关技术》，其特色交给读者评价。

本书分三部分，第一部分（第1、2章）是真空开关概论及其工作任务；第二部分（第3~6章）为真空开关主体技术以及相关理论，包括真空灭弧室技术、真空开关开断过程的物理描述与仿真、高压真空绝缘以及真空开关的操动机构及其控制；第三部分（第7、8章）为真空开关新应用与发展，包括直流真空开关和真空开关的智能化。全书由大连理工大学邹积岩教授负责整体架构，并负责第1章、第2章、第7章和第8章的编写及全书统稿；旭光电子陈军平高级工程师负责第3章的编写；河北工业大学刘晓明教授负责第4章、第5章的编写；大连理工大学董恩源教授负责第6章的编写。本书内容部分取自作者指导的研究生的学位论文，以及大连理工大学电器团队廖敏夫教授、段雄英教授、王永兴博士、黄智慧博士等的研究成果。在编著过程中，大连理工大学丛吉远高工、邹啟涛高工，天津工业大学朱高嘉博士、李龙女博士，河北工业大学陈海工程师等都做了很多贡献。作者团队的在读博士研究生曾祥浩、梁德世、郭兴宇、李培源、姜文涛、吴其和黄翀阳等参与了编写。此外，旭光电子陈秉喜高级工程师、田志强高级工程师也为本书的编写做了大量工作。本书得到了国家自然科学基金项目（No. 51337001，No. 52077025）的支持，得到了旭光电子的出版赞助，在此一并表示衷心的感谢！

《真空开关技术》面向现代电力系统，旨在服务于电力工程领域科研人员与电器制造行业产品研发人员，也可作为高等学校电气工程及其自动化专业本科或研究生选修课教材、教学参考书。本书汇聚了作者及所在单位近年来的研究成果，但鉴于作者水平所限，书中难免有不足和谬误之处，诚挚欢迎广大读者批评指正。

作者

2020 年冬

目　　录

前言

第 1 章　真空开关概论 …… 1

1.1　真空开关的基本结构与工作原理 …… 1

1.2　真空开关的分类 …… 4

1.3　真空开关的发展历史与现状 …… 7

1.4　下一代真空开关展望 …… 9

参考文献 …… 17

第 2 章　真空开关的工作任务 …… 18

2.1　电力系统的短路及断路器关合短路 …… 18

2.2　真空开关开断短路电流的物理过程 …… 19

2.2.1　真空开关短路开断零区的介质恢复与电压恢复 …… 19

2.2.2　暂态恢复电压的表征 …… 20

2.3　不同负荷常规电流的合分 …… 24

2.3.1　空载长线的合分 …… 24

2.3.2　电容器组的投切 …… 25

2.3.3　开断小电感电流 …… 27

2.4　电力系统的常规应力与频繁操作 …… 28

2.4.1　绝缘要求与环境 …… 28

2.4.2　受力 …… 29

2.4.3　频繁操作与寿命 …… 29

2.5　真空开关的型式试验 …… 30

2.5.1　绝缘试验 …… 30

2.5.2　机械性能试验 …… 30

2.5.3　短路试验 …… 31

2.5.4　操动机构与辅助回路 …… 32

2.5.5　控制系统的电磁兼容试验 …… 33

参考文献 …… 35

第 3 章　真空灭弧室技术 …… 36

3.1　真空灭弧室的历史、现状与发展 …… 36

3.2　真空灭弧室的结构与原理 …… 37

3.2.1　真空灭弧室的结构 …… 37

3.2.2　真空灭弧室的工作原理 …… 39

3.3　电弧控制技术 …… 42

3.3.1　真空电弧的形态 …… 42

3.3.2　横向磁场触头结构及熄弧原理 …… 43

3.3.3　纵向磁场触头结构及熄弧原理 …… 43

3.4　焊接与封接技术 …… 45

3.4.1　对封接金属的要求 …… 45

3.4.2　封接结构 …… 46

3.5　触头材料与动密封 …… 47

3.5.1　触头材料 …… 47

3.5.2　动密封 …… 48

3.6　老炼与真空测试 …… 49

3.6.1　真空灭弧室的老炼 …… 49

3.6.2　真空测试 …… 50

参考文献 …… 51

第 4 章　真空开关开断过程的物理描述与仿真 …… 52

4.1　真空电弧的基本特性 …… 52

4.1.1　真空电弧的伏安特性 …… 52

4.1.2　阴极斑点 …… 53

4.1.3　真空电弧的形态 …… 58

4.2　真空电弧零区现象 …… 60

4.2.1　低气压等离子体鞘层发展 …… 60

4.2.2　弧后金属蒸气密度衰减规律 …… 61

4.2.3　真空电弧的弧后电流 …… 63

4.2.4　真空开关的截流现象 …… 64

4.3　真空电弧的磁场调控 …… 67

4.3.1　触头结构及其磁场分布 …… 67

4.3.2　TMF – AMF 组合磁场触头图像分析 …… 68

参考文献 …… 69

第 5 章　高压真空绝缘 …… 70

5.1　真空间隙的静态绝缘 …… 70

5.1.1　真空间隙的静态绝缘强度 …… 70

5.1.2　影响真空绝缘的设计与工艺因素 …… 73

5.1.3　击穿弱点与电极材料 …… 74

5.1.4　基于电场数值分析的 126kV 双断口真空断路器灭弧室内绝缘设计 …… 75

5.2　真空灭弧室弧后动态绝缘 …… 78

5.2.1　暂态恢复电压 …… 79

5.2.2　真空介质强度恢复与 TRV …… 79

5.2.3 多断口串联高压真空开关的动态绝缘 …… 80
5.3 真空中的固体介质 …… 81
5.3.1 真空中固体介质表面闪络机理及其影响因素 …… 81
5.3.2 真空开关外绝缘分析 …… 82
参考文献 …… 83
第6章 真空开关的操动机构及其控制 …… 84
6.1 真空开关的运动特性与操动机构参数 …… 84
6.1.1 真空开关对操动机构运动特性及机械参数的需求 …… 84
6.1.2 操动机构的工作参数 …… 87
6.1.3 运动特性与开断能力 …… 88
6.2 弹簧操动机构 …… 90
6.2.1 弹簧机构的构成 …… 90
6.2.2 弹簧机构的工作原理 …… 91
6.3 永磁机构与磁力机构 …… 92
6.3.1 永磁操动机构的结构原理 …… 93
6.3.2 磁力操动机构的结构原理 …… 93
6.3.3 永磁与磁力机构的电磁场分析 …… 94
6.3.4 永磁机构的有限元分析与设计 …… 97
6.3.5 影响永磁与磁力机构出力特性的因素 …… 101
6.4 斥力机构 …… 102
6.4.1 快速斥力机构的工作原理 …… 102
6.4.2 斥力机构特性分析 …… 103
6.4.3 影响斥力机构运动特性的因素 …… 104
6.4.4 三种电磁机构的比较 …… 105
6.5 电磁类操动机构的调控 …… 105
6.5.1 基本控制 …… 105
6.5.2 调速控制 …… 107
参考文献 …… 111
第7章 直流真空开关 …… 112
7.1 机械式直流真空断路器 …… 113
7.1.1 基本原理 …… 113
7.1.2 拓扑电路分析 …… 115
7.1.3 高压直流真空开关的典型结构 …… 116
7.1.4 高压直流真空开关的参数试验 …… 117
7.2 真空开关的中频开断 …… 119
7.2.1 中频换流参数 …… 119
7.2.2 临界开断参数 …… 120
7.2.3 系统剩余能量的消纳 …… 122
7.3 直流真空开关模块的串联 …… 122
7.3.1 模块结构设计案例 …… 123
7.3.2 多断口直流真空断路器的同步控制 …… 124
7.3.3 同步控制系统及冗余设计 …… 125
7.4 混合式直流断路器中的快速真空隔离开关 …… 127
7.4.1 混合式直流断路器拓扑 …… 127
7.4.2 快速开关的工作条件 …… 129
7.4.3 快速真空开关的运动参数 …… 130
7.5 中低压直流真空开关 …… 135
7.5.1 直流配电断路器 …… 135
7.5.2 轨道牵引与舰船直流真空开关 …… 139
7.5.3 双电源快速切换开关 …… 140
参考文献 …… 144
第8章 真空开关的智能化 …… 145
8.1 智能真空开关的信号检测系统 …… 145
8.1.1 现场参量及植入传感器 …… 146
8.1.2 电量传感器 …… 146
8.1.3 非电量传感器 …… 149
8.1.4 开关量检测方法 …… 152
8.2 相控真空开关 …… 154
8.2.1 相控开关的基本结构 …… 155
8.2.2 短路故障的相控开断 …… 156
8.2.3 相控真空开关的应用实例 …… 158
8.3 多断口真空开关的同步补偿 …… 160
8.3.1 多断口真空断路器的基本操作控制 …… 160
8.3.2 多断口真空断路器的主动异步开断 …… 162
8.3.3 实施案例 …… 166
8.4 真空开关的电磁兼容与可靠性 …… 167
8.4.1 电磁干扰源 …… 168
8.4.2 电磁干扰的抑制 …… 168
8.4.3 电磁兼容试验 …… 170
8.4.4 智能真空开关的可靠性评价 …… 171
参考文献 …… 176

第 1 章 真空开关概论

电力线路最基本的操作就是用电对象与系统的接通或者开断，所用元器件称之为“开关电器”或简称“开关”。开关电器中除了直接使用的低压开关（包括家用电器和汽车电器）外，技术含量高且用量较广、与我们距离较近的是中压配电开关。在这个领域中依灭弧与绝缘介质分类有三种开关：油开关、六氟化硫（SF_6）开关和真空开关。以少油断路器为代表的油开关由于性能参数与安全性能的原因，在 20 世纪末已经全线淘汰，被以 SF_6 开关和真空开关为代表的新型开关电器所取代。30 年前真空开关在电力系统中还不多见，但从 20 世纪 90 年代起，尤其在中压配电系统中，负责切换负载和短路保护的断路器几乎全部换上了真空断路器，使用了半个世纪的油断路器已经罕见踪影，由于环保气体的限制，SF_6 开关也日趋减少。随着现代电力系统的飞速发展，以及真空开关在电力系统中占比的增加，人们需要更多地了解真空开关技术，以紧跟电力系统发展的步伐。为了深入了解貌似复杂的真空开关，本书从它的基本原理入手，用工程技术的视角描述真空开关的分类与典型结构，并在回顾真空开关发展历史的同时，给出了对下一代真空开关的展望。

1.1 真空开关的基本结构与工作原理

电力开关一般包括断路器、负荷开关、熔断器等。其中断路器既可以开断系统故障电流，又可以合分正常负载，而负荷开关仅能控制正常负荷的通断，但结构可以简化，成本降低很多。在研究电力开关的工作机理时，一般取断路器参数来涵盖开关大类的功能。

与依靠其他介质的有触点开关一样，真空开关属于带有相对独立灭弧室的机械式开关电器，典型的真空开关是电力系统中广泛应用的真空断路器（Vacuum Circuit Breaker, VCB），图 1-1 所示是手车式真空断路器的典型结构。图中的结构大致分为三部分[1]：真空灭弧室，操动机构/传动机构，支撑绝缘子与基座/手车。此外还有图中未显现的辅助开关与测量元器件。图 1-2 为真空断路器的典型产品照片。

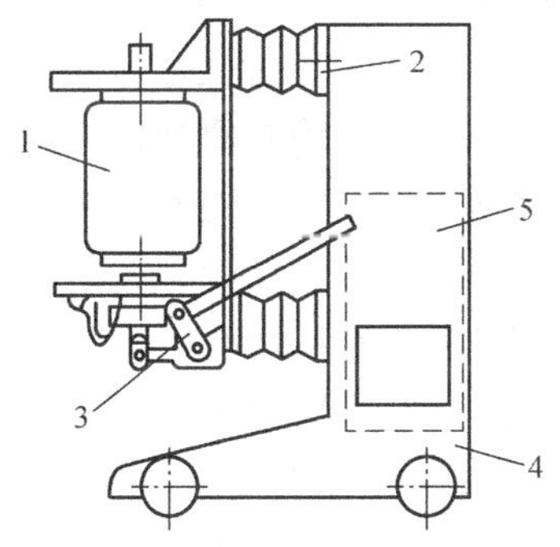

图 1-1 手车式真空断路器的典型结构
1—真空灭弧室 2—绝缘子
3—传动机构 4—基座 5—操动机构

真空开关的核心部件是真空灭弧室（Vacuum Interrupter, VI），也称为真空开关管，由动、静触头及其导电杆完成与外电路的连接。由于真空开关管承受外界大气压，没有机构作用时大气压力使动、静触头呈闭合状态。当连接工频电力系统的真空开关接到分闸指令时，两个导电触头受操动机构作用分离、产生电弧，电弧在两个触头间燃炽，燃弧时间一般不超过半个工频周期（即 10ms），在交流电的电流过零瞬间熄灭，并利用真空条件快速扩散而使弧隙恢复为真空绝缘状态。真空灭弧室的基本要素除了真空条件和连接外部出线的一对动、静触头外，还有活动密封波纹管、屏蔽罩以及密封性能良好并有足够机械强度的绝缘外壳。图1-3为典型高压断路器用真空灭弧室的剖面图。

图1-2　VXG型12kV真空断路器产品

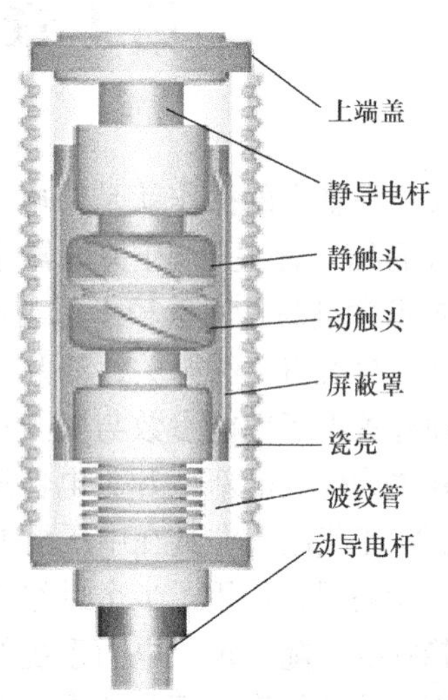

图1-3　典型真空灭弧室的剖面图

操动机构是真空开关合分动作的执行/驱动部件，它不仅要保证真空开关长期的动作可靠性，而且要满足开关熄弧特性对动触头速度的要求。用于真空开关的操动机构主要有两种：弹簧储能机构和电磁机构（包括近年发展起来的永磁机构、斥力机构）。弹簧储能机构是目前应用最广的真空开关操动机构，其特点是性能指标较高，技术成熟。弹簧机构的缺点是机械结构复杂，各种功能大多依靠运动副、连杆、锁扣和储能弹簧完成。传统弹簧机构有上百个零件，是可靠性指标的瓶颈所在。永磁机构以及其他满足一些特殊要求的磁力、斥力机构都是基于电磁作用力动作的，近年来发展较快，后面有专门的章节叙述。

真空开关的绝缘支撑与框架属于结构件，担负绝缘配合和操作力与电磁力的载荷，完整的开关设计需要有核算数据的支持，对应的考核指标是绝缘水平与电流的短时与瞬时耐受能力。辅助开关与开关主断口通过绝缘件联动，一般有两组以上常闭/常开触点或无触点开关，其功能是给控制系统反馈主断口状态，也可辅助控制操动机构。测量元器件一般附在开关本体，如电流/电压互感器。一些开关或真空开关柜则有相对独立的智能检测系统。

真空开关的最大特色源自“真空”。真空是一个相对概念，当密闭容器中的空气压强低于133Pa时，就认为处于真空状态。图1-4为气体放电理论中经典的巴申曲线[2]，描述真空间隙中真空压强与击穿电压的关系。图示曲线的背景是真空中的一对钨电极，间隙为1mm。由图可见，当真空压强低于10^{-2}Pa时，击穿电压已经很高且趋于饱和，击穿场强接近100kV/mm。图1-5为各种介质的绝缘强度比较[2]，可见真空介质（权当一种特定的介质）与常见的大气压下的空气或SF_6气体就绝缘能力而

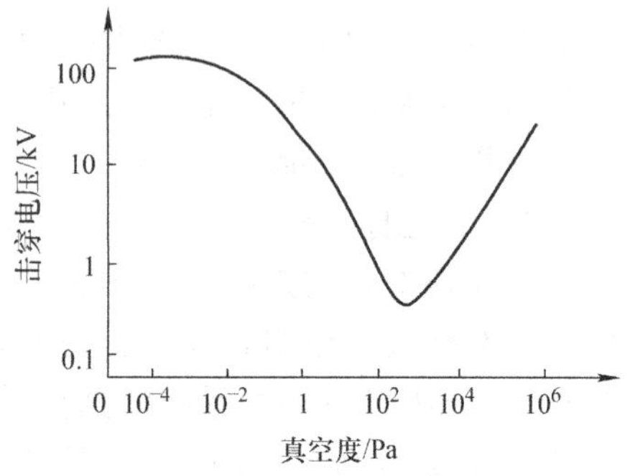

图1-4　气体放电的巴申曲线

言的相对位置。这也是真空灭弧室静态绝缘的基本依据。

如前所述，真空开关是由触头的相对运动来关合与开断电路的，对于带有一定负荷（大于十几伏的电压或上百毫安的电流）合分的情况，总会在触头间产生电弧。在真空灭弧室开断过程中，随着动触头分离运动、触头间接触压力的变小，触头之间的面接触变成只有一些弹性变形恢复的微点接触，其中的电流密度急剧增加，当触头继续分离达到最后一个或几个接触点时，形成所谓的金属桥。电流的连续性使金属桥爆炸，产生金属蒸气并随即被电离，形成初始电弧等离子体。此后电路中的电流如有过零点时，电弧就可能熄灭，电路断开。触头间隙的真空背景条件使剩余金属蒸气迅速扩散，开始弧隙的介质强度恢复过程。同时，触头间电压由闭合时的零电压过渡到系统电压，称之为电压恢复，与灭弧室的介质强度恢复在电流过零后开始“竞赛”。当介质强度恢复速度高于系统电压恢复速度且每个瞬间的介质强度都高于系统恢复电压时，电路成功开断。

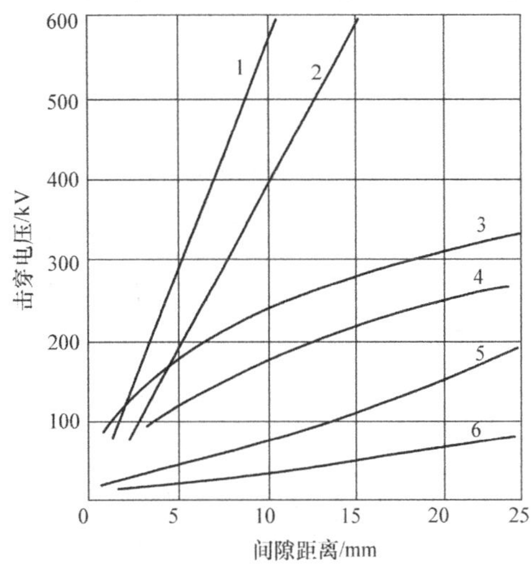

图 1-5　各种介质的绝缘强度比较

1—2.8MPa 空气　2—0.7MPa SF_6 气体　3—高真空
4—变压器油　5—0.1MPa SF_6 气体　6—0.1MPa 空气

正是真空介质无可比拟的剩余金属蒸气快速扩散能力，支撑了真空灭弧室的快速介质恢复，赋予了真空开关开断短路电流的优异特性。

对于关合过程，当电压较高时，触头相对运动到闭合前的某一距离时就会发生预击穿，形成电弧。由于真空介质很高的击穿场强，发生预击穿时动、静触头距离相比大气条件已经非常小，预击穿燃弧时间极短，一般不会造成触头表面较大的烧损。这就是真空开关合分电路的基本过程与原理。表 1-1 是典型的商用 12kV 交流真空断路器的基本参数，也反映了真空开关性能的基本参数范围。

表 1-1　VXG 型 12kV 交流真空断路器基本参数

序号	项目			技术数据			
1	额定电压		kV	12			
2	额定绝缘水平	额定短时工频耐受电压（1min）	kV	42			
3		额定雷电冲击耐受电压（峰值）		75			
4	额定频率		Hz	50			
5	额定电流		A	630 1250	630 1250	630 1250 1600 2000 2500 3150 4000	630 1250 1600 2000 2500 3150 4000

（续）

序号	项　目		单位	技术数据			
6	额定短路开断电流		kA	20	25	31.5	40
7	额定短时耐受电流			20	25	31.5	40
8	额定峰值耐受电流			50	63	80	100
9	额定短路关合电流			50	63	80	100
10	额定短路持续时间		s	4			
11	额定操作顺序　自动重合闸			O－0.3s－CO－180s－CO			
12	非自动重合闸			O－180s－CO－180s－CO			
13	额定操作电压	分合闸线圈	V	AC110/220 DC110/220			
		储能电机		AC110/220 DC110/220			
14	额定瞬时过电流脱扣动作电流		A	5			
15	二次回路工频耐受电压（1min）		V	2000			
16	主回路电阻		μΩ	≤50（630A）			
				≤45（1250A）			
				≤40（1600～2000A）			
				≤35（2500A 以上）			
17	触头开距		mm	9±1			
18	接触行程			3.5±0.5			
19	平均合闸速度		m/s	0.4～0.8			
20	平均分闸速度			0.9～1.3			
21	三相分、合闸同期性		ms	≤2			
22	触头合闸弹跳时间		ms	≤2，40kA≤3			
23	动、静触头允许磨损累计厚度		mm	3			
24	机械寿命		次	30000			

1.2　真空开关的分类

真空开关可以直接作为电力系统的元器件或组合电器的核心部件，一般按功能可分为断路器、负荷开关/接触器、特殊用途真空开关、真空触发开关；作为组合电器则可分为户内真空开关柜和户外敞开式真空开关，包括采用真空灭弧室作为开断单元、气体介质保证外绝缘的混合式气体绝缘开关装置（Hybrid Gas Insulated Switohgear，HGIS）等。与其他断路器一样，真空断路器在电力系统中承担控制负载和短路保护的作用，也是性能最全面、参数水平最高的真空开关之一。大量的真空开关安装在室内或开关柜内，分类为户内断路器；独立安装在户外的断路器，分类为户外断路器，或称为敞开式断路器，以区别于气体绝缘开关装置（GIS）。户外断路器的特点是要满足户外的绝缘配合要求。如图 1-2 所示是配电站开关柜中典型的真空断路器手车结构，可以方便地从柜中拉出检修或者更换。图 1-6 为典型的 40.5kV 户外高压真空断路器。

真空负荷开关能合分正常负载电流而无须承担短路保护任务，一般安装在户外，并串有可见断口，或与熔断器串联组合，用于负载的频繁投切。串有熔断器的真空负荷开关可在负荷较小、不重要的分支兼做保护。图1-7为典型的中压真空负荷开关。负荷开关在低压领域一般称为接触器。真空负荷开关结构与真空断路器结构类似，但由于功能需求少，真空灭弧室与开关主体尺寸均可缩小许多。低压真空接触器的灭弧室可以做得很小，相比空气开关，其分断能力强、寿命长、电弧不外漏，很受使用者的青睐。图1-8为典型的1.14kV/630A真空接触器。

图1-6　典型的40.5kV户外高压真空断路器

由于寿命周期长且有防爆抗污秽等特点，低压真空接触器在矿山、轨道牵引控制方面有独特的市场需求。图1-9为矿山用真空磁力启动器，其主开关为两台真空接触器。相对断路器而言，真空负荷开关/接触器的开距/行程短，动触头运动冲击小，机械寿命可达百万次。

图1-7　典型的中压真空负荷开关

图1-8　典型的1.14kV/630A真空接触器

a) 实物图

b) 内部结构图

图1-9　QJZ系列矿用真空磁力启动器及其内部结构

负荷开关与断路器的参数区别仅是开断电流较低，绝缘、电流耐受以及机械参数基本相同。表1-2是某轨道牵引用真空接触器的基本参数要求。

表1-2　轨道牵引用直流真空接触器的基本参数要求

标称电压 U_n/kV	短时耐受 U_i/kV	冲击耐受 U_{imp}/kV	污染等级	过电压等级	发热电流 I_{th}/A	控制电压(DC)/V	触头配置(辅助)
1.5~3.0	3~4.8	15~25	PD3	OV3	400~800	24/110	1XNC/O

表 1-2 中污染等级是指根据环境条件中导电或吸湿的尘埃、游离气体或盐类和相对湿度的大小，以及由于吸湿或凝露导致表面介电强度和/或电阻率下降事件发生的频度；3 级（PD3）说明有导电性污染，或由于预期的凝露使干燥的非导电性污染变为导电性的场合。过电压等级 3 级（OV3）是指电路直接与接触网相连、有过电压保护且不承受大气过电压。

还有一类没有操动机构（两个触头形成固定间隙）、另设一个触发电极的真空开关，称之为真空触发开关（Triggered Vacuum Switch，TVS），或真空触发间隙（Triggered Vacuum Gap，TVG）。真空触发开关最早的用途是大功率储能系统中的接通开关，控制精度高、放电损耗小。近年来在直流开断、故障限流器和脉冲功率技术中得到了广泛应用，相继发展出特大容量的多棒电极 TVS 和激光触发 TVS，前者可接通数百库伦电荷，后者的动作时间控制精度可达到纳秒数量级。图 1-10 为 TVS 的基本结构与多棒电极 TVS，图 1-11 为激光触发 TVS 的结构。

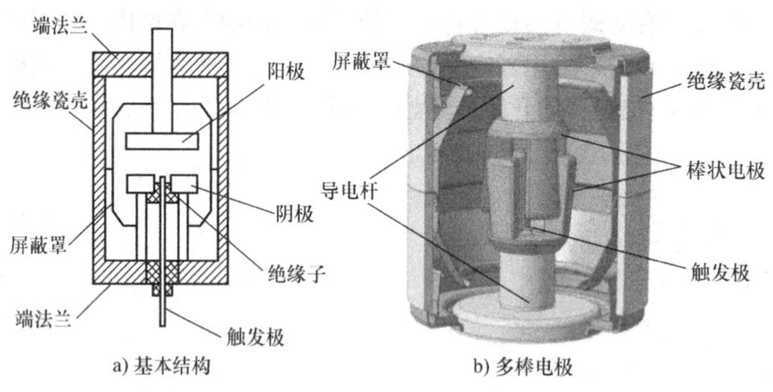

a) 基本结构　b) 多棒电极

图 1-10　TVS 的基本结构与多棒电极 TVS

根据图 1-10 所示结构可见，一般的 TVS 类似动触头处于分闸状态的真空灭弧室，它的导通依靠触发极在外电路脉冲作用下与所依附的触头发生击穿产生的初始等离子体，继而扩散到整个电极，完成导通。TVS 的开断与一般真空灭弧室一样，依赖电弧电流过零和剩余等离子体在真空环境下的扩散。触发极上的击穿除了外部条件外，其本身还具有稳定击穿条件的措施，比如场畸变的触发电极的设计、触发极与依附电极绝缘表面所加的半导体涂层等。

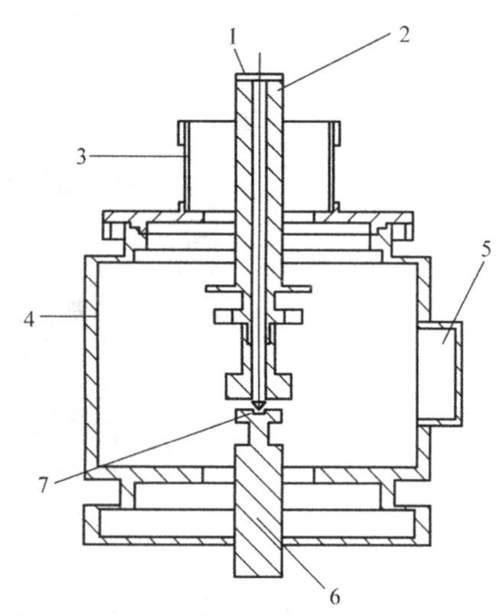

图 1-11　激光触发 TVS 结构

1—石英玻璃窗　2—阳极导电杆　3—绝缘瓷壳　4—金属屏蔽罩　5—观察窗　6—阴极导电杆　7—触发材料

真空触发开关的工作参数除了上述的一次接通电荷量外，触发时间精度和触发可靠性是 TVS 应用的主导参数。100C 的电荷意味着脉宽 1ms、幅值 100kA 的脉冲放电。表 1-3 为国外某机构生产的 TVS 参数。有的物理实验和多目标联动的场合，控制精度是人们最关注的参数，即触发时间的分散性，人们称之为“抖动时间（Jitter）”。激光触发 TVS（LTVS）中，激光束沿光缆通过 LTVS 导电杆上特定的玻璃窗轰击触头表面，产生初始等离子体引发整个间隙的导通。激光触发击穿比依赖场畸变击穿稳定得多，试验证明其抖动时间可降低至纳秒数量级。

表 1-3　国外某机构生产的 TVS 参数

	RVU－47	RVU－43－1
工作电压/kV	0.5～27	0.5～35
工作电流/kA	5～150	5～300
单次脉冲最大充电量/C	60	140
电气强度的恢复时间/μs	100	100
延时/μs	0.7	1.0
抖动时间/μs	0.05	0.1
电寿命（导通次数）	5×10^4	5×10^4
触发电压/kV	5	5
触发电流/A	不低于 500	不低于 500
触发电流持续时间/μs	不低于 5.0	不低于 5.0
工作频率/Hz	不高于 0.02	不高于 0.02
尺寸：直径/mm 高度/mm	128 195	145 197
重量/kg	4.8	6.0

1.3　真空开关的发展历史与现状

真空开关的历史可追溯到 19 世纪，人们开始考虑利用真空扩散特性来熄灭电流开断时产生的电弧。1893 年美国人 Rittenhause 公布了第一个结构简单的真空灭弧室专利，1920 年瑞典 Birka 研制成功第一个真空开关，虽然仅能开断很小的电流，但却标志着人们开始了真空开关实用化的征程[3]。1926 年美国加州工学院的 Sorenson 和 Mendenhall 公布了成功开断 42kV/926A 工频电流的成果，证明了真空开关在电力系统应用的可行性。可用于实际电力系统中的商用真空灭弧室是由美国 Jennings 公司于 20 世纪 50 年代开发出来的[3]。最早面世的真空灭弧室主要存在两个问题：一个是触头上吸附的气体会影响灭弧室长期工作的真空度；另一个是早期的生产工艺不成熟，密封及焊接可靠性水平较低。美国与德国的一些电气公司开始对真空密封技术进行攻关。真空密封问题得到解决后，触头材料又成为新的拦路虎：一个是材料含气量问题，燃弧之后灭弧室真空度下降乃至失效；另一个是触头熔焊问题，真空条件下没有氧化层的洁净触头表面存在冷焊问题以及关合预击穿电弧和弹跳电弧引起的熔焊问题。工艺问题阻滞了真空开关的实用化大概 30 年，直到 20 世纪 60 年代初半导体技术的发展，提供了降低含气量的触头材料冶炼方法，解决了材料含气量问题后，1961 年美国通用电气公司以美籍华人李天和（T. H. Lee）为代表的团队发明了利用合金分层凝固解决触头冷焊、熔焊技术，并研制出 15kV/12.5kA 真空断路器，真空断路器才第一次真正进入了电力系统。随后他们又发明了横向磁场控制电弧技术，把真空断路器的开断能力提高到 15kV/31.5kA。从此，真空开关的发展步入快车道，世界各大电气公司都开始推出自己的真空断路器产品，其技术指标也不断得以超越，直到今日。真空开关参数向高电压方向发展大多是材料、工艺与电磁场设计问题，水到渠成，但在向大电流开断方向发展却又有新的瓶颈——真空电弧的集聚现象。日本东芝公司的 Yanabu 团队发明了纵向磁场控制电弧技术，解决了真空电弧集聚问题，并研制出 12kV/200kA 真空灭弧室样机，引导了现代大容量真空开关的发展趋势。至此，真空开关应对电力系统需求已经没有大的技术障碍。

我国第一个真空灭弧室是 1958 年出自西安交通大学王季梅教授领导的科研团队，达到的参数为工频 4kV/5kA。到 1960 年该课题组研制出我国第一台三相真空开关，参数为 10kV/1500A，并在电力系统上完成了电容器组开断试验，我国真空开关事业以国际前沿水平开始起步。图 1-12 为我国第一台三相真空开关。

图 1-12　我国第一台三相真空开关

1976 年，王季梅团队会同国内两个电器归口研究所开始了真空电弧理论研究和真空开关产品研发新的征程。自改革开放以后，我国各个领域迎来了大发展的春风，国内真空开关的发展突飞猛进，十多家电器生产厂正式投入真空开关的生产，国内两家大的电子管生产厂专门配套真空灭弧室。真空开关理论上的广泛深入研究，引导着产品参数不断提高，尤其是王季梅教授引入的纵向磁场控制电弧技术，一举解决了真空灭弧室分断能力的瓶颈，大大推动了我国真空开关的发展。另一方面，20 世纪 80 年代中期两个国外真空灭弧室生产线进入中国，大大提高了真空灭弧室的工艺水平和质量。到 21 世纪初，我国已经发展成为世界真空开关生产大国，无论产量还是参数都已达到国际领先水平，产量已跃居世界第一。

据 2012 年的报道，我国真空开关的市场份额已占中压电力系统市场的 98% 以上[4]，在 72.5kV 及以上电压等级中，真空开关也已开始使用。据统计，日本输电等级电力系统中使用 72～168kV 真空开关约一万台。目前高压真空开关产品已达到单断口 145kV、双断口 168kV/40kA[4]。近年来，我国在 72.5kV 及以上电压等级的真空开关也得到迅速发展。西安高压电器研究院与西安交通大学分别在 2010 年和 2013 年研制成功的具有完全自主知识产权的 126kV/40kA 单断口瓷柱式真空断路器，其核心部件——真空灭弧室是由西安交通大学和陕西宝光合作研发。如图 1-13 所示，其中西安交通大学研制成功的 126kV 真空开关额定电流达到 2500A。目前在配电领域真空开关的应用已经超过 95%。随着因环境问题引发的 SF6 开关的退出，真空开关在用电领域的应用得到进一步扩展，基于真空开断技术的固体绝缘环

a) 单断口瓷柱式真空断路器

b) 灭弧室

图 1-13　我国自主知识产权的 126kV/40kA 单断口瓷柱式真空断路器及其灭弧室

网柜和充气环网柜正在逐步替代SF6环网柜，迅速发展成为二次配电领域的主导产品。图1-14为我国典型12kV环网柜产品。

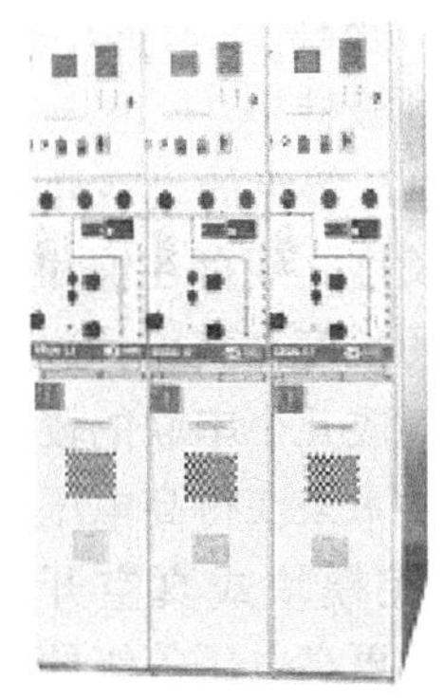

图1-14　12kV环网柜产品

1.4　下一代真空开关展望

如果说20世纪90年代开始了第二代、也是真正深入到电力系统的一代真空开关，30多年的发展已形成比较完善的真空开关技术，真空开关产业已进入到年产量百万台套的规模，成为世界之最。随着以新材料、新工艺和信息与人工智能技术为代表的工业4.0时代的到来，可以预测下一代真空开关的轮廓，其特征包括智能化、模块化、突破电压极限以及无处不在的新材料应用等。

1. 真空开关的智能化——向精品进军

伴随着信息与互联网技术突飞猛进的发展以及工业4.0大潮的涌来，人工智能正在深入到各个领域。真空开关作为新一代的开关电器，以智能化技术为武装，必将使其性能和应用领域得到飞速地拓展。

近年来，国内外已有很多智能化真空开关柜投入市场，它们的特点是采用先进的传感器技术和微计算机信号处理与控制技术，使整个组合电器的在线监测与二次系统在一个计算机控制平台上，成为真空开关精品的标配。20世纪90年代初，国外的智能式真空断路器包括三种功能：自动保护功能，早期维护功能和信息传递功能。90年代末出现了永磁操动机构，并配合新型传感器以及二次控制无触点化，使产品达到了更高的智能化水平。真空开关永磁机构的意义不仅在于大大简化了机械传动，提高了机构的可靠性，更重要的是它改进了操动的可控性，为进一步的高压开关选相合分奠定了基础。真空开关智能化的更新换代，涉及很多电器领域的新概念、新规范与新标准。电力系统希望开关生产企业采用更多的智能化技术，不断提高产品的档次和技术含量，向精品进军，赶超国际先进水平；但同时也要积极扶持新概念电器，更多地采用智能化开关，从而在根本上解决电力系统的硬件水平问题。

2. 模块化——通向智能化和高电压等级应用的桥梁

随着真空开关更广泛的应用，集成化与模块化已成为趋势。模块化是指把一个工作单元集成或整合到一体，具有独立的功能，可以用简单的方式与其他模块或单元链接工作。大功率半导体器件向集成化发展是成功的先例，比如IGBT的应用已经把驱动与保护集成为一体，成为 IPM 模块，极大地推动了大功率电力电子技术的应用。真空开关的模块化刚完成配电用灭弧室的“固封”，即按一定的工艺把真空灭弧室封装在包括出线和支撑件的热固性绝缘筒中，称之为“极柱”。有的厂家把电流/电压互感器/传感器固封到极柱中，目前正努力把操动机构集成到极柱中。

110kV 及以上电压等级的真空开关采用多个真空灭弧室串联是可行的方案之一。由于击穿电压和真空间隙长度之间存在饱和效应，在长真空间隙下，真空开关的耐压水平不能通过单纯增加真空间隙的长度来获得，这阻滞了真空开关向高电压等级应用发展。工程上可以把较长的真空间隙分割成几个串联的较短的真空间隙，从而提高其耐压水平，这实际上就是采用多断口真空开关技术来获得高电压等级真空开关的基本依据。大连理工大学提出采用基于永磁操动机构的光控模块式真空开关单元（Fiber - Controlled Vacuum Interrupter Module，FCVIM）串联，组成更高电压等级的多断口真空开关[7]。模块采用光纤控制技术可在低电位端控制处于高电位的真空开关操动机构，不但可以解决二次回路的绝缘问题，而且解决了模块间的绝缘配合的难题。

FCVIM 主要由外绝缘系统、真空灭弧室、永磁操动机构、感应电源线圈（CT）直接从负荷电流中获取电能的电源系统和包括光电控制系统在内的永磁机构控制系统五部分组成。图 1-15 为光控模块式真空开关单元原理结构。其中，永磁操动机构的输出驱动杆直接与真空灭弧室动导电杆相连，用感应电源线圈直接从电网的负载电流中取出能量，一方面为永磁操动机构操作电容器充电，另一方面为蓄电池充电，用来保证电网停电时也能为永磁操动机构操作电容器充电，形成新型电源系统；由低压部分接受分闸或者合闸命令信号，并将它们转换为光信号，通过光纤传输到高压部分，再还原为电信号；此电信号用来接通相应的电力电子元器件，使储能电容器组为永磁操动机构励磁。真空开关模块的出线可由端部法兰完

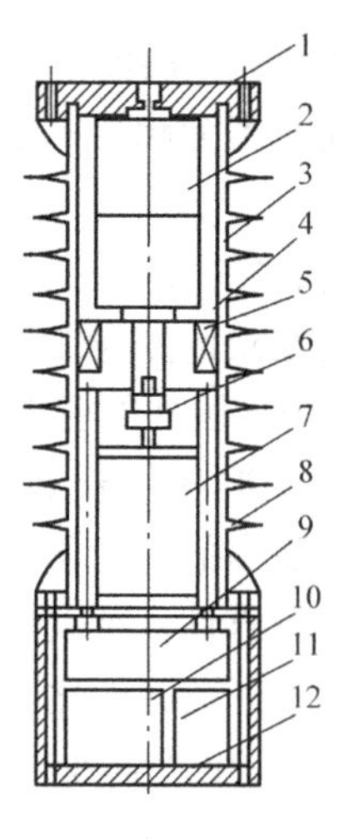

a) 原理结构

b) 样机

图 1-15　光控模块式真空开关单元原理结构与样机

1—上出线法兰　2—真空灭弧室　3—外绝缘筒　4—内壁复合绝缘　5—取电 CT
6—触头弹簧　7—永磁操动机构　8—外伞裙　9—控制板　10—电容器组　11—蓄电池　12—下出线法兰

成，其光电控制是由光缆完成对每个模块的电子操动机构的控制，对其内部参数进行检测及信号传输。此外，通过光缆在低电位控制位于高电位的模块操动机构，用光纤传输的同步触发信号，可直接由低电位端发出或由系统计算机进行直接控制。采用这样的光控模块技术可以积木式地串联相应数量的模块，组成更高电压等级的多断口真空开关。图1-16为三个40.5kV－FCVIM串联组成的126kV真空断路器产品样机。

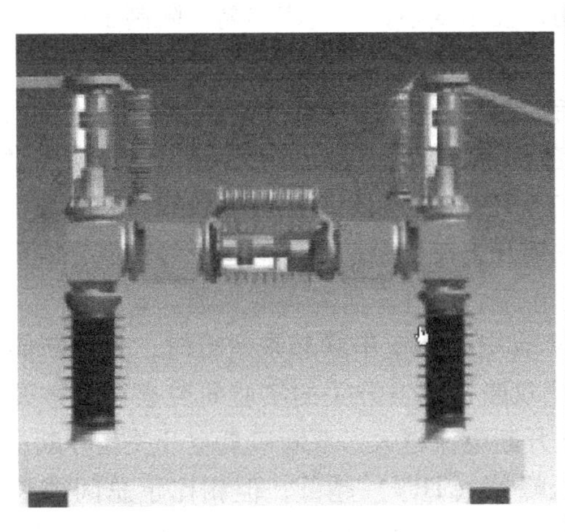

图1-16　三个FCVIM串联组成的126kV真空断路器产品结构与样机

对于应用于高电压等级的真空开关，模块化更有优势，随着应用范围的扩展和产品的批量化、元件化，低压真空开关模块的大面积推广将是不远的未来。

3. 高电压等级应用——全面替代SF_6开关

目前，在高压领域存在两种介质的开关：六氟化硫（SF_6）开关和真空开关。在110kV及以上电压等级，SF_6开关占主导地位。但是，由于SF_6对地球大气层有很强的温室效应，一旦泄漏，它在空气中存在的寿命超过3000年，它的影响超过CO_2影响的2.5万倍。因此，早在1997年日本京都会议上，SF_6就被正式确定为温室效应气体，必须对它的使用和排放进行限制。目前，有许多研究者一直在研究可以替代SF_6的、既有熄弧能力又有绝缘优势的介质。但直到现在，还没有找到兼有二者优异特性的替代品，能在高压和超高压开关领域替代SF_6气体。采用真空开关做开断元件，新的环境友好的介质主导绝缘成为目前最有希望的解决方案。鉴于真空开关的诸多优点，其向更高电压等级的高压和超高压领域发展已成为趋势。

发展更高电压等级的真空开关有两种途径：一是继续发展单断口型真空开关；二是发展双断口及多断口真空开关。以日、美为主，在对真空绝缘性能做了大量研究工作的基础上，首先开始高电压等级真空断路器的研制工作。美国GE公司是世界上最先开始真空开关研究的公司，于20世纪50年代开始生产45kV电压等级的真空灭弧室，并曾于60年代初采用多个45kV电压等级真空灭弧室串联制成高压和超高压真空断路器、真空负荷开关，并实际投入到相应的电力系统上运行。这种真空断路器分别由3、7、11和14个真空灭弧室组成电压等级分别为145kV、362kV、550kV和800kV的真空断路器。目前，84kV及以下电压等级的真空断路器在日本已经形成系列化产品，并于1987年研制成功额定电压145kV、分断电流

31.5kA 的单断口真空断路器及额定电压 168kV、分断电流 40kA 的双断口真空断路器。日本三菱公司已试制成功 270kV 单断口真空灭弧室，并拟发展生产 500kV 电压等级的真空断路器，一旦成功，其造价将比相应电压等级的六氟化硫断路器便宜很多。俄罗斯于 1990 年生产了由 4 个 35kV 的真空灭弧室组成 110kV、分断电流为 25kA 的真空断路器，并将其在实际的电力系统上投入运行。英国 GEC 公司试制成功具有 8 个断口的 132kV 高压真空断路器。上述的多断口真空断路器均采用机械联动，技术复杂，制造成本高，限制了在高压和超高压领域的实际推广和应用。

多断口真空开关的动态绝缘特性是指多断口真空开关在各种实际运行条件下的绝缘性能及其变化。其主要内容集中在多断口真空开关在开断大电流后的各断口的介质强度恢复特性和弧后重击穿特性，也就是对多断口真空开关的多间隙金属蒸气电弧的动态介质恢复特性研究。多断口真空开关的动态绝缘直接关系到开关在电力系统中的运行可靠性，因而是多断口真空开关技术研究中的一个重要内容，近年来引起许多研究者的兴趣。

德国的 T. Fugel 首先研究了两个 24kV 真空灭弧室串联起来运行时，其开断能力与单个长间隙真空灭弧室相比较的结果[5]。对此双断口真空开关的实验研究表明，被开断电流对串联真空开关开断能力的影响表现为：被开断电流越大，双断口真空开关在开断电流后的弧后介质恢复过程中能承受的暂态恢复电压峰值（TRV）越低，但相比于总间隙长度相等的单断口真空开关，其介质强度恢复要快一些，反映出的开断能力有所增加。为了将双断口真空开关和单断口真空开关进行比较，定义总间隙长度相等的双断口和单断口真空开关的开断能力增长因子为

$$I_{\mathrm{br}}=\frac{\text{双断口真空开关的开断能力}}{\text{单断口真空开关开断能力}\times 2}$$

通过大量实验发现，双断口真空开关相比于单断口真空开关的开断能力增长因子可达 1.3 倍以上，如果在断口上加有均压电容，此开断能力增长因子还可以得到增加，说明双断口真空开关具有比单断口真空开关更高的开断能力。通过测量双断口真空开关重燃过程中的恢复电压波形表明，其动态介质强度恢复过程与单断口真空开关在其本质上是截然不同的。在双断口真空开关的开断过程中，由于上下两个真空灭弧室的分压不均匀（由于对地电容的影响），通常是所受恢复电压较高的灭弧室先发生重击穿。此时，只要恢复电压的峰值和上升速度低于某一极限值，整个双断口开关并不会因为一个灭弧室发生重击穿而导致开断失败。这是因为另一个真空灭弧室的介质强度仍可能高于此时的恢复电压，它还可以承受整个恢复电压一个比较短的时间，当重击穿的真空灭弧室的介质恢复以后，共同完成开断过程。图 1-17 为 T. Fugel 的实验波形。如果其中的一个真空灭弧室首先发生电弧重击穿，而另外一个灭弧室又不能承受陡增的全部恢复电压，或者其承受的时间太短，使得先重击穿的灭弧室介质强度还

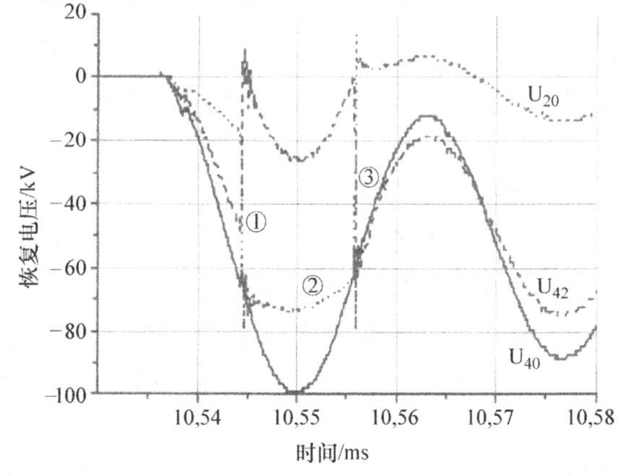

图 1-17　T. Fugel 的实验波形

来不及恢复，那么两个真空灭弧室就会相继重击穿，最终导致双断口真空开关的开断失败[5]。

传统多断口真空开关的整体结构方式主要有双（多）燕形、准确椭圆机构和梯形结构等。当同一相中串联的真空灭弧室数目越多，其传动机构的结构就越复杂，各断口的不同期性也增大。多断口真空开关的同步误差过大，在开断电流时将会造成各断口燃弧时间的显著差异，引起开断过程断口电压分布的不均匀。不仅使得各触头的电磨损差别较大，更重要的是容易导致真空电弧的重燃甚至开断失败。因此，为了满足同期性的要求，多断口串联的传动机构还需要设置便于调节触头不同期性的装置。

近年来多断口真空开关多选T形双断口结构和垂直布置结构。由日本明电舍1976年研制的两个84kV真空灭弧室串联而成的145kV/1250A/25kA真空断路器为T形落地式结构。由美国JOSLYN公司生产的从15kV到69kV的VBM系列户外真空负荷开关外形为垂直布置的多断口结构，断口设有并联均压电容，多断口垂直串联，采用梯形方式联动。由国内西安交通大学和北京开关厂联合开发的110kV双断口真空开关是由两个63kV真空灭弧室串联组成，采用电动弹簧操动机构，外形为T形落地式结构。

总的来说，传统的多断口真空开关采用的是传统操动机构，整个操动系统的环节多，累计运动公差较大，各断口的可控性和动作同期性较差。正是操动机构存在的这些问题，使追求单断口真空开关完成更高电压等级成为一个目标。人们在开发出多断口真空开关之后的几十年中，转而主攻单个灭弧室的耐压水平。

通过上节对光控模块式真空开关单元FCVIM的分析可知，FCVIM是一个可独立操作、仅靠一组光缆和两个端盖法兰与外界联系的独立单元，采用基于光控模块串联可成为一种新型的多断口真空开关的技术路线，串联相应的个数可组成更高电压等级的多断口真空开关。同时，可以在每个光控模块内部或统一在低电位端设置智能化单元，便于计算机进行控制，解决了常规多断口高压开关在绝缘和控制方面的难度。

要实现基于光控模块串联组成更高电压等级的多断口真空开关，关键的技术之一是要保证每个组成模块单元的动作时刻精准可控，以保证在多断口真空开关开断电流时每个断口上的恢复电压得到良好的均匀性。这就要求每个断口的动作应该是高精度的，对应的时间分散性应该在微秒级。图1-18为基于光控模块式真空开关单元的多断口真空开关的各种结构示意图。

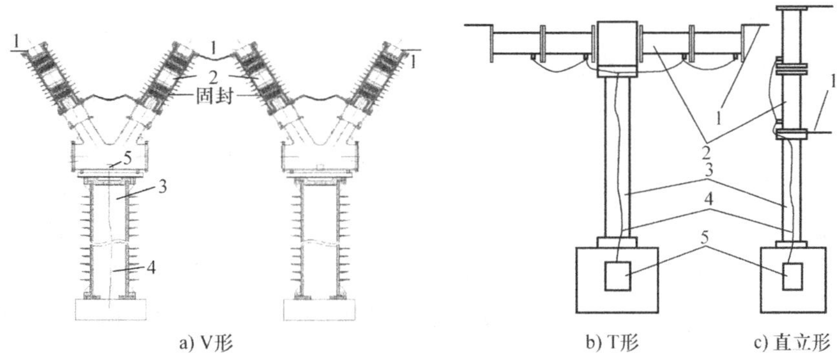

图1-18　基于光控模块式真空开关单元的多断口真空开关不同结构

1—开关进出线　2—光控模块式真空开关单元　3—支撑绝缘子　4—光纤　5—光中继器

在单断口真空开关向高电压领域发展过程中，人们倾注了大量的科研力量，我国王季梅团队一直引领着这个方向的研究前沿，其团队在 2003 年研制出 252kV 单断口真空灭弧室，随后王建华教授课题组对输电等级的单断口真空断路器进行深入研究[4]，扫清了一系列技术障碍，目前正在产品化阶段。国外已经有公司研制出 252kV 单断口真空灭弧室样机，为串联组成 500kV 真空断路器做准备。相信真空开关应用到特高压领域已经为期不远了。

4. 新材料的应用——全面提升性能参数的钥匙

（1）触头材料

从 20 世纪 70 年代开始，铜铬合金被逐步应用于真空灭弧室中。由于 Cr 在 Cu 中的固溶度很低，因此 CuCr 触头材料实际上是两相假合金，使 Cu、Cr 充分保持了各自的良好特性。Cu 组元具有较低的熔点、较高的电导率和热导率，有利于提高真空开关的开断能力；而 Cr 组元具有较高的熔点、机械强度和较低的截流值，使真空开关具有良好的耐电压、抗烧蚀、抗熔焊性和低截流值特性，目前还没有完全理想的新型触头材料可以完全取代。但随着制备方法与工艺的不断进步，CuCr 的各项指标也在突飞猛进的发展。

经过几十年的发展和进步，在 CuCr 触头材料的制备方法研究上，不断涌现出多种新的技术，如热等离子体技术、原位复合技术、快速凝固技术以及自蔓延合成技术等[1]。CuCr 材料的制备也从传统的混粉烧结法、真空熔渗法发展到真空熔铸法以及电弧熔炼法。

真空熔铸法是由陕西斯瑞公司 2000 年自主开发的一套 CuCr 触头材料批量化生产制备方法。将 Cr 粉与 Cu 棒填装在高温陶瓷坩埚中，在真空条件下通过感应加热使 Cu、Cr 融化形成合金液，经过电磁搅拌、定向结晶等新技术完成合金锭。该方法制备的 CuCr 触头微观组织细小、均匀，具有良好的导电、导热性以及短路开断性能，广泛应用于国内外真空灭弧室触头。

电弧熔炼法是 20 世纪 70 年代由德国西门子公司开发的一种先进制备工艺。先用等静压工艺将 CuCr 粉预制成棒料，然后在真空或惰性气体保护下，通过电弧高温作用均匀逐层熔融，并在正下方水冷结晶器中快速凝固形成组织均匀的合金锭。由于结晶器的激冷有效抑制了合金凝固过程中 Cr 相的析出和分离，制备出的铸锭组织细小、均匀[2]，有利于断路器开断过程中电弧的弥散分布及提高触头的抗熔焊性能。此工艺的缺点是必须用较高的 Cr 含量维持熔炼电弧的稳定性，Cr 含量均在 40% 以上，拉升了产品成本。国内已有制造商通过工艺优化，向市场提供 Cr 含量 25% ~50% 的电弧熔炼产品。

不同的 CuCr 触头制备方法会造成触头材料的气体含量、杂质元素、Cr 含量、致密度、微观组织有所不同，而这些材料性能将影响真空灭弧室的开断、绝缘、熔焊等性能。当 Cr 含量从低开始增高时，触头的分断能力升高，Cr 含量达到 25% 时，开断能力最大[3]。而随着 Cr 含量的继续增高，开断能力开始下降，但当 Cr 含量较高时，触头材料的硬度增大，耐压提高。因此，在灭弧室触头材料设计中选择合适的 Cr 含量也是相当关键的。

研究表明，Cr 相的细化有利于提高触头的耐电压强度，降低触头材料的截流值[4]。CuCr 触头材料的显微组织细化及超细化，可全面提升 CuCr 触头材料的综合性能。当 Cr 颗粒达到亚微米后，电弧将均匀分布在触头表面，Cr 相的击穿弱点消失。但在工业化制备中，组织细化成本将几何倍增加，达到理论值仍有很大的难度及要求。而相对现有的几种工艺，真空自耗电弧熔炼法制备的触头微观组织更细小并均匀一致，因此表现出的综合性能更优。

铜铬（CuCr）材料的进步直接带来真空断路器性能参数的提升，如果说开断能力的提升需要包括材料特性与磁场调控等多种因素共同作用，额定电流的提升则主要是触头接触电阻大幅度降低的贡献：现代制备方法使之下降了一个数量级，由原来的几十微欧到现在不超过十微欧。图 1-19 为用新技术制备的 CuCrTe 触头片。

图 1-19　用新技术制备的 CuCrTe 触头片

（2）容性瓷壳

多断口真空断路器各个断口间由于杂散电容的作用，存在电压分布不均匀的现象。为了弱化杂散电容的影响，使多断口真空断路器的电压分布更加均匀，目前工程实践中多采用在断口上并联均压电容器的方式来改善电压分布。廖敏夫等提出了一种多断口用、自均压灭弧室的设计[6]，通过将灭弧室外壳的材料改为介电材料，增大灭弧室的等效自电容，进而使断路器的电压均匀分布。该方法旨在达到并联均压电容分压效果的前提下，节省更多的空间，获得更高的经济性。

商用真空灭弧室多采用氧化铝陶瓷外壳，而氧化铝的相对介电常数小，电容值相应也很小，使得灭弧室的断口自电容与对地杂散电容在同一数量级，进而对多断口的电压分布产生影响。若采用相对介电常数较大的材料作为真空灭弧室的外壳材料，理论上就能增大断路器断口的等效自电容，达到多断口电压分布均匀的目的。研究者以旭光 TD－12/630－20D 商用真空灭弧室为基础对其进行了改造，采用传统氧化铝陶瓷外壳时，自电容约 15pF，而采用陶瓷介电材料外壳的灭弧室时，等效自电容参数升至 524pF，相当于并联了一个容量为 500pF 左右的均压电容，从而可改善多断口真空断路器的电压分布特性。

目前，高压陶瓷电容器使用的介电材料主要是以钙钛矿型结构化合物为基体，分为两大类：钛酸钡（BaTiO3）基介电材料和钛酸锶（SrTiO3）基介电材料。纯 BaTiO3 陶瓷在室温下为四方相，介电常数为 1600 左右，且介电常数随温度变化幅度较人，介质损耗也很高。因此，若想要获得理想的介电特性，还需要对材料进行置换或掺杂改性。

SrTiO3 是一种铁电材料，由于其居里温度在－250℃左右，在室温下其晶体结构为立方顺电体，无自发极化。在施加高压的条件下，SrTiO3 基陶瓷介电材料的介电常数变化小，介质损耗低，绝缘强度高[9]。纯 SrTiO3 的介电常数在其居里点处可达几万，但在使用温度下介电常数却很小，一般不超过 300。而在加入 Bi2O3 · nTiO2 或 PbTiO3 制成钛锶铋（SBT）或钛锶铋铅（SBPT）陶瓷后，室温下的介电常数可获得较大的提升，可达到 3000 以上。此外，SrTiO3 基陶瓷在受到交变电场影响时，不会产生剩余极化强度，即不存在电畴，因此其介电常数的电压相关性较小，相比于 BaTiO3 基陶瓷更适用于高压交流条件的场合。

通过对 BaTiO3 基和 SrTiO3 基两类典型的电容器用陶瓷介电材料的结构和特点分析，对不同温度、不同频率下的样品的电容值、介质损耗因数的测量，得到样品的介温特性和介频特性；通过高压交流击穿场强测试得到样品的耐压强度。样品介电性能测试和静动态分压试验，验证了自均压灭弧室可提升双断口真空断路器的电压分布均匀性，目前正进一步进行应用研究[9]。

（3）外绝缘的改进——固封与模块化极柱

目前在中压范围内常见的高压开关柜包括 SF_6 充气柜（GIS）和传统空气绝缘开关柜（AIS）。近几年随着绝缘技术的发展和 SF_6 被取代的需求，固体绝缘开关柜呼之欲出。采用固体绝缘一方面可大大减小开关柜的体积、占地面积，同时大大提高了绝缘可靠性，随着车载、地铁站、高层建筑等设备安装场所对开关柜绝缘技术要求的进一步提高，固体绝缘技术成为一种发展趋势。

所谓固体绝缘就是将数组开关和相关带电部件整体采用环氧树脂进行浇注，这样一来使开关内部相间及对地的安全绝缘距离从空气绝缘的1250mm缩短到固体绝缘的6～8mm，可大大减小开关柜的体积，如固体绝缘组合电器外形尺寸最小只有420mm×860mm×580mm（宽×深×高）。所有连接部分均采用环氧树脂浇注，与SF_6充气柜一样，可在环境恶劣的地方使用，并且真正做到了免维护。

新开发的固体绝缘开关柜典型参数为12kV/630A/20kA。占用面积只为大气绝缘高压金属封闭开关设备的10%～20%，树脂浇注件的外表面用接地金属层覆盖，安全性好，可避免相间短路的发生。真空断路器本体为固封组合电器，采用环氧树脂固体封装技术，装置将所有带电部位封装在固体绝缘材料制作的绝缘隔室内。装置的所有元件，包括固封真空断路器、隔离开关的动、静触头和接地开关的动、静触头，进出线母线被封装在封闭的绝缘小室内，形成真空断路器、隔离开关座、接地开关座、避雷器座及母线座的统一整体。除真空断路器外，其他元件均可以方便地拆除，退出使用。

隔离开关是开关柜中可靠的安全保障，其两个动、静触头被封闭在管型绝缘管内，其中一个静触头就是固封真空断路器的下出线的导电杆，另一个静触头直接焊接在出线母线上。图1-20为典型的隔离开关固封结构，采用U形双触头，触头开距可达到160mm以上。

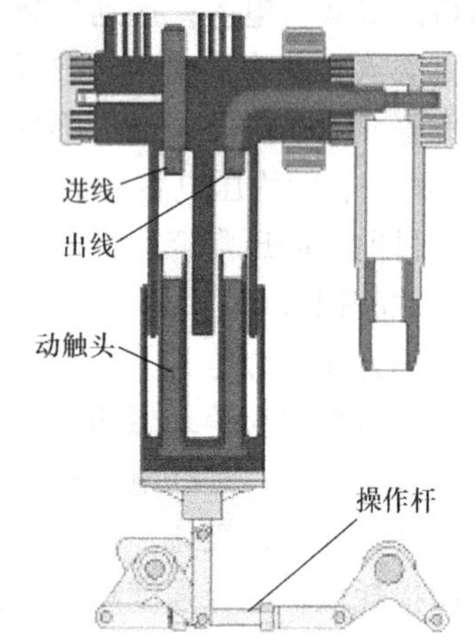

图1-20　典型的隔离开关固封结构

前文已经论及模块化的优势。对目前真空开关的固封极柱而言，我们若进一步把操动机构、电量传感器甚至机构驱动系统都集成为一体，就得到可用于串并联的智能模块化极柱。用这样的模块化极柱可方便地组成三相交流真空开关，或应用自具电源为模块供电，串联成高电压等级的真空开关。

当前真空开关的发展方兴未艾，在其崛起的中压领域正向智能化发展。随着成本的降低，真空开关正大面积进军低压领域，相信在不久的将来，将全面取代大容量开断领域和电气牵引领域的空气开关。在高压超高压领域，取代SF_6开关的趋势已为定局，是找新的能兼顾分断能力和绝缘水平的替代气体，还是发展真空开关技术全面取代SF_6仍在博弈，真空开关的发展任重道远。

（4）新的开断机理——机电混合真空断路器

近年来人们尝试把电力电子器件引入真空开关回路中，利用电力电子器件的快速恢复特性来提高开关的开断性能。图1-21所示为机电混合断路器的基本拓扑结构[8]。永磁操作机构同步控制两个负荷开关用小型真空灭弧室CB1、CB2，将电力二极管VD1、VD2背靠背并联于灭弧室两端。真空灭弧室仅负责导通常态电流，避免电力电子器件的通态损耗。设工频电流i处于正向时开关分闸，VD1截止，CB1正常拉弧，而CB2中电流自动转移到与之并联的VD2中，真空触头熄弧，开始介质恢复；电流过零后VD1导通，CB1熄弧，VD2与TRV反向而截止，完成短路开断任务。关合操作也以处于截止状态的VD1为例，CB1合闸短接

VD1，直接接通回路；预击穿和触头弹跳可能产生的反向振荡电压被处于反向偏置的 VD1 旁路，单方向涌流不会形成暂态振荡。同理，分闸过程的截流和暂态过程也因为旁路的存在而单向快速衰减。

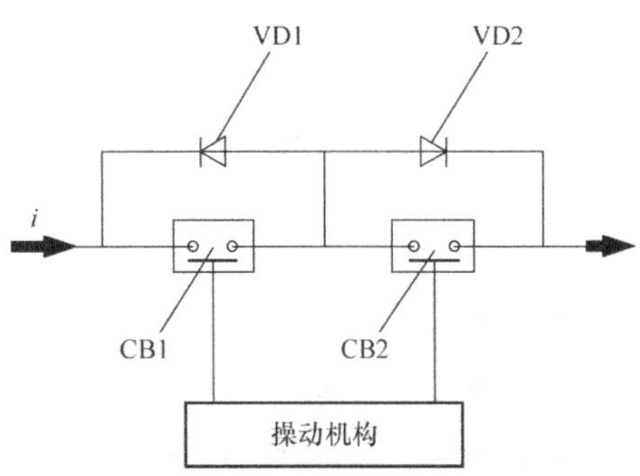

图 1-21 机电混合断路器的基本拓扑结构

图 1-21 的拓扑分析表明：二极管承担电流过零后 TRV 的电场应力，真空灭弧室触头可以实现微弧甚至无弧开断，化解了真空开关的熄弧重担，大大提高了开关耐受 TRV 的能力，同时还有降低触头烧蚀、提高电寿命的效果。开关触头的零区介质恢复是传统开关电器理论的核心关注点，新型混合断路器的理论关注可能已经转到电力电子器件载流子过程以及两种开关的协调作用机理，而应用方面则关注开关的经济指标和可靠性等。

参 考 文 献

[1] 王章启，等. 电力开关技术 [M]. 武汉：华中科技大学出版社，2003.

[2] 徐国政，等. 高压断路器原理和应用 [M]. 北京：清华大学出版社，2000.

[3] 王季梅. 真空开关理论及其应用 [M]. 西安：西安交通大学出版社，1986.

[4] 王建华，耿英山，刘志远. 输电等级单断口真空断路器理论及其应用 [M]. 北京：机械工业出版社，2017.

[5] FUGEL T，KOENIG D. Pecularities SwitchingPerformance Two24 kV – Vacuum InterrupteThe breaking capability of two vacuum interrupters in series [C]. Proc. Of XIXth Int. ISDEIV Xi' an，2000：411 –414.

[6] 廖敏夫，等. 一种用于自均压式多断口真空断路器的真空灭弧室 [P]，中国：CN2018205350541，2018.

[7] 廖敏夫. 基于光控模块的多断口真空开关研究 [D]. 大连：大连理工大学，2004.

[8] 黄智慧，等. 基于电力电子器件和机械开关的一体化开关及其控制方法 [P]. 中国：CN2700997A，2020.

[9] 张晓莉. 多断口真空断路器自均压灭弧室特性研究 [D]. 大连：大连理工大学，2019.

第 2 章　真空开关的工作任务

电力系统中的真空开关承担负荷切换和短路切除的任务，是系统中任务最艰巨的装备之一。只承担负荷切换的开关称为真空负荷开关，同时还可以切除短路的开关称为真空断路器（Vacuum circuit breaker，VCB）。了解与研究真空开关应先从系统的需求背景出发，其工作任务包括系统短路故障的开断与关合，电力系统正常负荷的合分以及用于其他场景下的特殊需求。依据电力系统的各种需求，真空开关的产品标准与技术规范体现为产品的出厂检验项目和定型前的试验鉴定大纲的内容，要通过相关标准规定的型式试验项目来证明其满足技术规范。

2.1　电力系统的短路及断路器关合短路

电力系统最简化的模型如图 2-1 所示。其中图 2-1a 为不超过额定电流的小负载，图中的阻抗 Z 可以是阻性、感性或容性；图 2-1b 为系统短路时的简化模型。显然，只要负载 Z 不是纯阻性，开关 S 的合分都将引起暂态过程。过电压与过电流都将危害系统设备的安全运行。作为系统核心部件的断路器不但要能耐受这些暂态过程，还应尽量减少暂态过程，这也是开关智能化的目标之一。

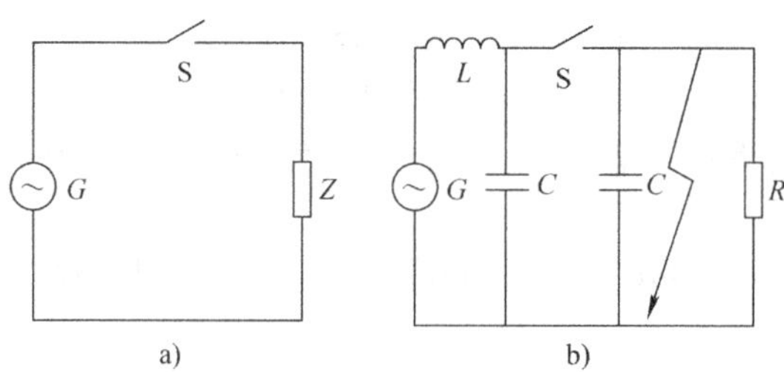

图 2-1　电力系统最简模型

设图 2-1b 的模型背景为感性大电流短路状态，L 和 C 分别为输电线等效电感和电容，负载等效为电阻 R。开关 S 关合的短路电流 i_d 可表示为

$$\begin{aligned} i_d &= \frac{U_{max}}{\sqrt{R^2+\omega^2L^2}}\left[\sin(\omega t+\theta-\varphi)-\sin(\theta-\varphi)e^{-\frac{R}{L}t}\right] \\ &= I_{max}\sin(\omega t+\theta-\varphi)-I_{max}\sin(\theta-\varphi)e^{-\frac{R}{L}t} \end{aligned} \tag{2-1}$$

式中，第一项为交流分量，第二项为直流分量；u 为电源电压，$u=U_{max}\sin(\omega t+\theta)$，$\theta$ 为短路角；功率因数角 $\varphi=\cos^{-1}\dfrac{R}{\sqrt{R^2+\omega^2L^2}}$，$\cos\varphi$ 为功率因数；$I_{max}=\dfrac{U_{max}}{\sqrt{R^2+\omega^2L^2}}$为交流分量的幅值。

式（2-1）中可能出现的最大瞬时电流值 i_{dmax} 与 I_{max} 之比称为冲击系数 k。如果式（2-1）中电源 U_{max} 不变，其交流分量不变，直流分量则是短路角 θ 的函数。当 $\varphi=\theta$ 时，直流分量为0，$k=1$；当 $\theta=\varphi-\pi/2$ 时直流分量最大，当 $t=\pi/\omega$ 时，暂态电流最大值近似为

$$i_{dmax}=I_{max}(1+e^{-\frac{R}{L}\frac{\pi}{\omega}}) \tag{2-2}$$

因此，$k=(1+e^{-\frac{R}{L}\frac{\pi}{\omega}})$，当 $R \ll L/\omega$ 时，$k\approx2$。由以上分析得知：短路电流的冲击系数是短路角 φ 的函数，而 φ 是随机的。因此考虑断路器工作条件时一般要考虑最严重的情况，即 $\theta=\varphi-\pi/2$、直流分量最大的情况。

断路器有可能关合系统短路电流，负荷开关则要求能够承载系统短路电流。真空开关的工作任务反映在参数体系中即为“瞬时电流耐受”和“短时电流耐受”。后者在数值上就是额定短路开断电流，也称为热稳定电流，为考核开关触头电接触状态和导电系统热容量，该电流施加时间规定为2s或4s。“瞬时电流耐受”也称为开关的动稳定电流，一般为热稳定电流的2.5倍，为考核上述冲击系数下开关机械系统能否承受电动力的冲击以及冲击后的电接触状态，该电流施加时间一般不少于0.1s。

2.2　真空开关开断短路电流的物理过程

2.2.1　真空开关短路开断零区的介质恢复与电压恢复

电力系统发生短路故障时，继电保护系统会给断路器发出分闸指令，真空断路器的操动机构带动其动触头做分闸运动、与静触头分离而产生电弧，电弧继续承载电流。对于交流电而言，电弧电流每隔10ms有一个自然过零点，这是最好的熄弧机会。一方面，理想状态的电弧在第一个过零点熄灭、剩余金属蒸气迅速扩散，真空间隙由导通状态转变为绝缘状态，此过程称之为介质强度恢复过程，用DRV（Dielectric Recovery Voltage）表示。另一方面，系统施加在开关断口两端的电压也是从无到有的过程，从电流过零起经过暂态冲击、震荡到达系统稳态工频电压，此过程称之为电压恢复过程。首先经历的电压冲击用瞬态恢复电压TRV（Transient Recovery Voltage）表示。电弧电流过零、电弧熄灭后的TRV与DRV波形如图2-2所示。其中 u_d 代表真空间隙的弧后介质强度恢复DRV曲线值，u_{T1}、u_{T2} 分别代表不同的TRV曲线值。同一时间坐标下的两种曲线是竞争关系：当真空间隙的DRV曲线总高于TRV曲线时，电弧成功熄灭；反之，当某一时刻的TRV曲线高于真空间隙的DRV曲线时，如 u_{T1} 的情况，真空间隙将被重新击穿，引起电弧重燃。研究表明，真空间隙的电场会直接影响其弧后介质强度恢复过程，真空间隙弧后电流也在一定程度上影响TRV的进程，二者的相互作用加深了物理过程的复杂性。本章先从系统电压恢复过程入手。

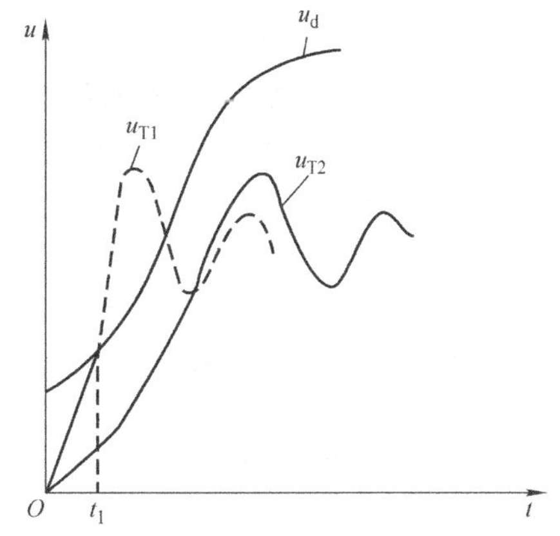

图2-2　电弧电流过零熄灭后的TRV与DRV波形

电力系统短路故障大多呈现为感性和阻性，单相短路等效电路如图 2-3 所示。其中，u 为工频电源电压，$u=u_{max}\sin(\omega_0 t+\varphi)$；$i$ 为断路器闭合时的电流，落后于电压 φ 电角度（也是功率因数角）。在 $t=0$ 时，断路器触头分开并产生电弧，弧隙两端的电弧电压为 u_{cb}，其上升到电源电压 u 的过程称为电压恢复过程，包括起始电压冲击 TRV 和工频电源电压两部分。此时 u_{cb} 已经与真空间隙的弧后介质强度 u_d 在数值上相等。由于真空灭弧室两个触头间存在等效电容使电压不能突变，开断产生的电流变化率转换成冲击过电压，并引起 TRV 的周期振荡衰减，如图 2-4 所示。TRV 的振荡过程一般持续几十微秒到几毫秒，如果开断成功，短路电流为零，弧隙电压将过渡到稳态电源电压，也称为工频恢复电压。

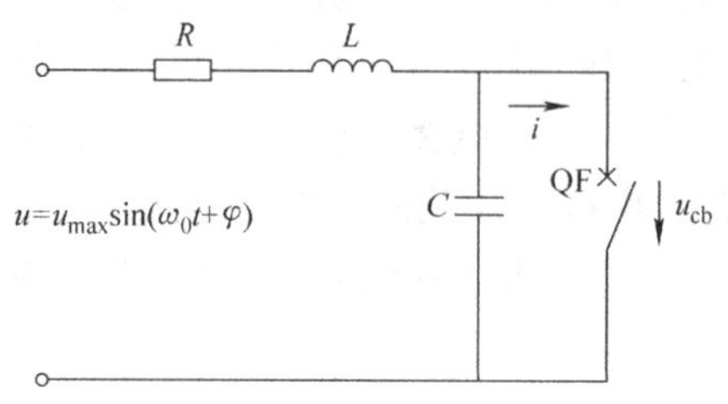

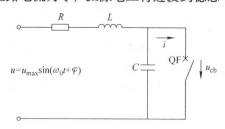

图 2-3　电力系统单相短路等效电路

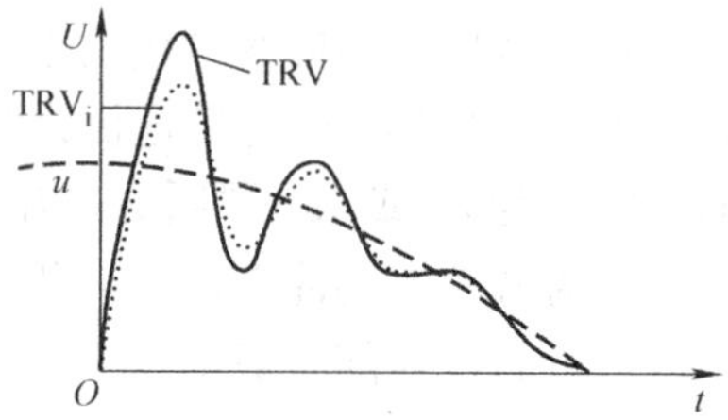

图 2-4　TRV 的周期振荡衰减过程

一般来说 TRV 决定了断路器能否成功开断故障。其波形由以下因素决定：

1）工频恢复电压的大小。

2）电路中电感、电容以及电阻的数值及其分布。

3）断路器本身的弧后电流特性与阻尼网络对高频的吸收。

图 2-4 中 TRV_i 为不考虑上述因素的理想曲线，后面章节讨论的型式试验只给出前两个因素的考量，即电网固有的 TRV。

2.2.2　暂态恢复电压的表征

暂态恢复电压 TRV 是开关熄弧后工频恢复电压的起始部分，因此，在研究 TRV 时首先要分析工频恢复电压过程。电力系统短路开断电压恢复过程最简单的等效电路如图 2-3 所示。其中，L、C 分别代表系统等效电感和电容；R 为短路阻抗；ω_0 为系统固有角频率，$\omega_0=(LC)^{-1/2}$，且 $R \ll \omega_0 t$。考虑最苛刻的开断条件：短路电流滞后系统电压 90°，电流过零开断时的电源电压峰值为 u_{max}，由图 2-3 可得断路器断口间恢复电压 u_{cb} 的电路方程为

$$u_{cb}=u_{max}\sin(\omega_0 t+\varphi)-L\frac{\mathrm{d}i_c}{\mathrm{d}t}-Ri_c \tag{2-3}$$

在考虑 TRV 时，工频电源电压可以看作常数 $U_0=u_{max}\sin\varphi$，图中断路器 QF 的电流为零，等效电容中的电流 $i_c=C\dfrac{\mathrm{d}u_{cb}}{\mathrm{d}t}$；式（2-3）可写为

$$U_0=u_{cb}+LC\frac{\mathrm{d}^2u_{cb}}{\mathrm{d}t^2}+RC\frac{\mathrm{d}u_{cb}}{\mathrm{d}t} \tag{2-4}$$

R 的数值通常很小，带 R 的项可以简化掉，求解式（2-4）可以得到断口恢复电压 u_{cb} 的表达式：

$$u_{cb}=U_0[1-\mathrm{e}^{-\delta t}(a_1\cos\omega_0' t-a_2\sin\omega_0' t)] \tag{2-5}$$

初始条件：$t=0$ 时 $u_{cb}=0$；$i_c=0$，可以得到积分常数 a_1、a_2；将上述代入式（2-5）可得

$$u_{cb}=U_0\left[1-e^{-\delta t}\left(\cos\omega'_0 t-\frac{\delta}{\omega_0}\sin\omega'_0 t\right)\right] \tag{2-6}$$

式中，$\delta=\frac{R}{2L}$，$\omega_0=(LC)^{-\frac{1}{2}}$，$\omega'_0=(\omega_0^2-\delta^2)^{\frac{1}{2}}$。若 $\delta \ll \omega_0$，式（2-6）可简化为

$$u_{cb}=U_0(1-e^{-\delta t}\cos\omega_0 t) \tag{2-7}$$

当 $t=\frac{\pi}{\omega_0}$ 时，TRV 达到峰值：

$$u_{cbm}=U_0(1+e^{-\delta\frac{\pi}{\omega_0}})=k_r U_0 \tag{2-8}$$

式中，$U_0=U_{max}\sin\varphi$，一般功率因数 $\cos\varphi<0.15$，$\sin\varphi\approx1$，$k_r=\frac{u_{cbm}}{U_0}$为振幅系数，一般为1.4~1.5。图2-5为熄弧过程的波形关系。对于真空开关来说，实际电弧电压 u_{cb} 非常低，与图中不成比例，TRV 时间尺度也不成比例。

实际电力系统多为三相系统，其结构分三相中性点接地与不接地两大类。电力系统开断过程中三相互相影响，尤其中性点不接地系统的情况更加复杂。假设三相线路完全对称（线路电感和对地电容均相等，后续的讨论均保留在对称性假设之下），断路器的三相灭弧室同期操作、同时达到熄弧间隙。由于每一相的电流相差120°，我们把电流首先过零的一相称之为首开相，把首开相工频恢复电压幅值与系统相电压之比称之为首开相系数。

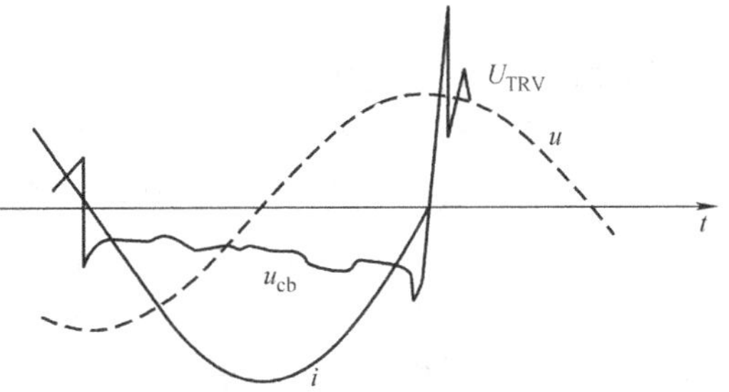

图2-5　熄弧过程的波形关系

首先考虑三相中性点不接地系统的工频恢复电压，目前我国的电力系统（即40.5kV，包括部分126kV系统）均采用中性点不直接接地方式。图2-6为A相电弧熄灭后中性点不接地系统的等效电路与矢量图。系统发生短路时断路器接到分闸指令，当VCB动触头拉开到最小熄弧距离（也称安全开距）后，电流先过零的A相熄弧，开始承受恢复电压；另两相电流大小相等、方向相反，但波形轨迹与A相开断前有发生变化。A相电流过零前三相电流矢量幅值相等，即 $\boldsymbol{I}_A=\boldsymbol{I}_B=\boldsymbol{I}_C=\frac{\boldsymbol{U}_P}{X_L}$；其中，$\boldsymbol{U}_P$为系统相电压，$X_L$为每相的电感。A相熄弧后，各矢量变化为：$\boldsymbol{I}'_B=\boldsymbol{I}'_C=\boldsymbol{I}'_{BC}=\frac{\boldsymbol{U}_{BC}}{2X_L}=\frac{\sqrt{3}\boldsymbol{U}_P}{2X_L}=0.866\boldsymbol{I}_A$。图2-6b为A相开断后的矢量图。由图可见，新的 I'_{BC} 与原 I_{BC} 相角差90°，在不考虑直流分量时，A相熄弧5ms后B、C两相同时开断。从图2-6中还可以得到A相承受的工频恢复电压。因为原中性点O转移到线电压 $\boldsymbol{U}_{BC}$ 的中点，用矢量表示：

$$\boldsymbol{U}_{AO'}=\boldsymbol{U}_P+\boldsymbol{U}_{OO'}=1.5\boldsymbol{U}_P \tag{2-9}$$

式（2-9）说明首开相要承受1.5倍系统相电压，系数1.5被称为首开相系数 k_f。后开

断的两相共同承担系统线电压，均分即 0.866U_P。后开相电流与电压都降为 86.6%，但燃弧时间多了 5ms，对于真空开关而言，任务轻重与否尚无定论。以上分析表明：无论三相间不接地短路或三相对地短路故障，对 VCB 来说任务性质是一样的。

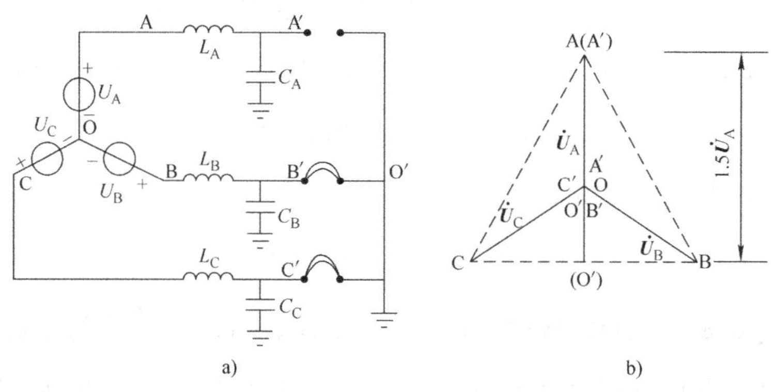

图 2-6 中性点不接地系统 A 相电弧熄灭后的等效电路与矢量图

我国 220kV 及以上电力系统（包括部分 110kV 系统）采用中性点直接接地方式。如果系统对称性良好，则地与中点电流为零。当某相过零熄弧后（如 A 相首开），电路不再对称，与中性点不接地系统不同的是 B、C 两相可自成回路，各推迟 120°过零熄弧。当中性点经小电阻接地时，该电阻具有一定的压降，则首开相和第二熄弧相的工频恢复电压为相电压与接地电阻上的压降向量之和，最后开断相与系统相电压相等。后开的两相电流都小于首开相，具体计算可借助电力工程理论中的对称分量法[1]。

假设系统完全对称，即各相正、负序电抗和零序电抗都相等，$X_1=X_2$，$X_0=3X_1$。以上可解得首开相 A 相的 $k_f=1.3$；C 相为第二熄弧相，$k_f=1.25$，开断电流为 I_A 的 0.892 倍；最后开断相 B 相的开断电流为 I_A 的 0.6 倍。时序方面，在 A 相熄弧后，C 相电流滞后 4.22ms 过零熄弧，B 相电流滞后 C 相 2.44ms 后过零熄弧。

在中性点不直接接地的系统中，单相接地不会出现大的短路电流，因而不必关注开断后的工频恢复电压，但可能出现一种特殊的短路故障——异地两相接地，简称异地故障，如图 2-7 所示。此时 A 相短路电流开断后要承受系统的线电压，即工频恢复电压为相电压的 1.73 倍，首开相系数 $k_f=1.73$。

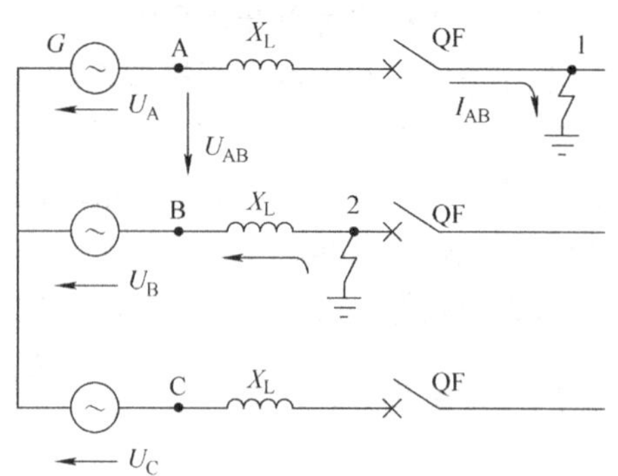

图 2-7 异地两相接地故障

以上讨论为工频恢复电压特性，而其起始部分的瞬态过程对短路开断来说更重要。具体计算 TRV 的过程比较复杂，这里只考虑基本假设和结果表达式。以计算首开相 A 相熄弧后 TRV 为例，令 L_s、C_s分别代表三相电源每相的电感和对地电容，L_t、C_t分别代表三相变压器每相的漏电感和对地电容，A 相电流过零时电源电压为相电压峰值 U_m，B、C 两相为 $-U_m/2$；计算 TRV 时以上均设为常数。此外，忽略电源和变压器的内阻，且把尚未过零的 B、C 相电弧视为导通，则经其变换与化简后的 A 相 TRV 计算的数学表达式为

$$U_{TRV1}=1.5U_m\left[1+\frac{1}{\omega_1^2-\omega_2^2}(\omega_2^2\cos\omega_1 t-\omega_1^2\cos\omega_2 t)\right] \tag{2-10}$$

$$\omega_{1,2}=\left[0.5\left(\frac{1}{L_sC_s}+\frac{1}{L_tC_t}+\frac{1}{L_tC_s}\right)\pm\sqrt{\left(\frac{1}{L_sC_s}+\frac{1}{L_tC_t}+\frac{1}{L_tC_s}\right)^2-\frac{4}{L_sC_sL_tC_t}}\right]^{\frac{1}{2}} \tag{2-11}$$

式中，ω_1和ω_2为 TRV 中的两个高频分量。

如前所述，TRV 的波形决定着与断路器 DRV 竞争的每一瞬间，因此，选择什么样的试验波形考核断路器则显得非常关键。面对多频 TRV 的现状，可按规定的方法简化为等效的标准波形考核断路器。目前国际电工委员会（IEC）规定了两种方法来表征 TRV，分别为两参数法和四参数法。

两参数法是指用参考电压U_c来代替 TRV 的峰值，用到达峰值的时间t_m来表征 TRV 的上升率，也可用式（2-8）对应的振幅系数k_r和系统固有振荡频率ω_0表示。低于 100kV 的电力系统 TRV 接近单频振荡，可选用两参数法考核断路器的开断能力。

图 2-8a 为两参数法示意图。其中，U_{Tm}为 TRV 的峰值；U_1为其第一个峰值；U_{max}为工频恢复电压峰值。

当系统电压较高（IEC 规定高于 100kV）时，TRV 波形首先包括一个高上升率阶段，然后是一个较低上升率周期，用三条线段、四个参数表征，如图 2-8b 所示，所以称之为四参数法。四个参数分别为第一参考电压U_1、到达U_1的时间t_1、第二参考电压即 TRV 峰值U_{Tm}以及到达峰值的时间t_m。如两个连接点间的直线有低于实际 TRV 曲线的地方，应移动该直线，使其能包含 TRV 值，移动规则是直线与曲线围成的两个相关面积相等，如图 2-9 所示。

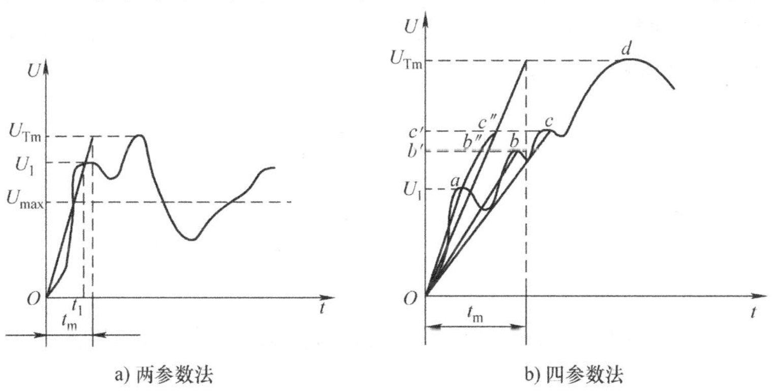

a) 两参数法　　b) 四参数法

图 2-8　多频 TRV 两参数法和四参数法示意图

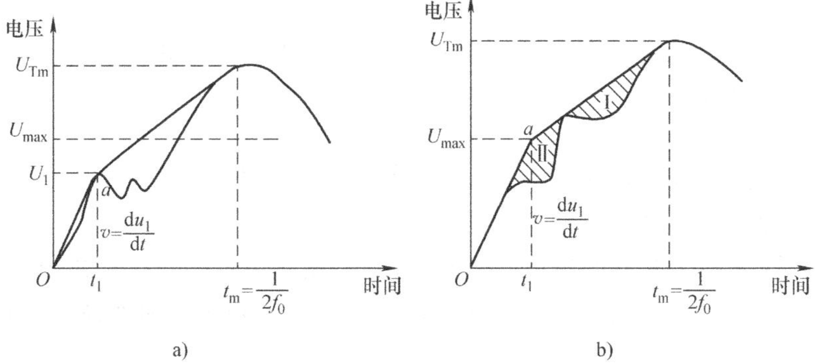

a)　　b)

图 2-9　四参数法的图解

2.3 不同负荷常规电流的合分

真空开关具有优异的开断性能，但在容性或感性小负荷下却容易发生重击穿现象，容性负荷的关合涌流也容易对开关和系统产生威胁。容性负荷可分为两类：空载长线和系统中大量应用的无功补偿电容器组。

2.3.1 空载长线的合分

电力系统中所谓长线包括架空输电线与长距离电缆。架空线的电容包括相间电容与导线对地电容，一般经导线循环换位后各相电容均相等。当电压等级较高、输电距离较长时，即便空载，这些电容产生的充电电流也较大，如220kV 系统的电容电流每百公里可达37A，国家相关标准要求该电压等级的断路器能开断125A 的容性电流。对于电缆来说，由于主绝缘的介电常数比空气大得多，每公里电缆的电容电流是架空线电容电流的几十倍。表2-1 为国家相关标准要求各电压等级的断路器能开断的额定电缆充电电流。

表2-1 各电压等级的断路器能开断的额定电缆充电电流

额定电压/kV	3.6	7.2	12	24	40.5	72.5	126	252	363	550
开断电流 I_c/A	10	10	25	31.5	50	125	160	250	315	500

为方便分析，可设断路器三相同期合分，首先列出简单二阶 LC 串联等效电路，按单相空载长线来讨论空载长线的关合。设 C 为输电线路总电容，L 为输电线电感与电源电感串联之和，断路器关合时的电路方程为

$$U_m\sin(\omega t+\varphi)=LC\frac{d^2u_c}{dt^2}+u_c \tag{2-12}$$

式中，φ 为合闸时的系统相角。初始条件为：$t=0$ 时，$u_c=u_0$，$\frac{du_c}{dt}=0$，代入式（2-12）可解为

$$u_c=U_1\sin(\omega t+\varphi)+(U_0-U_1\sin\varphi)\cos\omega_0 t-\frac{\omega}{\omega_0}U_1\cos\varphi\sin\omega_0 t \tag{2-13}$$

式中，$\omega_0=\frac{1}{\sqrt{LC}}$，$U_1=\frac{U_m\omega_0}{\omega_0^2-\omega^2}$。当 $\omega_0>>\omega$ 时，式（2-13）可简化为

$$u_c=U_m\sin(\omega t+\varphi)+(U_0-U_m\sin\varphi)\cos\omega_0 t \tag{2-14}$$

当 $t=\pi/\omega_0$ 时可得

$$U_c=2U_m\sin\varphi-U_0 \tag{2-15}$$

由于实际线路中必然有电阻的存在，式（2-14）中的第二项将很快衰减为零。图2-10为关合空载长线产生过电压的典型示波图。

关合空载长线线路过电压与电源合闸时的系统相角 φ 以及反映系统残余电荷的 U_0 相关。若 $\varphi=90°$、U_0 与电源极性相反且不考虑电阻衰减，则 u_c 可能达到系统相电压幅值 U_m 的3倍。

开断空载长线（有时简称切长线或切空线）关注的是开关承受过电压的问题。在等效

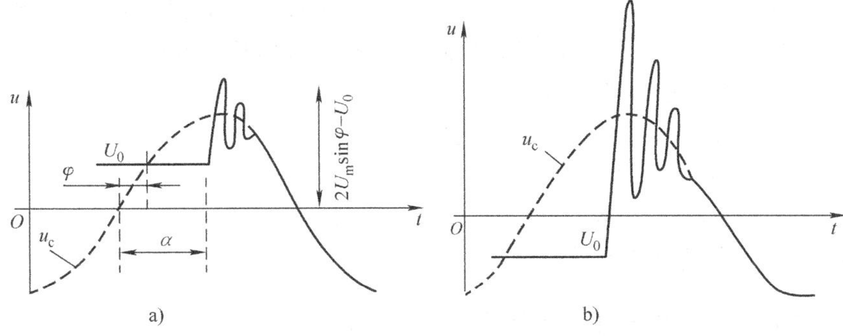

图 2-10　关合空载长线产生过电压的典型示波图

电路中，开断前假设电容电压与电源电压相等（即 $u_c = U_m$），流经开关的电容电流超前电压 90°，开断空载长线发生重击穿时的典型电压电流波形如图 2-11 所示。t_1 时线路被断开，当时间坐标发展接近下一个工频幅值时，断口电压接近 $2U_m$，若断口不能耐受该电压且在 t_2 时刻发生重击穿，则会产生与图 2-11 相同的电磁振荡过程，不同的是此时的系统电压已经增高到 $2U_m$，断口电压增加到 $3U_m$。若高频重击穿电流经半个周期后$\left(\text{频率为 } \omega_0 = \dfrac{1}{\sqrt{LC}}\right)$熄弧，则线路电压保持为 $3U_m$，非常考验开关 DRV 的水平。再经过半个工频周期后，开关断口已经承受 $4U_m$，线路承受 $5U_m$，还可能继续发展到 $7U_m$、$9U_m$，我们称之为电压级升。以上假设是理论状态下最严峻的情况，实际上重击穿未必会在电源电压最大值时发生，高频电流也未必会在第一个零点熄灭，且上述分析中忽略了实际回路电阻的衰减作用。因此，过电压的发展不会有很大的级升。中性点不接地系统中的断口电压一般小于 $4.5U_m$，中性点直接接地系统小于 $3U_m$。但对于 330kV 及以上的系统，由于绝缘配合的冗余度较低，要求断路器切空线时不得发生重击穿，因此要采取相应的措施。如前所述，真空开关的优点之一是其高频开断能力，但在切空线时容易发生重击穿现象，需要有特别的应对措施。

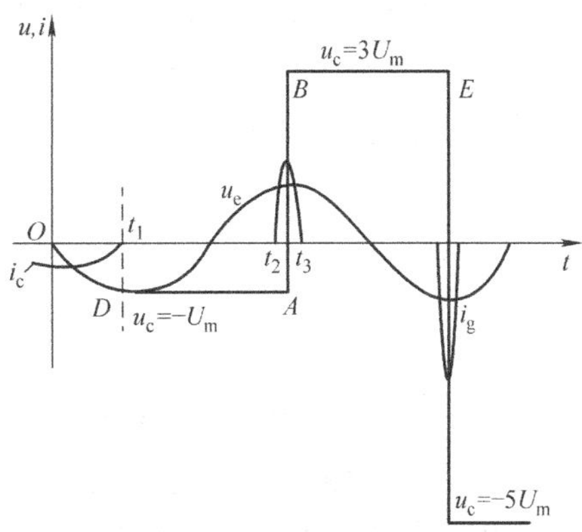

图 2-11　开断空载长线发生重击穿时的典型电压电流波形

2.3.2　电容器组的投切

电力系统（尤其在配电端）中使用大量的电容器组，用于调节电动机等感性负载消耗的无功功率，稳定末端电压。电容器组的关合与开断称为“投切”，系统中的这种投切比较频繁，每天可能操作几十次，而真空开关的特点之一正是寿命长且能频繁操作。因此，真空开关成为执行电容器组投切任务的不二选择。切电容器组的情况与切空载长线类似，要有专门措施预防和减轻电压级升的危害。关合电容器组类似投空载长线，也存在过电压，由于电容器的电压不能突变，该过电压产生的冲击电流称为涌流。涌流频率高，可达数千赫兹，幅值是额定电流的几倍甚至几十倍。一方面，涌流可能直接造成 VCB 的触头熔焊，或产生电动力冲击波，破坏系统结构件；另一方面，涌流在负载侧转变成过电压，威胁电流互感器、串联电抗器等设备的绝缘。图 2-12 为投电容器组产生的涌流典型波形。

关合单组电容器时电容电压可用式（2-14）表示，考虑到比较苛刻的条件，设合闸角 $\varphi=90°$，式（2-14）可简化为

$$u_c = U_m\cos\omega t + (U_0 - U_m)\cos\omega_0 t \tag{2-16}$$

考虑到一般电容器组均装有放电网络，关合时 $U_0=0$，由 $i_c = C\dfrac{du_c}{dt}$ 可得到关合单组电容器时的涌流表达式：

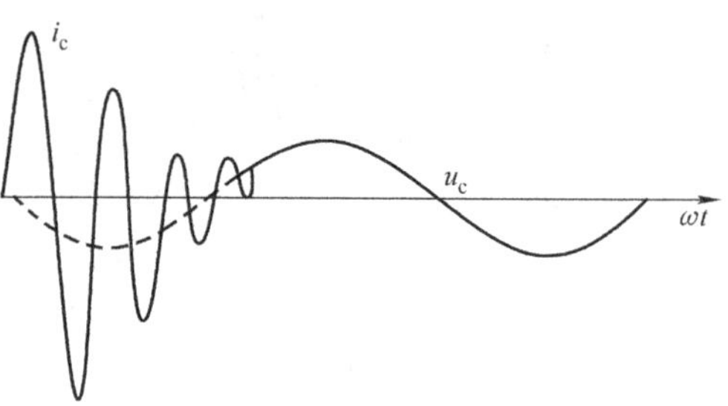

图 2-12　投电容器组产生的涌流

$$i_c = -U_m\omega C\sin\omega t + U_m\omega_0 C\sin\omega_0 t = U_m C(\omega_0\sin\omega_0 t - \omega\sin\omega t) \tag{2-17}$$

由式（2-17）可见，涌流可能达到的峰值为 $I_{cm} = U_m\omega_0 C$，涌流的振荡频率 $f_0 = \omega_0/2\pi$。由于电容器组的短路容量 P_s 与额定容量 P_c 相关，利用下式可以从电容器组的参数中求得涌流峰值 I_{cm} 与高频振荡频率 f_0

$$I_{cm} = I_m\sqrt{\frac{P_s}{P_c}}$$

$$f_0 = f\sqrt{\frac{P_s}{P_c}} \tag{2-18}$$

式中，I_m、f 分别为额定电流峰值和工频频率。

实际电力系统中的电容器都是多组并联，每组由一台真空开关控制投切。图 2-13 所示为并联电容器组的接线图、等效电路及简化的计算等效电路。并联电容器组也称为背靠背电容器组，一般安装在一起，线路电感 L_n 很小。投第一组电容器时的涌流来自系统，而投后续各组时，前面已经投上的电容器也会有涌流叠加在后续的系统涌流中，情况比投单组电容器严重得多。因此，投切背靠背电容器组成为考核断路器合分能力的重要参数之一。

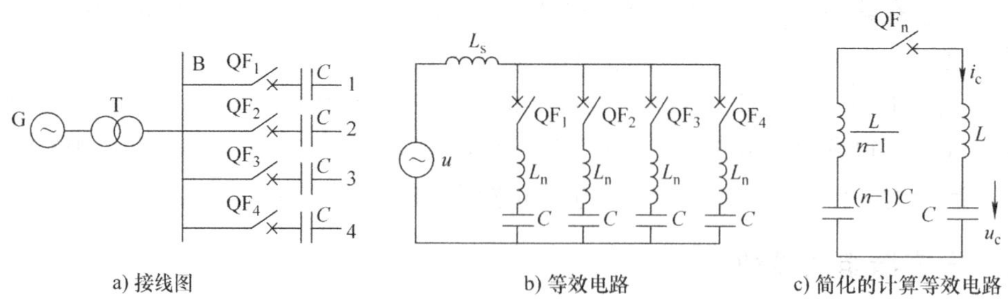

图 2-13　并联电容器组的接线图、等效电路及简化的计算等效电路

投入背靠背电容器组的涌流计算比较复杂。设有相邻安装的 n 组电容器依次关合，各组电容器对称接线，接线电感均为 L_n。把投入最后一组，即第 n 组的涌流为计算目标，忽略系统提供的涌流，得到简化后的计算等效电路见图 2-13c。断路器 QF_n 关合第 n 组电容器时，前面 $n-1$ 组电容器已经完成充电，且有涌流峰值：$I_{cm} = \dfrac{n-1}{n}U_m\sqrt{\dfrac{C}{L}}$，其中 L 为系统电感

L_s与接线电感L_n之和。第 n 组电容器出口电压为

$$u_c = \frac{n-1}{n} U_m (1 - \cos\omega_0 t) \tag{2-19}$$

涌流可写作 $i_c = \frac{n-1}{n} U_m \omega'_0 C \sin\omega'_0 t$，最大涌流值为

$$I'_{cm} = \frac{n-1}{n} U_m \sqrt{\frac{C}{L_n}} = \frac{n-1}{n} I_{cm} \frac{\omega'_0}{\omega_0} \tag{2-20}$$

其中，$\omega'_0 = (L_n C)^{-1/2}$仍为振荡角频率，但此时的$L_n$为接线电感，一般为微亨级，比系统毫亨级电感$L_s$小很多，因此$\omega'_0$比投第一组时的$\omega_0$大很多，由式（2-20）可知，$I'_{cm}$可能增加一个数量级，达到数十千安水平。

2.3.3　开断小电感电流

真空开关具有优异的开断性能，但在开断小电流时容易产生电弧不稳定现象，电弧可能在电流正常过零熄灭而开断电路，这种现象称为截流（Chooping)。对于小电感电流的开断来说，电流未过零就意味着电感中还有剩余磁场能量，将以过电压的形式表现出来，威胁系统绝缘。以空载变压器的开断为例（电抗器、高压感应电动机类似)，图 2-14a 为开断小电感时的原理电路，图 2-14b 为真空开关截流现象的典型波形。

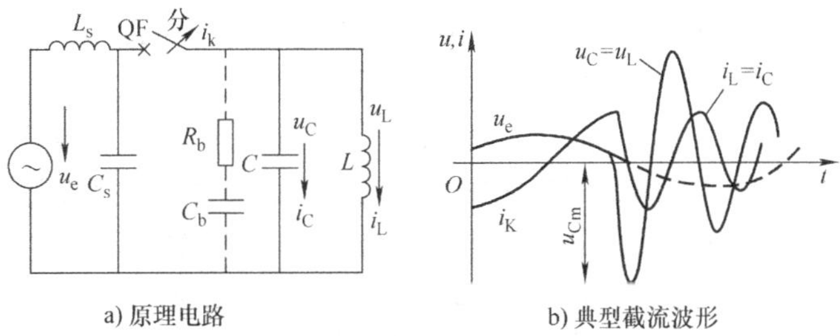

图 2-14　开断小电感时的原理电路和真空开关截流现象的典型波形

图中，L_s为系统侧等效电感，L、C 分别为负载侧等效电感和电容。由 $i_C = C\frac{du_C}{dt}$、$u_C = L\frac{di_L}{dt}$、$i_C = -i_L$ 得到二阶电路方程为

$$LC\frac{d^2 u_C}{dt^2} + u_C = 0 \tag{2-21}$$

解此方程的初始条件为：$t = 0$，$i_L = I_C$（真空开关截流值）；$u_C = U_0$，可以解出式（2-21）

$$u_C = U_0 \cos\omega_0 t - I_C Z_C \sin\omega_0 t \tag{2-22}$$

$$i_L = I_C \cos\omega_0 t + \frac{U_0}{Z_C}\sin\omega_0 t \tag{2-23}$$

其中，$\omega_0 = \frac{1}{\sqrt{LC}}$仍为振荡角频率，$Z_C = \sqrt{\frac{L}{C}}$为负载的特征阻抗，由式（2-23）可以得到负载电压最大值 U_{cm}为

$$U_{cm} = \sqrt{I_C^2 Z_C^2 + U_0^2} \tag{2-24}$$

当截流 I_C 较大或开断、系统电压 U_0 较低时，U_{cm} 可简化为

$$U_{cm} = I_C Z_C \tag{2-25}$$

式（2-25）说明感性负载过电压由截流值与特征阻抗的乘积决定。现代高压变压器绕制工艺的改进，大大增加了绕组电容值，从而降低了特征阻抗，切空载变压器产生的过电压一般不大于2PU。电抗器一般电流较大，对真空开关而言，产生截流的概率较小。目前问题比较严重的是高压感应电动机起动过程中的开断，需采取过电压吸收措施。

2.4 电力系统的常规应力与频繁操作

真空开关的主要服务领域是电力系统，为保证长期工作应力下开关性能的稳定性与可靠性，产品在技术上要有相应的参数保证。这些参数主要包括绝缘与环境、受力、温升耐受、操动特性与真空寿命。

2.4.1 绝缘要求与环境

绝缘参数除了系统过电压耐受和雷电冲击耐受外，还要考虑来自环境的影响：温度、湿度与凝露、污秽、海拔等。国家标准规定了电力设备允许的环境温度范围，户内真空开关为 -25 ~ 40℃，户外真空开关为 -40 ~ 40℃。环境温度低于下限可能引起开关活动部件中的润滑油黏度增加而影响操动速度，高于上限则会引起导电部件的过热、电接触条件劣化以及支撑的绝缘材料热老化等。对于环境温度上限可能在 40 ~ 60℃ 时，标准规定允许降负荷长期运行，并推荐环境温度比规定上限每升高 1K 时，额定电流降低 1.8%。

对于户外型真空开关，要考虑阳光照射输入的热量。温升的热平衡计算时，照射面积输入的热量可按 $1\mathrm{kW/m^2}$ 计；或当风速低于 0.5m/s、日照强度大于 $0.1\mathrm{W/cm^2}$ 时负荷降低 20%，即长期工作电流降到额定电流的 80%。温度对设备的绝缘强度也有直接的影响，标准规定了高于上限温度时的各项绝缘试验电压都要乘温度校正系数 k_T：

$$k_T = 1 + 0.0033\ (T - 40) \tag{2-26}$$

式（2-26）表明：环境温度 T 从 40℃ 开始，每增加 3°C，开关绝缘试验电压都需提高 1%。此外，户外真空开关的驱动与控制系统受热环境影响很大，应接受整体试验与考核。

我国南方有的地区湿度常年在 90% 以上，而标准中规定日平均相对湿度不大于 95%，月平均相对湿度不大于 90%。对户外真空开关的绝缘系统而言，若开关内部非密闭空间与室外大气有气流交换的场合（也称之为“呼吸”），在一定的湿度下开关内部绝缘表面可能结露，从而影响其绝缘状态。因此，环境湿度超过上限就要有相应的防凝露措施。

环境方面还要考虑绝缘表面的污秽及沿海的盐雾问题。一般的污秽耐受等级是由开关设计参数确定的，对应的参数是开关支撑绝缘子与真空灭弧室外表面沿面长度。表 2-2 为不同污秽等级与最小沿面长度的标准规范，后者也称为漏电距离或爬电比距。对于南方沿海电力设施，尤其要考察应用的真空开关能否满足表 2-2 中的绝缘配合条件。

由于大气压力降低，高海拔地区运行的真空开关将影响其绝缘配合。研究表明在海拔 1000 ~ 4000m 之间应用的电力设备，海拔每升高 100m，其外绝缘强度大约下降 1%。因此，当海拔高于 1000m 的地区应用真空开关时，其绝缘水平试验的电压耐受值要乘式（2-27）中海拔校正系数 k_h，其中 H 为海拔（m）。

$$k_{\mathrm{h}}=\frac{1}{1.1-H\times10^{-4}} \tag{2-27}$$

对于户外型真空开关，有时还要考虑覆冰、风载以及地震对设备的威胁，并有可行的防范措施。

表 2-2　不同污秽等级与最小沿面长度标准

污秽等级	污湿特征	等值附盐密度 /(mg/cm²)	爬电比距 /(mm/kV)
Ⅰ（轻污区）	大气清洁区，农业区或工业与人口低密集区，干燥区，离海岸盐田 10～20km	0～0.06	14.8～22
Ⅱ（中等污区）	大气中等污染地区，含盐量低的轻盐碱工区，炉烟污秽地区，离海岸盐田 3～10km 地区，在污闪季节中潮湿多雾（含毛毛雨），但雨量较少时	0.03～0.15	22～25
Ⅲ（重污区）	大气严重污染地区，重盐碱地区，近海岸盐田地区，生雾地区	0.01～0.25	>25

2.4.2　受力

开关出线母线在短时与瞬时电流耐受中承受的电动力可能非常巨大，电动力的作用使紧固件松动引起母线移位，甚至撕断母线。开关柜设计时应根据《电器学》理论，对母线可能出现的最大电动力进行核算。

对于矿用真空开关，一般安装在防爆壳内，相关标准有专门的受力考核方式。近年来，人们对开关柜的安全要求有所提升，当开关柜内部发生电弧短路时，电弧不得飞出开关柜。2011 年国际电工委员会发布新的开关柜标准 IEC62271－200－2011 标准，把内部电弧试验列入型式试验考核必选项目。试验电流为额定短时耐受电流，持续时间为 0.5s 或 1s。

2.4.3　频繁操作与寿命

真空开关常用于频繁操作场合，除了产品说明书承诺的操作次数外，技术人员还要考虑操作频率、间隔以及频繁操作引起的电弧加热作用对整个系统的影响。

真空开关的寿命有几层含义：额定电流下的合分次数（电寿命）、额定短路开断次数、机械寿命、真空灭弧室的储存时间（漏气率）等。小电流下的电寿命可用触头的电侵蚀率 δ 表示，是电弧形态的函数，$\delta=G/C$［其中 C 为计算周期内电弧发电量，单位库仑（C）；G 为该周期燃弧电极的烧蚀质量，单位克（g）］。对于扩散型真空电弧，δ 一般不大于 0.1mg/C。真空断路器触头的允许烧蚀厚度为 2mm，每次额定电流开断时按上述电侵蚀率计算的值微乎其微。真空开关的电寿命参数为额定电流合分 1 万次、额定短路电流开断 30 次以上。实际使用中，真空开关合分额定电流 10 万次以上或额定短路电流开断 100 次以上，电弧烧蚀量也达不到触头允许烧蚀的厚度，冗余很大。真空开关的实际寿命一般受机械寿命或真空寿命所限。

机械寿命的瓶颈是其活动密封波纹管，后面有章节专门介绍。根据其受剪切力的状况，可以找到尽可能延长使用寿命的途径。影响机械寿命的其他因素源自操动机构对真空灭弧室闭合时的冲击力，包括金属与陶瓷密封界面的损伤漏气、导电杆多次冲击的形变等。目前高压真空灭弧室的机械寿命一般为 1 万次，低压灭弧室为 100 万次。

真空灭弧室产品的存储寿命一般标出的是 20 年，这是根据灭弧室出厂前规定的存放期前后真空度的变化计算出来的。对于现代触头材料制备工艺和灭弧室制造厂的排气与烘烤工艺而言，实际使用的真空开关的寿命会长得多，这是因为小电流开断使其对残余气体的吸收作用大于材料本体放气，即额定负荷电流以下的开断操作有进一步提升真空度的作用。

真空开关具有优异的频繁操作能力，除了固态开关外，其他开关是不能比拟的。一般常见的无功补偿电容器投切（每天操作数十次）或一些高压电动机频繁起动，真空开关完全可以胜任。一些产品则规定额定电流以下每分钟可以合分 1 次，特殊场合可能需要进行热计算，即燃烧电弧的热量计入系统温升平衡方程中。如 500A 电流的开断，电弧电压以 20V 计，燃弧半个周期 10ms 发出的热量为 100J。

2.5 真空开关的型式试验

真空开关新产品完成其工作任务的能力是由性能指标的型式试验来验证的。试验项目分别考核真空开关的绝缘水平、机械性能、短路电流的合分能力、回路电阻与温升、操动机构与辅助回路、控制系统的电磁兼容等。

2.5.1 绝缘试验

真空开关的绝缘参数反映的是其长期工作电压、短时以及瞬时过电压耐受能力。前者用绝缘系统局部放电水平来表征，后者则用内部操作过电压和外部雷电冲击水平表征。此外，产品的绝缘参数还决定了不同单位带电体间空气距离和对地距离以及绝缘表面的沿面距离。局放试验在额定电压下进行，短时以及瞬时过电压耐受则按标准规定的倍数和波形施加到试品上，包括相间、断口以及断口对地。表 2-3 为国标规定的 3～500kV 电力设备的工频耐压水平和雷电冲击耐压水平。其中，工频耐压施加时间为 1min，冲击耐压规定了标准波为 1.2/50μs，正负极性各 15 次。如其中有非破坏性击穿放电，而此后按此电压又连续施加 15 次无击穿放电，则认为试验通过，这种情况不能超过 2 次。

表 2-3　3～500kV 电力设备（开关类）的工频耐压水平与雷电冲击耐压水平

额定电压/kV（有效值）	3	6	10	20	35	66	110	220	330	500	1000
最高电压/kV（有效值）	3.6	7.2	12	24	40.5	72.5	126	252	363	550	1100
工频耐压/(kV/min)（有效值）	18	25	42	55	95	140	230	395	510	740	
雷电冲击全波/kV（峰值）	40	60	75	125	185	325	450	950	1175	1675	

2.5.2 机械性能试验

真空开关机械性能试验包括机械参数测试、合分循环操作试验以及机械寿命试验。机械参数直接影响开关整体性能，足够的分闸速度是开断能力的保障，机械零件的可靠性对比电气元件差距很大，现代真空灭弧室技术已经使其电寿命几乎不受限制，机械寿命成为其短板，是试验考核的重点参数之一。真空开关机械参数测试已有成熟的仪器产品，可直接给出动触头分、合闸位移曲线，以及具体参数，如分闸的速度（含刚分速度）、行程（含过冲与反弹幅度）以及时间（含反弹时间、三相分闸不同期时间），合闸的速度、超程、弹跳次数与持续时间以及合闸时间、合闸三相不同期时间。操作试验以及万次以上的机械寿命试验在型式试验中为选做项目，前者一般作为产品出厂检验项目，对产品进行出厂前的磨合调整，在额定工作电压 U_N 下的空载合分 100～300 次不等，可发现机械故障隐患。由于真空开关的机械寿命试验耗时甚多，有的断路器产品已提出 10 万次的指标，真空断路器能达到 500 万次以上，因此人们在研究加速或等效的试验方法。表 2-4 为型式试验项目中机械性能试验内容，表中 θ 为自动重合闸的无电流间隔时间，通常取 0.3s 或 0.5s；t 一般取 180s。

表 2-4　真空开关的机械性能试验内容

试验项目/目的	试验条件与方法
一般操作/检测装配质量	在规定的工作电压下分、合闸各 30 次： 1）分别在 65% U_N 和 120% U_N 下合、分各 3 次，合分 3 次；分—θ—合分各 2 次； 2）在 U_N 下合分 3 次；分—θ—合分各 10 次；手动分闸 9 次
参数测试/基础机械特性参数	测量开距、超行程、分、合闸时间，平均分、合闸速度，触头合闸弹跳时间、三相不同期时间（应用测试仪）
机械寿命/无故障次数操作后的机械性能	以十万次机械寿命试验为例：在 125% U_N、100% U_N 以及 65% U_N 下各操作 5000 次，在 U_N 下按分—θ—合分—t—合—t 循环；累计合分操作试验次数达到十万次即可

2.5.3　短路试验

真空断路器的短路开断与关合试验是开关电器中最苛刻也是最重要的试验项目之一，是少有的几个依靠理论计算和仿真难以确定、必须依赖试验来考核的参数。除了合分短路外，国家标准还规定了近区故障、合分失步电流故障等。这些故障若在现场试验中将是破坏性的，因此，无一例外的要在与实际工况等价的试验站完成。国际电工委员会（IEC）制订了高压断路器的试验标准（IEC56 号出版物），国际采购或出口的产品都要依据 IEC 标准进行试验。实际上，我国的国标与电力行业标准的参数要求大部分高于 IEC 标准。国家标准 GB 1984—2014《交流高压断路器》中对短路试验的内容、方法、判据等都做了具体规定，主要包括：

1）功率因数平均值不大于 0.15。

2）频率容差不大于 10%。

3）一般操作顺序为 O — θ — CO — t — CO，其中 O 代表分闸（Open），C 代表关合（Close），CO 表示合分之间无任何刻意时延的操作，θ 为无电流时间，一般规定为 0.3s，t 为重合闸间隔，一般不小于 180s。

4）试验施加的工频恢复电压三相平均值不低于额定值 U_N 的 95%，单相试验时则在相电压基础上乘首开相系数 1.3 或 1.5，此电压也不得低于额定值的 95%，工频恢复电压至少维持 0.1s。关于 TRV 的规定已在其他章节表述，标准中均给出了详细参数。

短路开断电流数值上分五种方式：方式 1～方式 4 分别对应 10%、30%、60%、100% 额定短路开断电流（直流分量 <20%），各自规定了不同的 TRV 波形与操作顺序，但关合电流均为额定短路值；方式 5 是针对最小分闸时间小于 80ms 的断路器（真空断路器一般属于

这种情况）加试的三个单分，此时直流分量没有足够的衰减而大于20%，具体施加的直流分量可根据试品断路器的实际分闸时间 τ 在图2-15上读取[2]。如某被试开关的固有分闸时间为30ms，计及继保时间和燃弧时间为20ms（$\tau=50\text{ms}$），可在图中查得直流分量为32%，即试验波形在50ms处的直流分量不得小于32%。方式5的工频恢复电压和TRV与方式4相同。

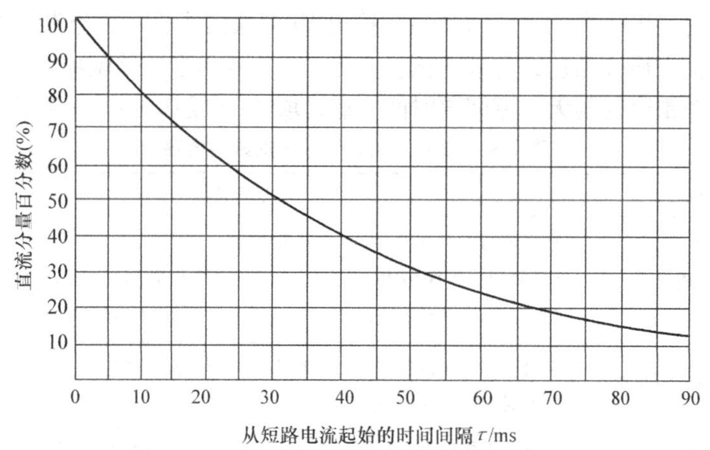

图2-15　直流分量与时间间隔的关系

短路电流的合分能力试验是整个型式试验中难度与代价最高的试验项目。试品的机械参数应该符合规定，三相分装的断路器允许单相试验。关合短路是上述合分操作以外的试验项目，关合额定短路电流以峰值表示，为额定短路开断电流的2.5倍，试验电流峰值在100%~110%范围内都记为成功试验。

真空开关的回路电阻与温升试验是相关性试验，前者超标将影响后者。随着真空灭弧室触头材料的发展与进步，灭弧室触头回路电阻已经降到几十甚至十几微欧，用精度足够的回路电阻测试仪即可方便测得。温升试验主要检验开关额定电流的承载能力，在回路电阻满足规范指标后，温升试验应在允许最苛刻的环境温度和空气流下完成。温升测量应选用允许精度范围的温度计或热电偶，应保证传感头与试品测试点之间的导热良好。测试点按照国标GB/T 11022—2011确定。

2.5.4　操动机构与辅助回路

真空开关的操动机构与控制系统需要单独进行试验。实际上开关的机械参数与寿命试验已经反映了机构的主要性能指标，机构的单独试验对于电磁机构而言，主要指分、合闸线圈及其辅助接点的绝缘水平与温升，而控制系统则需要做严格的电磁兼容试验。表2-5为操动机构与辅助回路的试验内容与方法。

表2-5　操动机构与辅助回路的试验内容与方法

序号	项目	试验目的	试验条件与方法	备　注
1	绝缘试验	带电体之间及对地的绝缘	加工频电压2kV/min	
2	温升试验	分、合闸线圈、辅助接点载流能力	额定工作条件下连续通电10次，温升不超过规定值	线圈温升需包括重合闸条件

2.5.5 控制系统的电磁兼容试验

根据国际电工委员会（IEC）的规定，所谓电磁兼容（Electromagnetic Compatibility, EMC）试验就是设备在进入现场之前经受、再现和模拟其工作环境可能遇到的电磁干扰以及它在工作中产生的电磁兼容发射的各种试验。后者考核的是设备对EMC环境的影响，确定其是否超过了规定的限值，称之为电磁敏感度试验。对于真空开关来说，前者更为重要，即必须经受在工作场所可能遇到的各种电磁干扰，称之为电磁抗扰度试验。

根据国际电工委员会IEC61000－4标准，我国制定了电磁抗扰度试验标准GB/T 17626，主要包括表2-6中8个方面的内容，型式试验则一般在8个方面中选择对开关控制器影响较大的几项进行考核。

表2-6 国标规定的电磁抗扰度试验内容

序号	试验名称	试验原理	试验内容	试验设备
1	静电放电抗扰度	检验抗静电干扰的能力： 1）操作人员直接触摸设备时的静电放电及其影响； 2）操作人员在触摸邻近设备产生静电时的影响	试验时处于正常工作状态，用放电枪在其可能直接接触的表面进行放电。接触不到的采用间接气隙放电，用放电枪对设备附近的金属板放电	放电枪，水平和垂直耦合板，试验台 静电模拟器 → 试品
2	射频辐射电磁场抗扰度	检验抗辐射干扰能力； 模拟手机和电力系统中的辐射源产生的电磁干扰	电波暗室中，信号发生器输出经功放达到需要的等级射频信号，通过天线建立电磁场，观察设备运行状态	电波暗室、射频信号发生器、功率放大器、天线、能监视水平和垂直极化的场强探头和场强测试仪（见图2-16）
3	电快速瞬变脉冲群抗扰度	模拟系统开关投切感性负载时引起的电磁干扰。脉冲群重复频率高，波形上升时间短，单脉冲的能量较小，但经常使设备产生误动作	将电快速瞬变脉冲群发生器的输出耦合到试品的电源端口、信号和控制端口，检验其是否正常工作	电快速瞬变脉冲群发生器、耦合/去耦网络、电磁耦合夹和参考接地板 脉冲群发生器 →（耦合网络／电磁耦合夹）→ 试品
4	雷击浪涌抗扰度	模拟在电源线、输入/输出线、通信线遭受高能量脉冲干扰时的抗浪涌干扰能力。标准规定了两种不同的雷击浪涌波形	分别用组合波发生器和10/700μs浪涌波发生器经耦合/去耦网络对试品的电源线和通信线施加浪涌干扰，检验该干扰是否造成试品损坏	组合波发生器、10/700μs浪涌波发生器和耦合/去耦网络（见图2-17）
5	由射频场感应的传导干扰抗扰度	与射频场辐射抗扰度试验相互补充，主要是模拟80MHz以下的电磁干扰经引线传导的干扰	将上述射频干扰信号变为传导干扰信号，经过耦合/去耦网络耦合到端口上，检验其是否能正常工作	射频信号发生器、功率放大器、低通和高通滤波器、固定衰减器和耦合/去耦网络（见图2-18）

（续）

序号	试验名称	试验原理	试验内容	试验设备
6	工频磁场抗扰度	检验设备附近有工频强磁场的情况下，对磁场骚扰的抵抗能力	电流发生器输出工频电流进入感应线圈，产生工频磁场，放在感应线圈中央的试品抗工频磁场干扰的能力	感应线圈、电流发生器和参考接地板 感应线圈 电流发生器 智能电器
7	电压跌落、短时中断和电压渐变抗扰度	检验在电网出现电压跌落、短时中断和电压渐变时是否能及时保护现场数据，在电源恢复供电后能否正确起动	通过控制器控制波形发生器输出相应的干扰模拟信号，经功率放大器施加在试品的电源端口	控制器、波形发生器、功率放大器（见图2-19）
8	衰减振荡波抗扰度	模拟在高压和中压变电站中高压母线开关操作时所产生的振荡波干扰	发生器输出1MHz或100kHz的衰减振荡波干扰信号经过耦合/去耦网络以共模或差模的形式耦合试品的电源线上	衰减振荡波发生器、耦合/去耦网络和参考接地板（见图2-20）

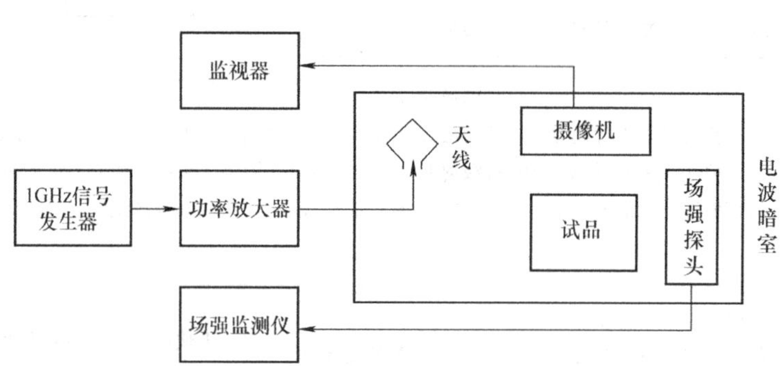

图2-16　射频辐射电磁场抗扰度试验原理图

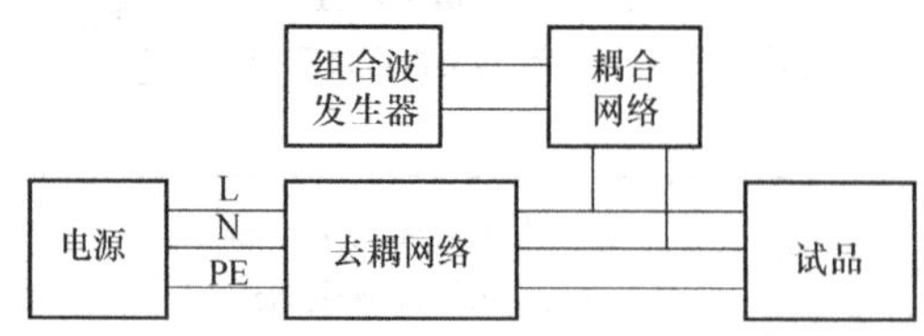

图2-17　雷击浪涌抗扰度试验原理图

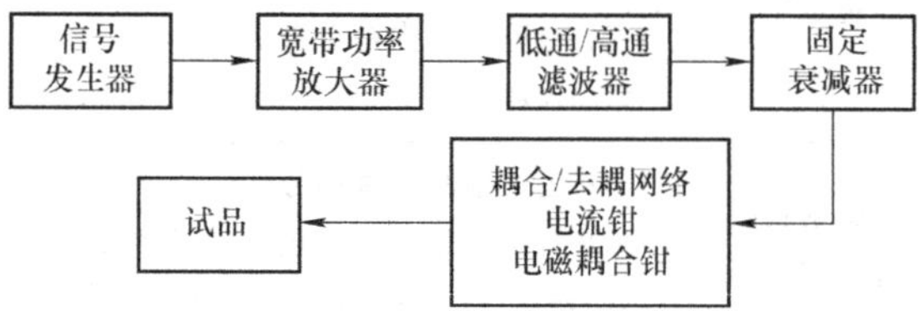

图2-18　由射频场感应的传导干扰抗扰度试验原理图

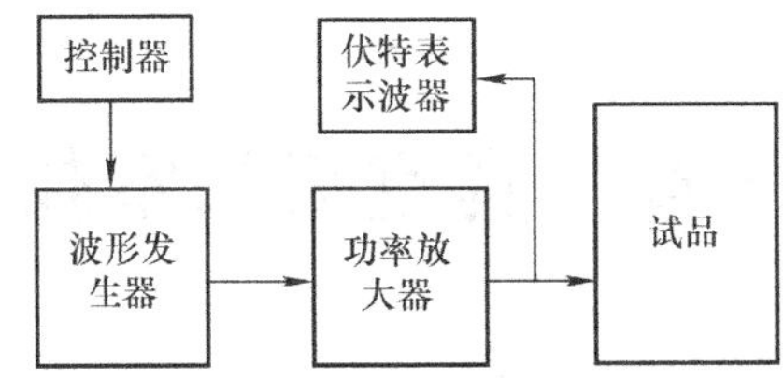

图 2-19　电压跌落、短时中断和电压渐变抗扰度试验原理图

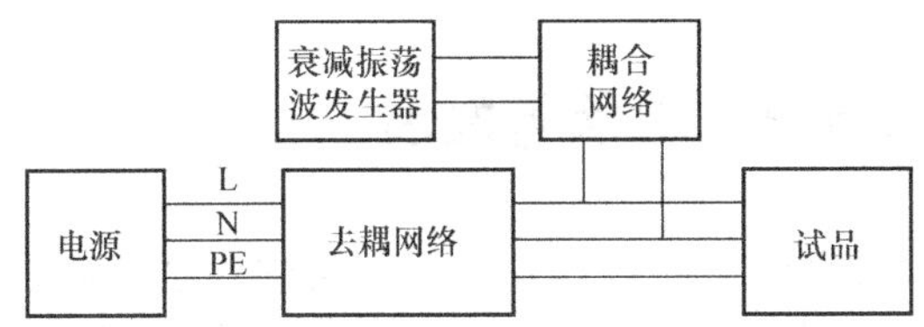

图 2-20　衰减振荡波抗扰度试验原理图

参 考 文 献

[1] 鞠平. 电力工程 [M]. 北京：机械工业出版社，2008.
[2] 徐国政，等. 高压断路器原理和应用 [M]. 北京：清华大学出版社，2000.
[3] 王章启，等. 电力开关技术 [M]. 武汉：华中科技大学出版社，2003.
[4] 曹荣江，顾霓鸿. 高压交流断路器的运行条件 [M]. 北京：北京工业大学出版社，1999.
[5] 林莘. 永磁机构与真空断路器 [M]. 北京：机械工业出版社，2003.
[6] SMEETS R P P. High Voltage Circuit Breakers [M]. 萨拉热窝（Sarajevo）printed by BEMUST，2011.

第3章 真空灭弧室技术

真空灭弧室（Vacuum Interrupter，VI）俗称真空开关管，是真空开关的核心器件，真空开关的主要功能都是通过真空灭弧室实现的。

3.1 真空灭弧室的历史、现状与发展

世界上第一只真空灭弧室出现于19世纪，是由美国人里顿豪斯设计的[1]。随后美国通用电气公司于1961年成功研制出额定电压为15kV、开断能力达到12.5kA的真空灭弧室，1966年相继研制成功额定电压为15kV、开断电流为25kA和31.5kA的真空灭弧室。我国真空开关的发展相对较晚，在1958年前后才开始研制，1960年研制成功额定电压为6.7kV、开断能力为500~600A的真空灭弧室，1965年研制成功额定电压为10/12kV，额定电流为1500A的真空灭弧室。从20世纪70~80年代，我国逐步成功研制出了额定电压为10/12kV~35/40.5kV、额定短路开断电流为8.7kA~40kA的系列真空灭弧室。1996年，已能生产额定电压为35kV、开断电流为31.5kA及额定电压为10/12kV、开断电流为50kA和63kA的真空灭弧室。

真空灭弧室是真空开关的心脏，正是由于真空灭弧室的不断进步，才促使了真空开关的不断发展。**纵观我国真空灭弧室的发展历史，已经历了五代：**

第一代：采用玻璃外壳、阿基米德螺旋槽横磁触头结构，额定电压为10/12kV，额定电流为1250A，额定短路开断电流20kA。

第二代：以引进西门子的3AF系列真空灭弧室为代表，采用CuCr50触头材料、杯状纵磁触头，外置屏蔽筒和陶瓷绝缘外壳，额定电流达到2500~3150A，其额定短路开断电流达到31.5~40kA。

第三代：自行开发的小型化真空灭弧室，采用CuCr50触头材料，内置屏蔽筒结构、陶瓷绝缘外壳和杯状纵磁触头，额定电流为3150A，额定短路开断电流达到50kA。

第四代：真空灭弧室的最大特点之一是采用一次封排技术，覆盖12kV、24kV和40.5kV等级的各种产品。一次封排技术的应用使真空灭弧室的制造工艺得到极大的简化和改善，并使制造周期显著缩短，从而使真空灭弧室的生产保障和质量水平均得到大幅提升。

第五代：固封极柱和充气柜用真空灭弧室。将真空灭弧室通过自动压力凝胶工艺包封在环氧树脂壳体内，形成固封极柱，或者将真空灭弧室安装在高于一个大气压的绝缘气体内，从而避免外力和外界环境对真空灭弧室及其他导电件的影响，增强了外绝缘强度，减少了灭弧室的长度和装配工作量，带动了整个真空开关的小型化。

近年来，随着真空灭弧室制造工艺的不断改进和日益成熟，同时也鉴于真空断路器在中压配电领域的技术储备与运行经验，真空灭弧室的进一步发展呈现出两大趋势：一是真空灭弧室在输电领域的特高压断路器中的应用，有多断口串联或单断口高电压（单个断口高达252kV）两种技术方案；二是随着国家电网公司坚持大力推进自主创新，系统开展科技攻

关，积极建设“三型两网”世界一流能源互联网企业，在高压交流领域有了快速故障保护的需求，在高压柔性直流领域有了直流断路器的需求，这两个领域的需求促成了基于斥力机构的快速开关及其配套的专用真空灭弧室的开发，从而将真空灭弧室的应用进一步拓展到输电等级和高压直流领域。

3.2　真空灭弧室的结构与原理

真空灭弧室是各类真空断路器、真空接触器、真空负荷开关等真空开关的核心器件，其决定了真空开关的主要性能指标。

3.2.1　真空灭弧室的结构

真空灭弧室是用密封在真空中的一对触头来实现电力电路的接通与开断功能的一种真空器件，其基本结构如图 3-1 所示，主要由绝缘外壳、触头、动静导电杆、动静盖板、屏蔽筒、波纹管、导向套等零部件组成。

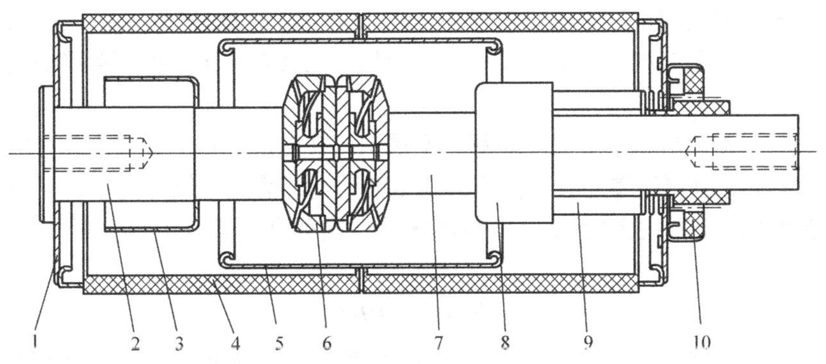

图 3-1　真空灭弧室的基本结构图

1—盖板　2—静导电杆　3—均压屏蔽罩　4—绝缘外壳　5—屏蔽筒
6—触头　7—动导电杆　8—波纹管保护罩　9—波纹管　10—导向套

绝缘外壳是一个密封容器，支撑着动静触头和屏蔽筒等金属零件，其作用一方面是确保真空灭弧室内高真空所需的密封以及动静触头的受力支撑，另一方面是保证真空灭弧室能够承受额定绝缘水平的电绝缘性能。目前，绝缘外壳的常见材料主要有玻璃及陶瓷两大类，其中玻璃绝缘外壳容易制造、成本较低，但缺点是机械强度差、加工尺寸误差较大，尤其是受其软化温度的影响，不适用于目前先进的一次封排技术，故已被逐步淘汰。陶瓷绝缘外壳采用 Al_2O_3 含量在 94% ~95% 的高强度氧化铝陶瓷制造，具有良好的热稳定性和机械特性，加工尺寸精确，同时具有体积电阻率高、高频介电性能好、介电损耗因数低且能经受高的击穿电压等优良性能，并能够经受大的机械冲击和振动负荷，是目前真空灭弧室主要采用的绝缘外壳材料。

真空灭弧室的触头（电极）材料与结构决定了真空灭弧室的主要开断性能，是真空灭弧室的心脏。不同类别的真空开关，因其所要求的性能不同，触头所采用的结构及材质会有所不同。后续章节有专门论述。

动静导电杆主要是用来承载额定电流，保证真空灭弧室有足够的导通额定电流、能够承受短时峰值电流及短路开断电流，同时能够承受真空开关机械分、合闸所带来的机械冲击。无氧铜材料具有高的电导率、热导率，良好的可焊性，优良的塑性和延展性，同时冷加工性能极好且无磁性，正好满足动静导电杆各个方面的功能要求。此外，无氧铜还具有含氧量很低的特点，有利于灭弧室真空度的长期保持。导电杆的设计主要考虑尽量小的回路电阻，通过温升试验校核两个导电杆的直径与材质。但过粗的动导电杆带来的附加动端质量会影响开关的运动特性。

动静盖板主要起密封及支撑动静导电杆的作用，目前主要采用无氧铜、不锈钢、可伐（铁镍钴合金）及铜镍合金等材料制成，钎焊（封接）在真空灭弧室绝缘外壳的两端。有的端盖还兼做电流通路，应保证其具有良好的电接触性能和力学性能，保证灭弧室短时与瞬时电流耐受。

屏蔽筒的主要功能是吸收真空灭弧室开断过程中的金属蒸气，防止触头在燃弧过程中产生的大量金属蒸气和液滴喷溅污染绝缘外壳的内壁，避免造成真空灭弧室外壳的绝缘强度下降或产生闪络，同时吸收一部分电弧能量，冷凝电弧生成物。真空灭弧室在开断短路电流时，电弧产生的大部分热能被屏蔽筒所吸收，有利于提高触头间的介质恢复强度，对增加真空灭弧室的开断能力起到良好作用。另外屏蔽筒还有均匀电场，能够改善真空灭弧室内部电场的分布。电场的改善有利于真空灭弧室的小型化，尤其是对于高电压等级的真空灭弧室小型化有显著效果。

目前使用的屏蔽筒材料主要有无氧铜、不锈钢、铁磁及铜铬等，除少部分额定电压低于3.6kV的低压产品，其屏蔽罩单挂于真空灭弧室的动端或静端绝缘外壳上，大部分屏蔽罩钎焊于真空灭弧室的中部，也称为悬浮电位屏蔽罩。这种屏蔽罩在开断过程中吸收的电弧能量为

$$W = 0.35UI_k t \tag{3-1}$$

式中，U 为电弧电压的有效值（V）；I_k 为额定短路开断电流的有效值（kA）；t 为燃弧时间。在屏蔽罩表面的最高温度小于等于600℃时，悬浮屏蔽罩吸收能量与最大能量密度的关系为：

$$W = (\pi D_{min} d)\Delta W_{max} t \tag{3-2}$$

式中，D_{min} 为悬浮屏蔽罩内径最小值（cm）；d 为触头开距（cm）；ΔW_{max} 为允许吸收的最大能量密度（kW/cm^2）。

分析得到悬浮屏蔽罩内径的最小值为

$$D_{min} = \frac{0.35UI_k}{(\pi d)\Delta W_{max}} \tag{3-3}$$

悬浮屏蔽罩与触头系统之间要有足够距离 Δ，对于12kV真空灭弧室，一般选 $\Delta = 8$ mm左右，40.5kV灭弧室；$\Delta = 15$mm左右，则悬浮屏蔽罩直径：

$$D'_{min} = D_{触头} + 2\Delta \tag{3-4}$$

式中，D_{min} 为触头系统的最大直径（mm）。

比较 D_{min} 与 D'_{min} 的值，可选择较大值作为悬浮屏蔽罩的内径。对于屏蔽罩的厚度有如下经验公式：

$$\delta = \sqrt{(\lambda / c\rho)t} \tag{3-5}$$

式中，δ 为屏蔽罩厚度；λ 为材料导热系数；c 为材料比热容；ρ 为材料密度；t 为材料热作

用时间。

对于真空灭弧室而言，悬浮屏蔽罩的厚度并非越厚越好。根据经验，当厚度为1.5mm及以上时，屏蔽罩过厚不利于燃弧过程中的热量逸散，对于不锈钢材料屏蔽罩，其厚度范围一般为0.3～1.5mm。真空灭弧室中悬浮屏蔽罩的直径尺寸还要综合考虑灭弧室额定电压U_e与额定短路开断电流I_k的影响。

波纹管也是真空灭弧室一个非常关键的零件，由于波纹管的动密封功能，使得真空灭弧室的动触头能够沿轴向运动，完成灭弧室的分、合操作，同时保证真空灭弧室内部的高真空。它以钎焊的方式连接在真空灭弧室的动导电杆及动端盖板上，通常采用0.1～0.2mm厚的优质不锈钢板挤压加工而成，要求在额定开距下能够承受几万到几十万甚至上百万次的拉伸、压缩操作，且要始终确保真空灭弧室的高真空。

另外，为保证真空灭弧室出厂后长期处于高真空状态，还需要在其内部点焊吸气剂（一般为锆铝材料），其用于吸收真空灭弧室工作过程中材料放出的或从外部慢性渗漏进入真空灭弧室内部的少量气体。

3.2.2　真空灭弧室的工作原理

真空灭弧室是靠动、静触头的合分来完成电路的接通与断开的。当动触头在操作机构的作用下合闸时，动、静触头闭合，电源与负载接通，电流流过负载；反之，当动触头在操作机构的作用下带电分闸时，触头间产生真空电弧，真空电弧依靠触头上蒸发出来的金属蒸气维持，直到电流接近零时，金属蒸气也逐渐停止蒸发，同时加上真空电弧的快速扩散，电弧很快被熄灭，触头间隙也很快地变为绝缘体，于是完成电流开断。

什么是真空呢？理想真空是指没有气体分子存在的空间，而实际上是达不到绝对真空的。工程上低于大气压的状态被称为真空。真空一般用“真空度”来度量，真空度以气体压强的单位来度量，其法定单位为帕斯卡（Pa），以前也用毫米汞柱或乇（或托，Torr）为单位。它们之间的关系为：1帕$=7.5\times10^{-3}$乇；1乇=1毫米汞柱=133.322Pa。

注意，真空度与真空压强的表述相反：高真空度意味着更低的真空压强。现代商用真空灭弧室的真空度很高，一般在$10^{-5}\sim10^{-3}$帕，这是保证真空绝缘的基本要求。以下会进一步分析高压真空绝缘的相关理论。

1. 真空介质的击穿

我们把含有少量气体分子的空间看作一个特定的介质，而真空介质中的放电现象有着十分复杂的成因和许多未知因素，自20世纪20年代以来，有相当多的研究者从事这一现象及其机理的研究工作，试图合理地解释从预放电开始到间隙击穿的全过程。但因为真空中剩余气体的种类、放电材料、附着杂质和表面状况的不同，这些因素耦合在一起影响着放电电压的变化，所以至今仍未寻求到一套能够完整地、全面地阐述真空中放电现象的理论，真空击穿仍以概率现象表征。尽管在此期间推出了一些理论并经过试验验证，也只能分析局部或特定条件下的放电现象。

真空介质击穿放电是一个综合的复杂的物理过程，主要影响因素有真空度、电极材料、电极距离、压力、老练作用、开断电流的大小等。对于真空击穿的引发机制，依据电极的间距大小与表面状态等因素提出过各种解释，目前主要有两种理论：场致发射击穿和微粒击穿。

场致发射击穿：以往大量实验研究表明，小间隙真空的击穿过程首先在间隙中有很小的电流（预击穿电流）流过，然后该电流随着所加电压的升高会逐步增加，直至发生击穿。在毫米级触头间隙下，击穿强度与触头材料有关，大约为 10^8V/m 量级。此外，实验发现真空度在 10^{-8} ~ 10^{-5}Pa 范围时，击穿电压基本不受真空度的影响。一般认为预击穿电流来源于阴极表面的电子发射过程。在以往对预击穿过程进行的研究中发现，阴极的电子发射电流会对阳极的局部区域进行轰击，引起阳极材料的蒸发。更加深入的研究表明，真空击穿是由于产生阴极场致发射电流的阴极微凸起在电场的作用下离开阴极所引起的。对阴极场致发射电流的定量研究表明，击穿是由于阴极场致发射电流作用的结果，被称为场致发射击穿理论。已有的研究结果表明，场致发射主要在触头开距 $d \leqslant 0.5$mm 的情况下对真空间隙击穿起主导作用，但是对于触头间隙距离远大于 0.5mm 的真空灭弧室，场致发射击穿理论无法解释其中的击穿现象。

微粒击穿：在生产过程中，因触头表面的机械加工或运输等原因，往往在零件表面会残留或带入一些"微粒"，这些微粒通常是疏松地黏附于触头表面。这些微粒在电场作用下脱离触头表面并加速运动，将电动势转化为动能，最终到达对面的触头表面，将动能转化为热能，引起材料自身的熔化与蒸发，其所产生的金属蒸气导致了真空间隙的击穿。这一击穿理论成功地解释了在大触头间隙距离下，击穿电压与阴极发射电流无关以及触头间物质发生转移的现象。该理论是在微粒假说的基础上建立的击穿模型，认为真空间隙的击穿是由于触头表面的微粒引发的，并没有考虑到其他电极过程的作用，被称为微粒击穿理论。

真空击穿时，空间气体密度很低，带电粒子在极间碰撞过程中产生气体，其电离的倍增作用并不足以维持放电，因此，击穿的触发源必然来自于表面效应和极间粒子的交换过程。这是由于在真空击穿过程中所存在的大电流载体，归根结底为数量足够的金属蒸气或等离子体，它们来源于电极表面的局部过热、蒸发和升华。在高真空的初始条件下（即电子和粒子的平均自由程大于电极间隙距离，以致间隙空间的碰撞电离可以忽略），电极间施加的高电压会引起自持放电过程，形成真空电弧。真空电弧不是靠电极间气体分子电离维持的，而是依靠电极材料蒸发所形成的金属蒸气的电离维持的。当真空灭弧室的触头在真空中带电分离时，电接触表面积迅速减小，只留下一个或几个微小的接触点（金属桥），其电流密度增大，温度也越来越高，最后金属桥融化并蒸发出大量的金属蒸气。金属蒸气的温度很高，同时又存在很强的电场，这样就会导致强烈的场致发射和金属蒸气的电离，从而发展成真空电弧。

2. 真空击穿与真空度的关系

根据高压工程关于气体放电现象的碰撞理论可知，在一定的场强作用下，影响电极间气体放电的形成主要有气体分子的密度 ρ 和自由电子运动的平均行程 λ 两个因素。当气体密度较大时，自由电子在电场中向阳极运动的加速过程中与其他分子的碰撞次数增多，λ 很短，能量不易聚集，使产生击穿电子崩的概率小。若要使电极间气体击穿，必须升高外加电压，以便电子在电场中获得更多的动能产生电子崩。相反，若气体密度小，自由电子在运动中的碰撞次数少，λ 长，能量容易聚集，增大了出现电子崩的概率，因而在外加电压较低时气体即可击穿。

试验发现，若固定电极的距离、改变气体的压力，在 1×10^2 ~ 2×10^5Pa 范围内，气体击穿电压随气压的升高而增大，随气压的降低而减小，然而进一步降低气压，当达到1.33 ×

$10^{-3} \sim 1.33\times10^{-6}$Pa 的真空状态时，电极间的击穿电压反而逐渐升高。这是因为此时的空气密度较低，能够产生电子崩的自由电子所需的平均行程必须非常大，才能聚集足够的动能碰撞其他气体分子并产生电子崩引起击穿。如果继续抽气，容器内压力更低（即达到一个更高的真空度后），电极间的击穿电压不再升高而是呈现一种类似饱和的状态。巴申于 1889 年总结出的击穿电压 U 与气体压力 p、间隙 d 之间的关系定律，称为巴申定律，其数学表达式如下：

$$U=\frac{B_0pd\left(\frac{T_0}{T}\right)}{\ln\left[\frac{A_0pd\left(\frac{T_0}{T}\right)}{\ln\left(\frac{1}{\gamma}\right)}\right]}=f\left(\frac{pd}{T}\right) \tag{3-6}$$

式中，A_0、B_0为标准温度（20℃）时与气体种类和温度有关的常数；γ 为与电极材料和表面状态有关的系数；p 为气体压力；d 为电极间距；T_0、T 为标准状态的温度与试验时的温度。图 3-2 给出了铜电极在固定间隙（12mm）情况下耐受电压与真空度的关系曲线。

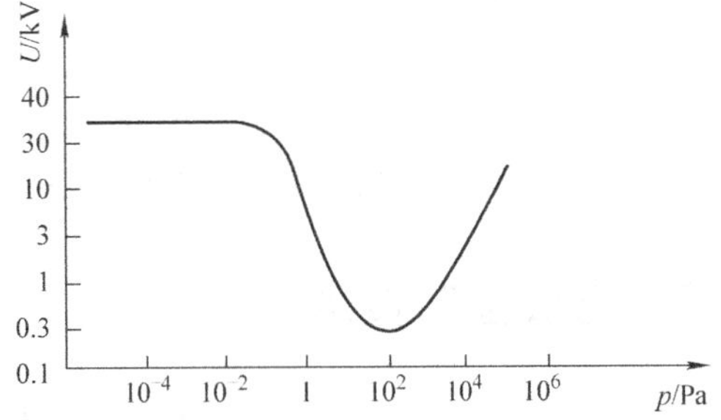

图 3-2　铜电极间隙（固定为 12mm）耐受电压与真空度的关系曲线

3. 真空灭弧室内部真空度的变化

根据巴申曲线可知，在一定的高真空度下，真空间隙的耐压水平将达到饱和状态，更高的真空度对耐受电压的提高效果不明显，但真空灭弧室在制成以后，总会存在一定程度的泄漏以及内表面的气体分子溢出。在泄漏率一定的情况下，真空度越高，灭弧室保持高真空的时间就越长，对确保真空断路器长期运行的可靠性就越有利。图3-3 所示的曲线可以定性地解释真空灭弧室内部压力和时间的变化关系。真空灭弧室内部压力升高的两个因素为：一是真空灭弧室外部通过密封部位的微观漏孔进入其内部的气体，其引起的压力升高理论上是随时间的推移呈线性规律上升，如曲线 a；二是在最初的燃弧过程中，触头材料和灭弧室内表面释放出的一些残存的微量气体（释放气体的量值与触头合金成分、冶炼工艺和老炼工艺相关）使真空灭弧室的内部压力在一段时间内逐步升高，当这些微量气体排尽后，真空灭弧室的内部压力基本维持在一定的水平，如曲线 b。因此，真空灭弧室内部压力升高的变化趋势是这两种因素共同作用的结果，我们可用曲线 c 来表示，即 c = a + b。真空灭弧室的真空度越高，则曲线 c 可以降低到临界值 1.33×10^{-3}Pa 所需经历的时间就越长。

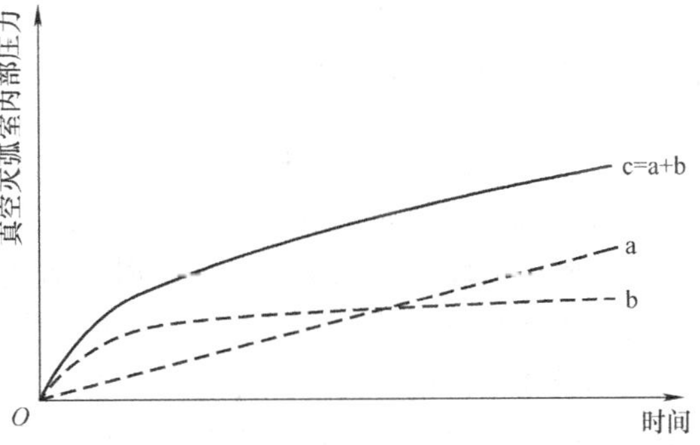

图 3-3　真空灭弧室内部压力变化规律示意图
a—外部空气通过微小漏孔进入灭弧室引起的变化
b—燃弧过程中触头表面释放的残余气体
c—灭弧室内部气体压力变化

4. 真空断口的绝缘建立及熄弧

真空开关在开断系统电流时，真空灭弧室断口间的恢复电压由系统电压（又称工频恢复电压）和瞬态恢复电压（TRV）共同组成。真空开关要成功开断短路电流，必须保证真空灭弧室断口介质强度恢复速度大于TRV的上升陡度，否则，断口将被TRV击穿，从而产生重燃并导致开断失败。系统恢复电压与介质恢复强度的关系如图3-4所示。因此，在真空电弧熄灭后，不仅要求真空灭弧室具有一定高的真空度，还要求真空灭弧室的两个触头必须有一定的距离，以保证真空灭弧室断口介质强度恢复速度大于TRV的上升陡度，确保开断成功。故一定的高真空及必要的触头开距是保证开断成功的基本条件。研究发现，只要开断过程中真空灭弧室内部的气体压力不高于 1×10^{-3} Pa，就能确保其具有绝缘足够高的初始恢复强度与灭弧功能。

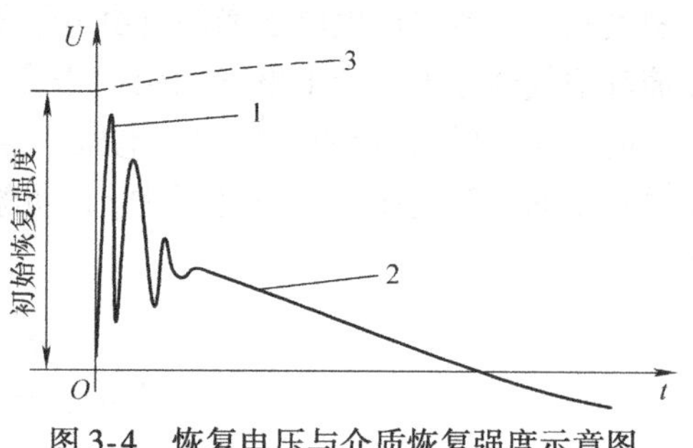

图3-4　恢复电压与介质恢复强度示意图

1—瞬态恢复电压（TRV）

2—工频恢复电压（TRV衰减完毕后）

3—介质恢复强度

3.3　电弧控制技术

真空灭弧室的开断能力、电寿命、耐电压强度、短路电流关合能力、承载峰值电流及长期导通额定电流的能力均与其触头结构和触头材料密切相关。因此，触头是组成真空灭弧室的关键部件，是真空灭弧室的心脏。此外，电弧的形态控制取决于真空灭弧室的触头结构，因此，触头结构的设计对真空灭弧室的开断等综合性能起着决定性作用。

3.3.1　真空电弧的形态

为了更好地控制真空电弧，首先需要了解真空电弧的形态。大量的研究试验证明，真空电弧主要表现为两种完全不同的基础形态：扩散型真空电弧和集聚型真空电弧。

当开断电流较小（数千安以下）时，弧柱呈现扩散形状，从阴极斑点区射出的蒸气及带电粒子流在真空扩散动力和电动力的共同作用下向着阳极运动（在轴向和径向），形成从阴极向阳极逐渐加粗的锥形弧柱的真空电弧。当电流保持不变时，阴极表面存在的阴极斑点数基本上维持不变；当电弧电流增大或减小时，阴极斑点也会随之增加或减少。这种存在许多阴极斑点的真空电弧会随着阴极斑点的运动不断向四周扩散，称为扩散型真空电弧。

当电弧电流增至8～10kA时，电弧的形态将发生突变，阴极斑点不再向四周扩散，而是相互吸引，导致所有的阴极斑点都聚集成一个斑点团，阴极斑点团的直径可达1～2cm，此时阳极上也伴随出现了阳极斑点，阴极表面和阳极表面均有强烈的光柱。真空电弧一旦集聚，阴极斑点与阳极斑点便不再移动或以很缓慢的速度运动，导致阳极和阴极表面局部被强烈加热，造成电极局部范围的熔融，最终发展到电极表面严重熔化，这种真空电弧叫作集聚型真空电弧。集聚型真空电弧熄灭后，熔融的电极表面仍不断向弧区蒸发蒸气乃至喷溅液滴，导致等离子体的密度衰减较慢，故集聚型真空电弧的弧后介质恢复速度较低，使得真空断口在系统恢复电压作用下容易发生击穿而开断失败。

在研制真空灭弧室时，通常会根据以上两种真空电弧形态的特性来设计专门的触头结构，使短路电流在通过这些触头结构时产生特定种类和强度的磁场，并利用这种磁场对电弧形态进行控制，以降低集聚型真空电弧对电极表面的烧蚀或者使得电弧在较大短路电流下仍然保持扩散形态，从而降低电弧能量，达到提高真空灭弧室的开断能力和增加真空灭弧室电寿命的目的。

目前在真空灭弧室中主要采用的两种触头结构为纵向磁场触头结构（Axial Magnetic Field，AMF）和横向磁场触头结构（Radial Magnetic Field，RMF）。

3.3.2 横向磁场触头结构及熄弧原理

横向磁场触头的工作原理是利用短路电流流过触头时所产生的横向磁场驱使真空电弧在触头表面高速运动，从而避免电弧在触头表面局部地区集聚和加热，减轻触头的熔化和汽化蒸发，提高其开断能力。目前最常用的横向触头结构有螺旋槽触头、万字型触头及杯状横磁触头等，其触头结构及磁感应强度分布形态如图3-5所示。这几类触头结构在开断大电流时，具有相当高的介质恢复速度。

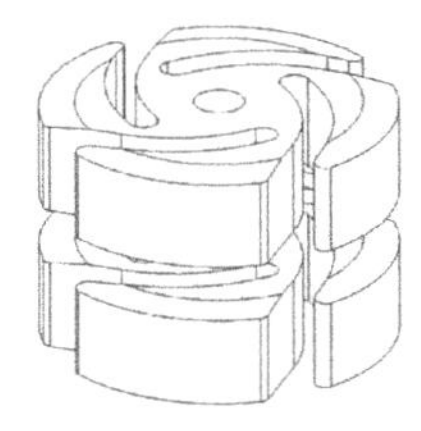
a) 螺旋槽触头结构

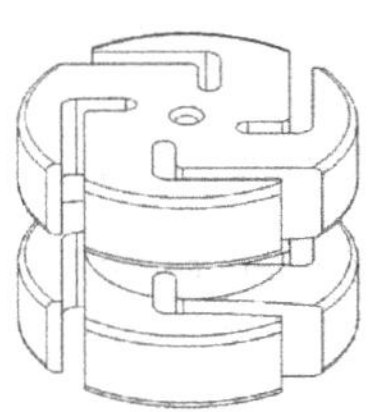
b) 万字型触头结构

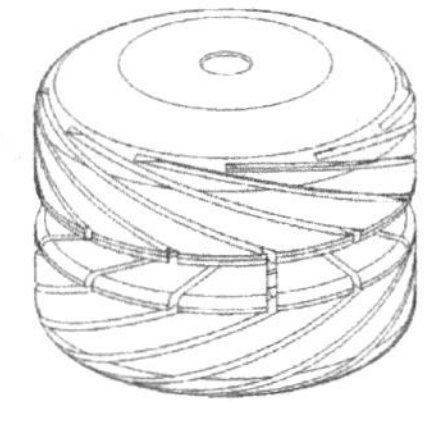
c) 杯状横磁触头结构

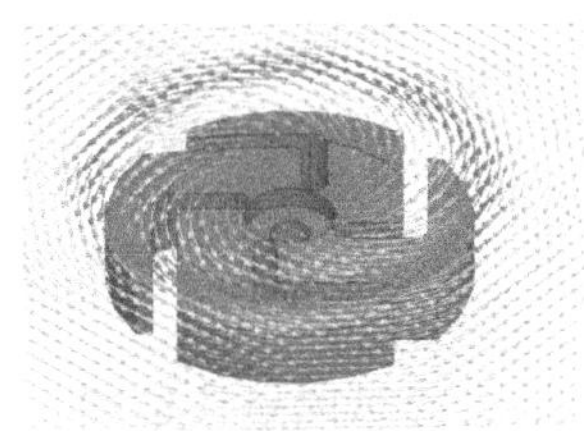
d) 燃弧区磁感应强度分布形态

图3-5 横磁触头结构及磁感应强度分布形态

横磁触头结构在开断短路电流时，由于电流路径的原因，其触头分离后会产生与弧柱电流垂直的横向磁场，这一磁场驱动弧柱沿径向向外运动，当弧柱运动到带有开槽的触头盘面上时，所产生的磁场会驱动弧柱做圆周运动。

螺旋槽和万字型触头结构具有结构简单、利于装配和接触电阻小、利于提升额定电流的显著优势；其主要缺点是在燃弧过程中存在阳极斑点，其对触头的熔化作用较强，一旦在槽之间发生熔焊短路，磁场效应将大大减弱。杯状横磁触头结构相对简单，但因导电面和燃弧面合一，开断时电弧也会在导电接触面上运动，不可避免地会对触头导电面产生烧蚀和变形，其结果是使电接触状况变差，对绝缘击穿电压水平也会产生较大的影响。此外，这种触头结构还存在因机构合闸冲击作用引起的触头杯收缩，进而导致触头开距变大的问题，这种变化对于真空灭弧室的短路开断性能是不利的。

在真空开关发展的早期阶段，真空灭弧室普遍采用横磁触头结构，这种触头结构由于其结构和导电性能方面的优势，在经过不断发展和优化后仍然被广泛应用在电压等级24kV、短路电流31.5kA及以下的真空灭弧室产品中。

3.3.3 纵向磁场触头结构及熄弧原理

采用纵向磁场提高真空开关的开断能力与采用横向磁场的情况截然不同，纵向磁场的加入可以提高由扩散性电弧转变到集聚型电弧的转换电流值。实验表明，在足够的纵向磁场作用下，大电流（≤200kA）真空电弧仍具有扩散性真空电弧的基本特征，电弧斑点在电极触头表面均匀分布，触头表面不会产生严重的局部熔化，并具有电弧电压低、电弧能量小的优良特征，这些特性对于弧后介质强度恢复、提高开断能力是十分有益的。目前大容量的真空灭弧室多采用纵向磁场触头，其典型结构有单极纵磁触头结构、多极纵磁触头结构等。

1. 单极纵磁触头结构

单极纵磁触头结构有杯状纵磁触头和线圈式纵磁触头两种，但使用较广泛的是杯状纵磁触头结构，其工作原理为：电流从导电杆流向触头杯各触指，再流过触头盘，电流流过触头杯各触指时，因触指存在一定的角度和长度，故而产生纵向磁场（见图3-6）。但该结构因电流路径偏长，触指处的横截面积较小，导致真空灭弧室整体接触电阻偏大，且载流能力受到一定限制。

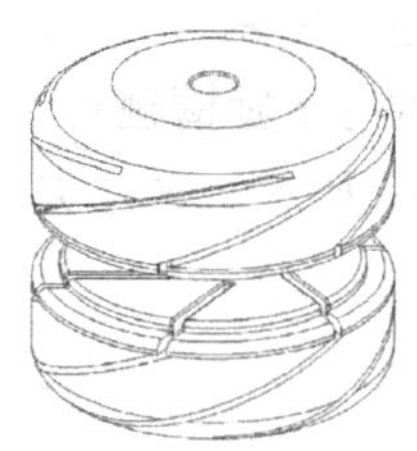

a) 杯状纵磁触头结构

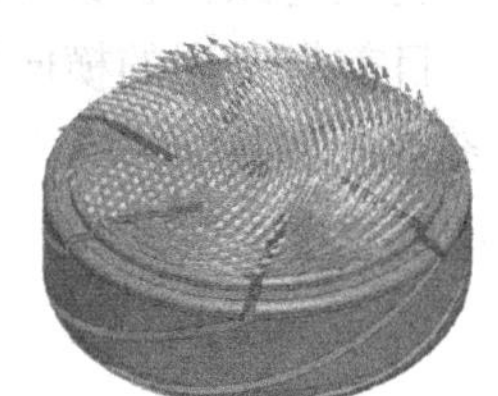

b) 燃弧区磁感应强度分布形态

图3-6　杯状纵磁触头结构及其磁感应强度分布形态

2. 多极纵磁触头结构

多极纵向磁场触头指在触头表面的不同区域会产生不同方向的纵向磁场的触头结构，其代表性的结构有马蹄型触头结构及四极纵磁触头结构等。

马蹄型纵磁触头结构及其磁感应强度分布形态如图3-7所示。

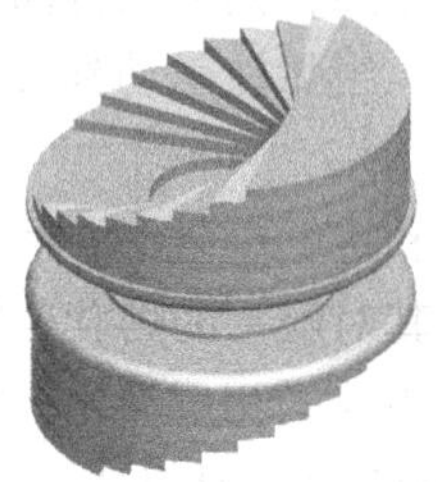

a) 马蹄型纵磁触头结构

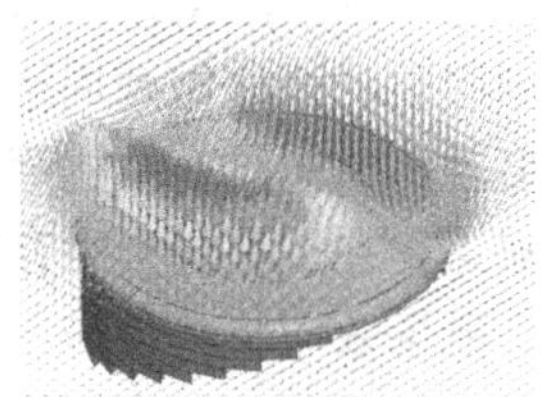

b) 燃弧区磁感应强度分布形态

图3-7　马蹄型纵磁触头结构及其磁感应强度分布形态

四极纵磁触头结构是利用触头盘背后被磁化的铁磁物质产生磁场，当电流从导电杆直接流经触头盘时，磁场由触头盘背后的铁磁物质及触头盘上通过槽分割的电流共同产生，装配于触头盘后的铁磁物质控制磁通量的大小。每个触头盘背后的磁铁物质分为两组，两个铁磁组之间间隔一定的距离。触头盘上的两条槽与触头盘后的铁磁物质成90°布置，动、静两触头盘背后的铁磁物质的方向互相成90°布置，两触头盘上的槽也互相成90°分布。根据安培定律，当工频电流经导电杆流过两触头时，将产生环绕导电杆的交变磁场，位于触头背后的铁磁物质被磁化，在两触头间形成磁路。在磁力线的一次旋转路径中，磁通量穿过两触头间隙四次，从而产生一个多极纵向磁场。触头盘上的通槽结构又使一部分电流通过真空电弧流到另一触头盘上形成闭环，电流在两触头盘之间产生的磁感应强度与铁磁物质产生的磁感应强度方向相同，这就加强了两触头盘之间产生的纵向磁场强度，更利于真空灭弧室的熄弧，其工作原理如图 3-8 所示。

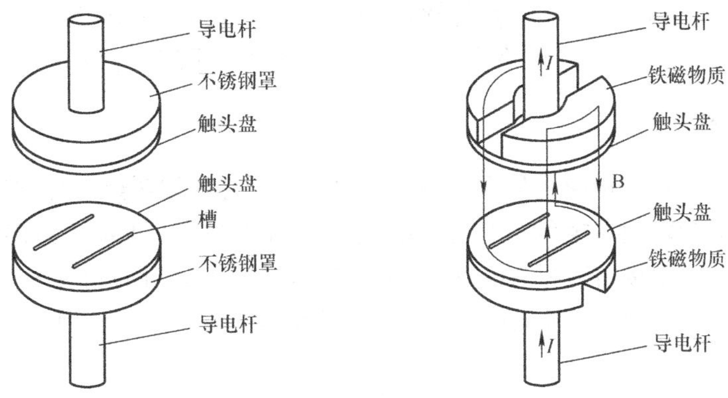

图 3-8　四极纵磁触头结构和工作原理

四极纵磁触头结构及其磁感应强度分布形态如图 3-9 所示。

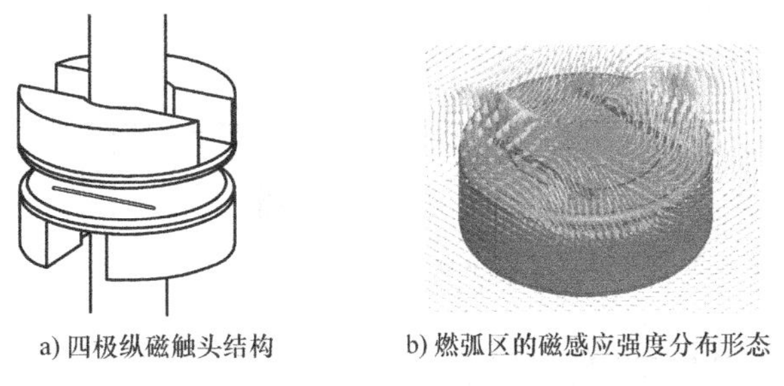

a) 四极纵磁触头结构　　b) 燃弧区的磁感应强度分布形态

图 3-9　四极纵磁触头结构及其磁感应强度分布形态

3.4　焊接与封接技术

真空灭弧室是一个密封的腔体，其各个零部件之间是通过钎焊或封接的方式连接到一起，所以焊接技术及工艺也非常关键。通常金属与金属之间的焊接称为钎焊，金属与陶瓷之间的焊接称为封接。相比之下，因材料本身特性的原因，钎焊比封接要简单一些，故本节着重介绍金属与陶瓷的封接技术。

3.4.1　对封接金属的要求

在真空灭弧室的生产中，对封接用的金属材料主要有以下几点要求：

1）金属材料应在很宽的温度范围内（-80~800℃）具有高的机械强度，同时具有适于机械加工的良好塑性，以免在冲压加工过程中产生裂纹等缺陷。

2）金属和合金的熔点必须高于封接温度，一般不应低于 1000℃。

3）用于真空灭弧室内部的封接金属要求有较低的蒸气压，在器件制造和使用过程中不能放出有害气体，气体析出量少且抗渗气性好（真空气密性好）。

4）在匹配封接时，金属与陶瓷的热膨胀系数应力求接近，同时金属材料在器件制造和工作过程中均不应发生同素异构转变，因为这种转变会伴随着金属热膨胀系数的突变，进而使陶瓷与金属的匹配关系破坏导致封接失败。

5）要有良好的可焊性，易被焊料浸润，并能得到牢固致密的连接。

6）具有良好的化学稳定性，在不同的工艺和气候条件下应具有高的抗氧化性。

3.4.2　封接结构

陶瓷与金属的封接结构形式较多，各家说法不一。有的按照封接件配偶材料的匹配特性，将封接结构分为匹配封接和非匹配封接；有的按采取或未采取减小封接应力的特殊措施将封接结构分为基本封接结构和挠性封接结构。本节从应力分析的角度出发进行结构设计，将封接结构分为平封、套封、立封等几大类。封接结构框图如图 3-10 所示。

1. 平封

平封是指封接面为一平面，分单面平封和夹封两种，结构简图如图 3-11 所示。平封具有结构简单、零件容易加工、涂膏装架方便、易于控制封接压力及模具简单等优点，因而容易保证产品质量，实现生产自动化。这种结构还具有结构紧凑、体积小的特点。但为减小封接应力，在设计时需注意：

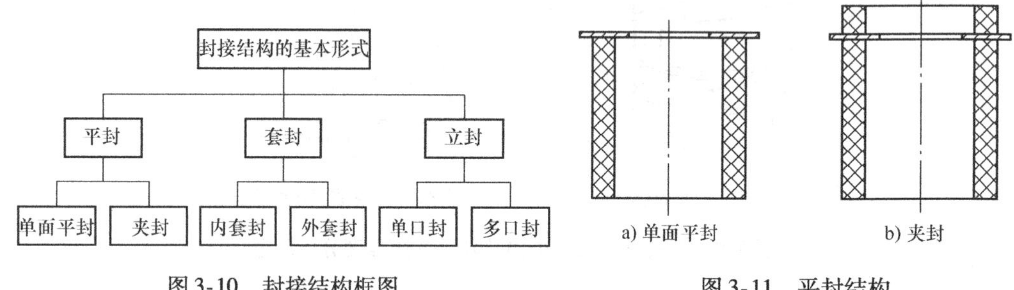

图 3-10　封接结构框图　　图 3-11　平封结构

1）选择与陶瓷热膨胀系数相近的金属。

2）减薄封口处金属的厚度，一般控制在 0.5 ~ 1mm 的范围。

3）尽量避免使用过薄的瓷片或薄壁瓷环，因为过薄的陶瓷不仅加工困难，而且封接强度和气密性也难以保证。

4）金属件最好做成垫圈式或薄壁筒状，以利于通过金属的弹性变形来减少平封的应力。

5）选择合适的封口宽度。平封结构的封口宽度对封接件的可靠性影响是很明显的，当封口宽度过小或过大时，封接件的可靠性都不好。当封口宽度过小时，封口的强度较低，在金属自由端所产生的弯曲力矩的作用下容易被破坏；当封口宽度增加时，封口的强度也会增加，足以抵消自由端所产生的弯曲力矩的影响，这时封接件可靠性高；若封口宽度继续增加，则封口本身产生的应力不可忽视，导致封接件的可靠性反而下降。

为减小单面平封结构的封接应力，通常采用夹封结构，由于夹封结构金属两侧的陶瓷可将弯曲力矩相互抵消，使封接应力大大减小，因而封接强度高，热性能好。夹封结构的配偶范围宽，能成功地封接膨胀系数相差较大的陶瓷与金属，因而夹封的金属厚度范围较大，在生产中得到了广泛的应用。

2. 套封

套封是陶瓷的圆柱面与金属圆筒侧面的封接。根据金属圆筒在陶瓷的位置（外壁或内壁），套封分为外套封和内套封，结构简图如图3-12所示。套封具有封接强度较高及耐热性能较好的特点，但对陶瓷尺寸要求相对较高，在真空灭弧室的实际设计中该种结构应用较少。

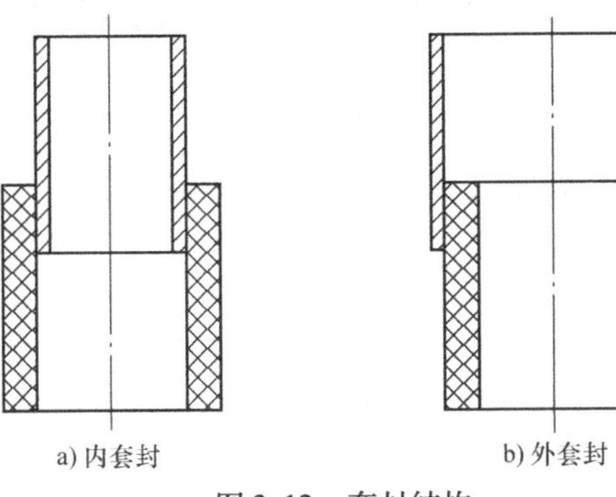

a) 内套封　b) 外套封

图3-12　套封结构

3. 立封（刀口封）

立封是陶瓷环的端面与金属环的端面相封接，根据封口的数目又可分为单口封和多口封两种，结构简图如图3-13所示。立封结构的优点较多，因为是端面封接，陶瓷不需要内外磨圆，金属零件也可以冲压，所以零件易加工，同时封接件容易装配，不需要复杂的模具。立封时，金属零件的壁厚可根据其材料、尺寸大小、与其封接的瓷环壁厚以及封接件使用要求来选择。

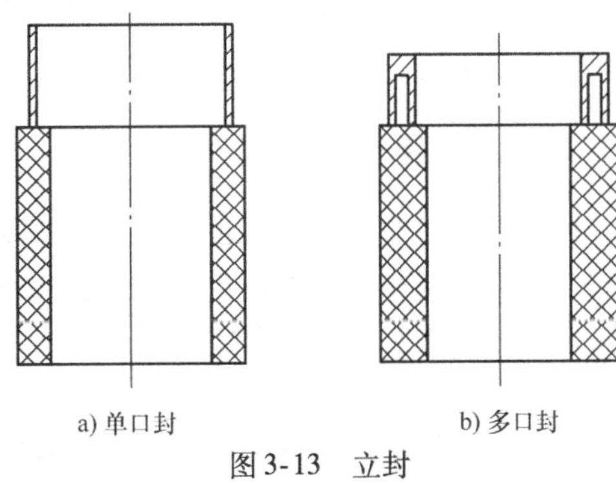

a) 单口封　b) 多口封

图3-13　立封

目前，用立封结构已成功解决了不锈钢与陶瓷的封接问题。因为不锈钢和陶瓷的膨胀系数差异较大，而且其弹性模量比一般膨胀合金的大、屈服极限高，所以封接后的陶瓷往往会产生炸裂。故不锈钢采用立封结构时，通常在不锈钢与陶瓷之间采用塑性较好的无氧铜材料进行过渡。另外不锈钢零件的过渡段高度与封口厚度之比对封接性能也有决定性意义，通常其比值要在5～15之间，以10为最佳。因为上述问题的解决，目前大多数真空灭弧室均采用立封结构。

3.5　触头材料与动密封

3.5.1　触头材料

触头材料对真空灭弧室的性能影响极大。触头是产生电弧、熄灭电弧的主要部位，对其材料和结构的要求都比较高。

在开断电流的过程中，真空灭弧室的触头表面将蒸发出大量的金属蒸气，开断电流越大则产生的金属蒸气越多。大量的金属蒸气造成介质恢复速度慢，从而引起间隙的重燃，导致开断失败。故从开断能力这个角度考虑，希望使用一种在开断电流过程中蒸发出金属蒸气较少的触头材料。由于真空电弧是靠金属蒸气来维持的，若采用上述材料，其在开断小电流时将会产生较大的截流值，从而引起较高的截流过电压。因此，不同用途的真空灭弧室对触头材料的要求不同，通常对触头材料有以下要求：

1）具有足够高的开断能力。要求材料本身的导电率高、热传导系数小、热容量大、热电子发射能力低。

2）高击穿电压。击穿电压高，介质恢复强度就高，对灭弧有利。

3）高的抗电腐蚀性。即经得起电弧的烧蚀，金属蒸发量少。

4）抗熔焊能力。

5）含气量低。

6）低截流值。

目前断路器用真空灭弧室的触头材料大都采用铜铬材料，铜铬系触头材料通常以粉末冶金技术制造而成，常用的工艺有熔渗、熔铸及混粉等，选用时，会根据开断电流、电压等级的不同，其铜与铬的占比及加工工艺会略有不同，最常用的有 CuCr25、CuCr30、CuCr40、CuCr50 等。针对接触器、负荷开关等用的触头材料，因所用工况及要求不同，选用的触头材料也有所不同，通常会选用 Cu30WWC、AgWC 等材料。

3.5.2　动密封

真空灭弧室的动密封是通过波纹管来实现的，具体做法是将波纹管采用钎焊或氩弧焊的方式与动导电杆和动端盖板连接在一起来完成的，既要保证动触头在一定范围内运动，同时还要长期保持真空灭弧室内部的高真空。

真空灭弧室的波纹管通常采用厚度为 0.1 ~ 0.2mm 的优质不锈钢制成，其结构及波数通常根据真空灭弧室的机械参数而定，包括真空灭弧室的开距、分合闸速度及使用压力等。目前最常使用的是液压成形波纹管和膜片焊接波纹管。

液压成形波纹管的形状如图 3-14 所示，其生产工艺是将薄壁的不锈钢管料放入专用模具中，向薄壁管内注入高压油，高压油使不锈钢薄壁按照模具的形状变形，最后成为具有波纹形状的波纹管，再经过热处理获得所需的弹性。由于液压成形波纹管在制造过程中管壁各部分变形程度相当大，以及成形模具的影响，导致其各部分的壁厚有一定程度的差异，在工作中有些地方容易出现裂纹，故在最大行程时的疲劳寿命只有数万次。波纹管的疲劳寿命主要取决于它的工作行程，在某些情况下，为了提高波纹管的寿命，会适当地调整波纹管的工作行程。对于需要大开距的高电压真空灭弧室，为了提高波纹管寿命，可以采用两个液压成形波纹管串联以替代单个液压成形波纹管的方式来提高其寿命。

膜片焊接波纹管是将 0.1 ~ 0.2mm 厚的不锈钢薄片冲制成需要的环状膜片，然后将一系列膜片采用等离子焊接等焊接技术一片接一片地焊接而成，具体形状如图 3-15 所示。膜片焊接波纹管的波数可以很多，波纹管的行程相对液压成形波纹管要大得多。因为膜片焊接波纹管的壁厚相对要均匀，每一片的行程相对不大，所以其疲劳寿命较液压成形波纹管高，常常可以达到数十万次以上。但由于膜片焊接波纹管的焊缝较多，加工成本高，同时每道焊缝的焊接质量不易保证，因此在目前的真空灭弧室中使用得相对较少。

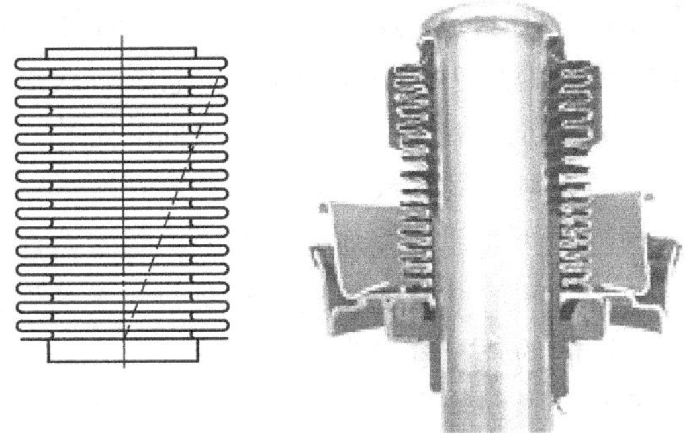

图 3-14　液压波纹管

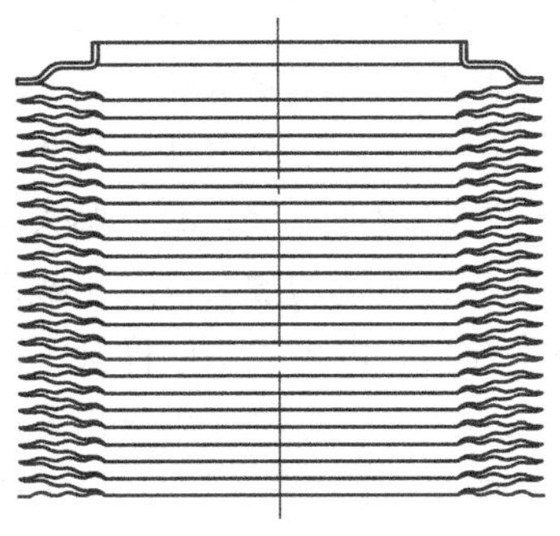

图 3-15　膜片焊接波纹管

波纹管的疲劳寿命决定了真空灭弧室的机械寿命，影响波纹管疲劳寿命的因素除了波纹管自身的结构设计和制造工艺、真空灭弧室的制造工艺之外，还与真空开关的机械特性密切相关。真空开关的每一次分、合操作，都会使波纹管产生一次大幅度的机械形变，频繁而剧烈的机械形变容易使波纹管因疲劳而破裂，导致真空灭弧室漏气。

此外，人们在灭弧室外表面使用带有一定压强的气体绝缘介质时，需考虑波纹管内外的压差，并计入分、合闸加速度引起的附加剪切力，核算应力集中部位所受剪切力的实际状态。

3.6　老炼与真空测试

3.6.1　真空灭弧室的老炼

虽然真空灭弧室的各个零件在装管前经过了精加工和彻底的清洗，但零件表面会因为加工而存在宏观或微观毛刺，这些毛刺对产品的耐压有极大的影响。另外，真空灭弧室内部的各个零件虽都选用了含气量低的材料，且零件又在高温下经过一次封排工艺进行了彻底除气，但在开断电流的过程中，由于其触头表面温度很高，可能会放出较多的气体而影响真空灭弧室的开断能力。

真空灭弧室在排气封离或一次封排以后都会进行彻底的老炼（Conditioning）处理。

1. 电流老炼

在真空灭弧室的加工过程中，由于工艺流程的需要，存放或运输等过程中往往会在电极表面形成二次污染和氧化，通过在触头间引燃电弧的方式对触头盘表面进行彻底的老炼，即电流老炼。电流老炼时，触头间燃烧数百安培的扩散型电弧，在这些真空电弧的作用下，将触头盘表面的少量赃物、氧化物等去除干净，起到净化触头表面的作用，同时模拟电流开断过程，在电弧的作用下使触头表面的气体尽可能早地释放出来，以消除这些因素对开断性能的不良影响。电流老炼后的触头盘表面状态如图 3-16 所示。

图 3-16　电流老炼后的触头盘表面状态

2. 电压老炼

电压老炼通常有小开距下的电压老炼和额定开距下的电压老炼两种。小开距下的电压老炼是指将真空灭弧室触头拉开 2～3mm，在触头间施加 40～70kV 的工频电压。这时，触头表面在强电场作用下频繁地发生火花放电，在火花放电的作用下，触头表面的赃物、氧化物分解，同时将因加工导致的毛刺去除，大大提高了触头间的放电电压。额定开距下的电压老炼需将真空灭弧室的触头拉开至额定开距，然后在两端缓慢施加工频电压，随着两触头间电压的逐步升高，电极表面同样会不断放电，随着时间的增加，该放电现象会慢慢消失，继续增加电压后，上述过程再重复出现，直到达到所需的外施电压为止。

针对固封或充气系列的真空灭弧室，由于空气中外绝缘受到限制，要彻底老炼真空灭弧室内部，通常将真空灭弧室置于绝缘介质中，以远高于真空灭弧室额定电压的电压反复老炼真空灭弧室，有效去除其内部各电极表面的尖端和“击穿弱点”，提高耐压水平。

3. 冲击电压老炼

为了提高真空灭弧室承受雷电冲击耐受电压的能力，对工频电压老炼合格的真空灭弧室，还要进行雷电冲击耐受电压老炼，通常我们采用波头 1.2μs、波尾 50μs 的标准雷电冲击全波进行老炼。该老炼通常是在真空灭弧室的额定开距下进行，对真空灭弧室的断口分别施加正、负两个极性的冲击电压，典型的波形如图 3-17 所示。

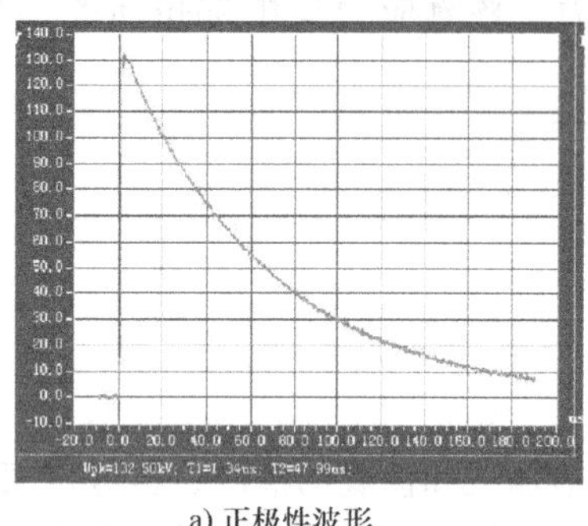

a) 正极性波形

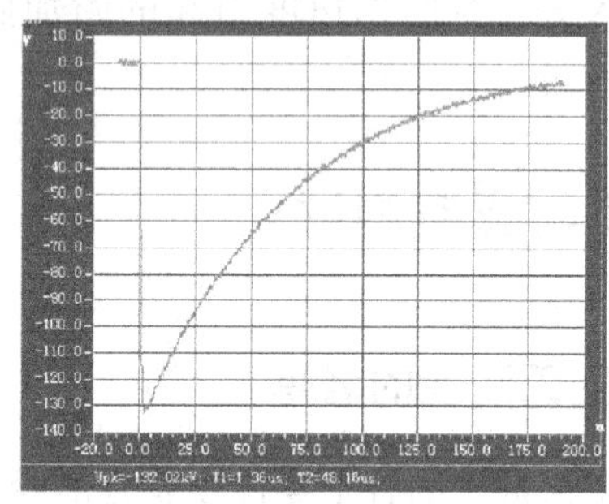

b) 负极性波形

图 3-17　冲击电压老炼的典型示波图

3.6.2　真空测试

对于真空灭弧室封离后的内部真空度，一般采用冷阴极磁控放电法进行测量。这种方法是一种近似测量方法，原理是把被测量的真空灭弧室作为磁控管，将其触头拉开并放置于电磁线圈中心，先在真空灭弧室两触头间施加数千伏直流电压，然后给电磁线圈通电。当线圈通电时，将产生一个与真空灭弧室触头轴向平行的强磁场，这个磁场和所加的直流电压一起在真空灭弧室内部的某些区域形成正交电磁场，存在于真空灭弧室内的少量自由电子在向阳极的运动途中因这个正交电磁场的作用而发生偏移，从而使这部分电子沿电极周围成圆形或螺旋形路线运动，这就显著增加了电子运动的运动途径以及与残余气体分子碰撞游离的概率，当磁场和电场强度足够大时，就可以获得一个稳定的放电过程。在该放电过程中，由于产生的离子质量较大，使这些离子在磁场的作用下发生轻微的偏移，跑向阴极。这样，即使在内部压强非常低的情况下，还是可以出现一个可供测量的微安级离子电流。放电电流的大小受真空内部存在的气体分子的影响，并与内部压强近似成对数正比关系，故可根据放电电流大小来测量其内部压强。图3-18为典型的磁控式真空度测试仪，被测灭弧室置于前面的线圈桶内。

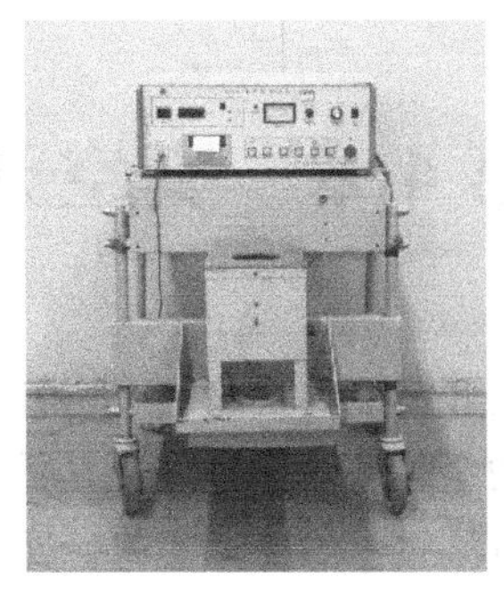

图3-18　典型的磁控式真空度测试仪

放电电流与真空度之间的关系，不仅取决于电场和磁场的大小和方向、电极间的距离、真空灭弧室在线圈中的位置、测量持续时间等参数，还受真空灭弧室的结构和尺寸的影响，因此，从严格意义上讲必须先将各型号的真空灭弧室在测量装置上做定标测试，以确定其真空度与放电电流的标准曲线，然后根据这个标准曲线来进行同型号产品的真空度测量工作。按照有关标准规定，产品在整个寿命期内要保证良好的技术性能，出厂前其内部的真空度应优于1.33×10^{-3}Pa，否则产品不能出厂。

为了保证产品的可靠性，发现产品在制造过程中存在的缺陷，在真空灭弧室出厂前，除了对真空度进行检测外，还需对产品外观、外形尺寸、额定触头压力下的接触电阻、工频耐受电压及自闭力反力等参数进行检测，确保产品出厂前的各项性能满足设计要求。

参考文献

[1] 王季梅. 真空开关理论及其应用 [M]. 西安：西安交通大学出版社，1986.

[2] 熊泰昌. 真空开关电器及其成套装置 [M]. 北京：中国水利水电出版社，2015.

[3] 王建华，耿英三，刘志远. 输电等级单断口真空断路器理论及其技术 [M]. 北京：机械工业出版社，2016.

[4] 刘联宝，杨钰平，柯春和，等. 陶瓷-金属封接技术指南 [M]. 北京：国防工业出版社，1990.

[5] 王季梅. 真空灭弧室设计、制造及其应用 [M]. 西安：西安交通大学出版社，1993.

第4章　真空开关开断过程的物理描述与仿真

短路开断能力代表了真空开关的参数设计水平，短路开断过程实际上是真空电弧从起弧到熄弧的全时空演化过程，其重点在于电弧电流过零前后的“零区”电弧动力学行为的调控，在电流过零后电弧熄灭，实现可靠开断。因此，开断过程的物理描述是真空开关技术基本的理论支撑之一。

4.1　真空电弧的基本特性

真空开关开断过程的物理描述通常是从真空介质中起弧阶段开始。真空开关灭弧系统触头分离时，其阴极表面将有斑点喷溅、发射金属蒸气粒子，并在阴极压降区电离形成电弧等离子体，进而扩散到断口间隙。随着电弧电流的变化直至过零，电弧熄灭、剩余等离子体扩散，从而实现故障的开断。对于开断过程而言，灭弧室中触头电极与电弧等离子体发生强烈的相互作用，为保证断路器成功开断故障电流，需要引入极间磁场对电弧进行调控，逸散电弧能量，实现电流过零后极间介质快速恢复。在故障开断过程中，电弧主要来源于阴极斑点发射的金属蒸气，而阳极通常是被动接受电弧电流。真空电弧基本理论研究中除了上述电弧与电极中的电磁场相互作用的问题之外，还包括触头材料及其在开关服役周期内的耐烧蚀特性、机构输出特性与电弧等离子体的相互作用等交叉学科问题。

4.1.1　真空电弧的伏安特性

真空电弧最基本的电参数关系是其伏安特性。数千安培以内的扩散型真空电弧，其电弧电压通常在十几伏至几十伏，主要取决于触头材料，特别是阴极材料。阴极材料沸点与导热系数的乘积越小其电弧电压就越低。原因在于材料沸点越低，在较低温度下即能产生足够的金属蒸气；导热系数越小，热量散失越少，阴极表面温度越高。

大气压下的电弧伏安特性呈负特性，即电弧电压随着电弧电流的增加而下降。而真空电弧的伏安特性（大多呈正特性），即电弧电压随着电流的增加而上升，如图4-1所示。分析铜电极（直径25mm、极间距5mm）的真空电弧放电过程以及电弧电压随电流增大的变化规律，可将电弧电压分为三个典型阶段：①当电流小于1kA时，电弧电压几乎不变，主要是阴极压降，此时弧柱等离子体区压降可忽略不计；②当电流在1～6.5kA之间时，电弧电压从20V左右上升至40V左右，一般理解为由于阴极斑点发出的等离子体锥的重叠，使得弧隙金属蒸气密度逐渐增大，粒子间碰撞几率增加，弧柱等离子体区压降也逐渐增大；③当电流超过6.5kA时，电弧电压突然升高，可达100V以上，主要由阳极压降所致，且电压曲线变化不稳定，叠加有噪声分量，高频噪声分量的幅值最大可达1000V。若没有外界磁场作用，则阳极压降形成后不久，电极会严重熔融，从而产生阳极斑点，电弧电压重新降低。阳极斑点的出现是出现电弧集聚的重要标志，此时的真空电弧已具有高气压电弧的特征。

描述电弧电压与电流之间关系的电弧伏安特性取决于电极间电、磁、热和力等多物理场时空变化过程。金属蒸气电弧的弧柱呈动态变化，且始终伴随着电离和消电离的过程。若电离和消电离过程相当，则弧柱处于动平衡状态，可视为静态或稳态，伏安特性称为静态特性。当电弧等离子体状态发生变化时，弧柱的动态平衡被破坏，处于过渡态。若电弧燃烧中的电过程改变较慢，热过程与电过程同步，则电弧电压与电流之间的关系与静态相似。若电过程改变得很快，以至于热过程无法跟随而出现热迟滞现象，此时的电弧伏安特性称为动态特性。

在电弧稳定状态下，确定相应的电弧电压和电流值，可得到电弧的静态特性。电弧的静态特性变化一般呈下降趋势，即电流增加时，电弧通道截面积增加，温度升高，电弧电阻快速下降；当电流以高速率下降时，由于热惯性滞延，弧隙电阻来不及同时增加；当电流变化速度为无限大时，弧隙电阻保持不变。

真空电弧的正伏安特性与阴极斑点密切相关。分析图 4-1 所示真空电弧实验结果可知，当电流小于 1kA 时，电弧电压几乎不随电流的增长而变化，此时阴极斑点少，等离子锥几乎无重叠，实际上是一些完全独立的单阴极斑点并联燃烧的过程。当电流在 1～6.5kA 期间，电弧电压随电流增加而略有增加（从 20V 左右增至 40V 左右），可归因于等离子区粒子浓度逐渐提高，粒子间碰撞频繁，等离子体区压降增大。当电流超过 6.5kA 时，出现阳极压降，电弧电压突然升高，高达 120V 左右[1]。

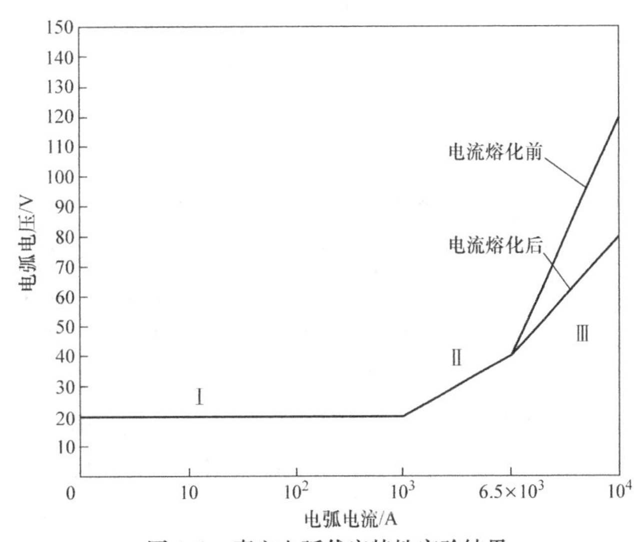

图 4-1　真空电弧伏安特性实验结果

图 4-2 为不同电流下交流真空电弧的电压特性。当峰值电流小于 5kA 时，如图 4-2a 所示，随着电弧电流的增加，电弧电压增大，并存在幅值较小的高频噪声分量，此时电弧电压与电流之间呈正伏安特性，电弧为扩散态。当峰值电流超过 5kA 时，伏安特性可能有两个发展方向。如图 4-2b 所示，电流峰值附近电弧电压突然上升且出现不稳定变化，存在显著的高频分量，出现阳极压降与电弧集聚。这种现象若持续时间很短，即电流很快降回 5kA 以下，则电弧返回扩散态。反之，如图 4-2c 所示，若电弧电流持续上升，电弧形态持续集聚，电弧电压将迅速下降。此时阳极形成大块阳极斑点，阴极也形成大块的熔区，且产生的大量金属蒸气改变了真空电弧的性质，与大气电弧相似，呈现为负的伏安特性。阴极熔化使得电流过零难以熄弧，极性反转后继续燃弧。图 4-2d 所示为电弧电压峰值与电弧电流有效值的关系，当电流小于 5kA 时，电弧电压变化较缓，在 20V 左右的阴极压降基础上慢慢增加；当电弧电流大于 5kA 时，正的伏安特性比较明显。

4.1.2　阴极斑点

阴极斑点是形成真空灭弧室极间电弧的源头，其与触头材料特性、电弧等离子体粒子组

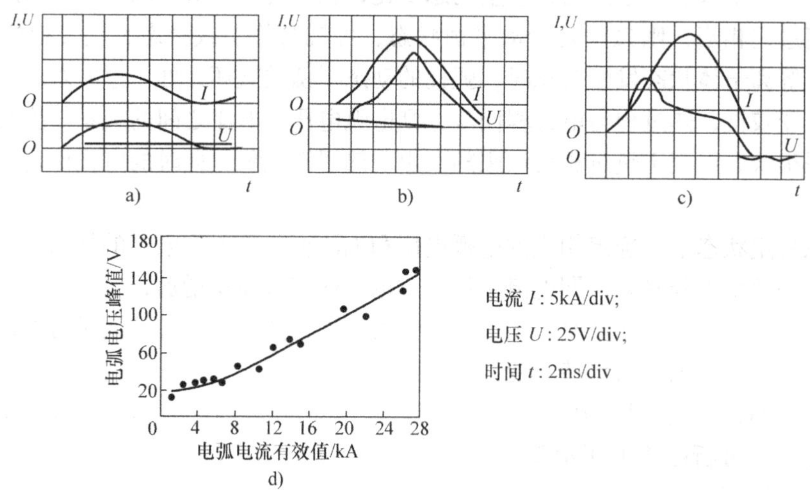

图 4-2 不同电流下交流真空电弧的电压特性实验波形及其电压峰值与电流有效值的关系

份以及阴极斑点形成过程密切相关。故障开断过程中，伴随着电极间隙电弧的发生、发展直至熄弧，极间金属蒸气的压力增大，电弧能量的输入与消散过程遍及灭弧系统。线路中剩余的能量以触头间电弧输运的形式得以逸散和释放，用来减缓系统过电压。由于电弧放电的自持性和触头系统的热惯性，使得电流过零时很难开断。真空灭弧室的工作参数既要受介质绝缘水平限制，也要受电弧动力学行为的影响。真空电弧起始状态一般呈现阴极斑点瞬时集聚特性，可能破坏触头表面组织结构与灭弧系统。由于起始电弧存在强烈的材料转移、弧根集聚和停滞，造成触头烧蚀以及表面凸凹不平的弧坑，形成表面熔池，对弧后介质快速恢复能力造成很大影响。此外，每次开断均会引起触头表面的烧蚀、金属蒸气的扩散与沉积，造成断口间与灭弧室内电场的累积畸变，静态绝缘性能的劣化，进而对弧后介质恢复过程产生不良的影响。触头烧蚀对开关开断能力、运行特性和服役寿命均具有不可逆的劣化影响。金属蒸气电弧在不同时空尺度下的输运特性、热力学参数特性和电弧动力学行为等均受到多种因素影响，主要包括触头材料组元与配比、阴极斑点、触头耐烧蚀性与表面蚀坑对电场的累积畸变效应、触头表面组织结构变化、电极运程与开断工况、磁场与金属蒸气粒子流场、机构输出特性以及触头系统电、磁、热和力配合等。

1. 燃弧过程与阴极斑点的发展

在两触头表面上方约 10nm 的薄过渡区通常被称为鞘层。真空电弧源自阴极斑点，图 4-3描述了近阴极区微观物理过程[2]。阴极斑点发射的电子在阴极压降加速下从阴极表面溅出，此时的电子能量足以电离金属中性粒子。新产生的离子也被电场加速，大部分返回阴极，全部离子电流的 10% 左右继续向阳极运动。轰击阴极表面的离子与蒸发出的原子之间产生的碰撞使离子速度降低。

为描述真空电弧的变化过程，采用高速摄影所得燃弧过程如图 4-4 所示。为便于分析，将真空电弧的燃烧过程分为起弧、电弧扩散、电弧稳定燃烧、电弧逸散和熄弧阶段。在可拆卸真空灭弧室电弧实验中，辅助电极和阴极触头之间施加瞬时脉冲电压（4.5kV）起弧，小型 *LC* 振荡回路提供工频电流和电弧放电实验条件。

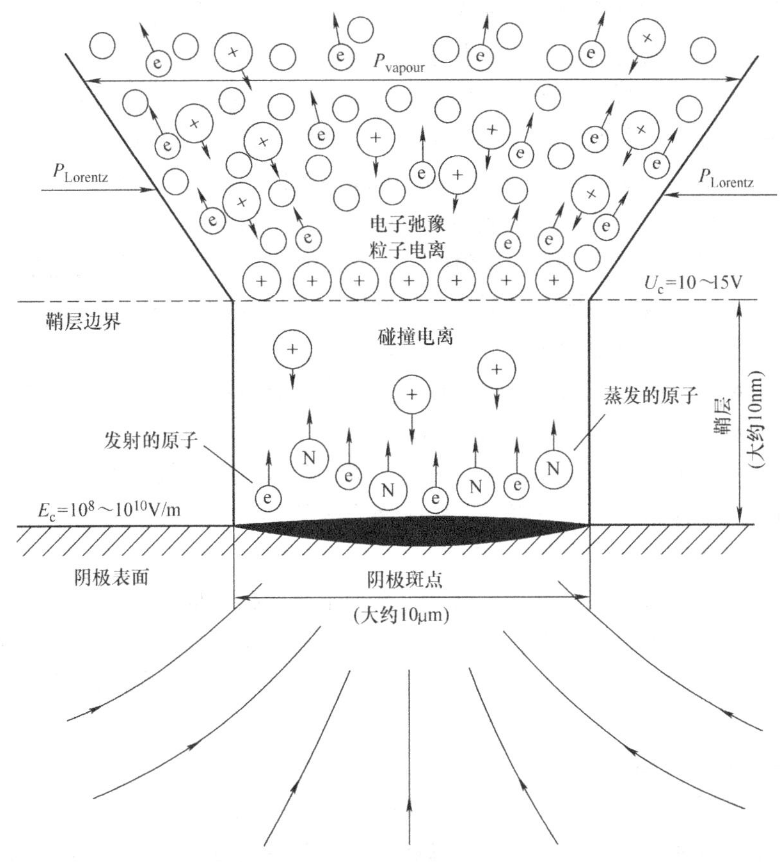

图 4-3　真空开关阴极表面的微观物理过程

a) 起弧　b) 电弧扩散　c) 电弧稳定燃烧　d) 电弧逸散　e) 熄弧

图 4-4　可拆卸真空灭弧室电弧发展过程典型阶段

在图 4-4a 所示起弧阶段中，触发脉冲击穿真空小间隙（1mm 左右），产生初始等离子体，在阴极表面产生斑点，脉冲电压击穿辅助电极和阴极间隙，产生半球状阴极斑点。随着续流能量（22.4J）的注入，在初始阴极斑点附近产生新的阴极斑点。在磁场作用下，新阴极斑点迅速扩散，即弧柱迅速扩散。

真空电弧一旦形成，在阴极表面会出现高电流密度的阴极斑点，并不断蒸发金属蒸气和发射电子，大量金属原子和离子离开阴极斑点进入极间弧柱区域，使得电弧弧柱区沿着其径向形成一定的压力梯度，电弧等离子体的内部金属蒸气粒子和带电粒子向弧柱区外部扩散运动。此时，阴极斑点带动弧柱进入扩散阶段，如图 4-4b 所示。随着电弧电流的增大，阴极斑点一方面不断向弧柱区提供金属蒸气和等离子体，维持电弧的持续燃烧；另一方面相互排斥，以一定速度呈环形排列向外扩散，期间弧柱的直径不断增大，且阴极表面电弧的扩散速度大于阳极表面电弧的扩散速度。此阶段，电弧维持时间较长，电弧电压升高，电弧电流增大，电流密度增大，弧柱亮度和直径增大，弧柱中粒子主要由阴极斑点提供。

当处于扩散态的电弧电流继续增大并超过某个临界值时，扩散态电弧弧柱保持不变，变成了具有明显边界的光亮弧柱，进入电弧稳定燃烧阶段，如图 4-4c 所示。此时，电弧电压约为 25V，电弧电流约为 3.5kA，电流密度为 $1.6\times10^7\sim2.8\times10^7\mathrm{A/cm^2}$，而维持扩散电弧的极限电流密度为 $10^7\sim10^8\mathrm{A/cm^2}$，若电流密度高于此值，则电弧收缩，呈现集聚态。燃弧过程中，局部蒸气压力陡然增大，可能导致电极表面产生金属液滴。

当电弧电流经过峰值并下降到一定值时，电弧由稳定燃烧阶段转变为逸散阶段。受热惯性作用，在阴极表面出现金属液滴喷溅现象，随着电弧电流的减小，电弧弧柱区的直径不断缩小，电弧在阳极表面的直径变化并不明显，但亮度不断减弱；电弧在阴极表面收缩，出现分散的多个阴极斑点并持续扩散，电弧直径不断增大，直至阴极表面电弧收缩、熄灭，局部区域出现阴极斑点驻留现象，如图 4-4d 所示。

熄弧阶段，随着电弧电流不断减小至过零，极间金属蒸气继续消散，在阳极或屏蔽罩表面冷凝，极间等离子体密度急剧下降，阴极表面产生的金属蒸气无法维持电弧燃烧，电弧趋于熄灭，极间介质快速恢复，如图 4-4e 所示。

阴极表面并非全部参与放电过程，放电通常集中在阴极表面的小区域，在阴极表面形成发光并运动的微斑点，即阴极斑点。阴极斑点是电弧的一次等离子体源，是金属蒸气真空电弧的重要组成部分。通过分析真空电弧的发展过程，可知真空电弧的基本特性与阴极斑点密不可分。

2. 阴极斑点的宏观描述

一方面，在燃弧过程中，有几个或多个明亮发光的阴极斑点在阴极表面做无规则运动，受极间磁场作用，电弧从斑点处向电极边缘和断口周围空间运动，受磁吹作用，电弧逸散后介质快速恢复。期间，阴极表面强烈的发光区域称为阴极斑点区域。另一方面，电弧与阴极交界处存在的离子、电子、金属液滴以及金属蒸气发射区域，也可视为阴极斑点区域。在燃弧过程中，此区域伴随有电、磁、热和光相互交替作用的复杂微观物理过程。

根据阴极斑点运动速度、寿命长短及承载电流大小的不同，阴极斑点可分为两类：一类的运动速度快（每秒几十米/甚至更高）、寿命较短（$<10\mu s$）、斑点电流较小（$<10A$），此类阴极斑点在阴极表面跳跃式快速运动，出现这类阴极斑点的阴极表面未达到局部热平衡；另一类的运动速度慢（$<0.1m/s$）、寿命较长（100μs 左右）、斑点电流较大（10～20A，与阴极材料相关），出现这类阴极斑点的阴极表面局部温度较高，可达到局部热平衡。当电极被加热时，第一类斑点可转变成第二类斑点；若电极被冷却，第二类斑点也可转变为第一类斑点。根据 Paul G. Slade 对阴极斑点的归纳，其特征参数变化范围为[3]：单斑点电流为 30～300A，斑坑半径为 40～100μm，烧蚀率为 $10\sim100\mu gC^{-1}$。

阴极斑点面积小，而电流密度很大，一般认为在 $10^5\sim10^8\mathrm{A/cm^2}$ 之间，高电流密度使阴极表面局部区域发热、熔化和蒸发，产生大量金属蒸气，电子穿过金属蒸气，使金属原子电离而引起击穿。研究表明，单阴极斑点能承载的最大电流基本是定值；当电弧电流超过一定值时，阴极斑点分裂；电流越大，阴极斑点数目越多。阴极斑点区域的边界通常不规则，其几何尺寸与电弧电流、阴极表面组织结构和表面温度有关。一般来说，电弧电流越大，电流作用时间越长，阴极表面的温度越高，阴极斑点的边界越大。斑点尺寸是阴极斑点的重要参数之一，根据斑点尺寸可推得其承载电流和斑点电流密度。

真空电弧阴极斑点具有运动特征：无磁场作用时斑点运动随机，一旦加入磁场作用，斑点将沿电磁力方向运动。通常弧柱与其阴极斑点一起沿磁力线方向移动，按照理想斑点与弧柱运动方向设置跑弧道，电弧能量得以快速逸散。在某些特定条件下，斑点运动可能停滞，甚至出现反向运动。斑点运动失控将加剧触头烧蚀，甚至开断失败。因此，有必要研究阴极斑点反向运动机制，避免此类情况发生。一般情况下，阴极斑点受磁场力作用沿跑弧道向电极边缘运动直至消失，也可能产生新斑点。斑点数量和斑点区域面积受触头材料、极间磁场、开断故障电流和机构操作功共同的影响。阴极斑点动力学参数包括斑点运动步长、驻留时间、运动轨迹、新旧斑点更迭与逸散速度等。

真空电弧单阴极斑点所能通过的电流为有限值，电弧电流高于此值后，阴极斑点会自动分裂，分裂后的斑点电流若仍超过此有限值，则斑点继续分裂，直到各斑点电流不再超过其有限值为止。真空电弧阴极斑点分裂现象可能与阴极微观发射点变化以及斑点反向运动有关。Paul G. Slade 归纳典型阴极材料所对应单阴极斑点的平均电流范围如表 4-1 所示[3]。

表 4-1　单阴极斑点的平均电流

阴极材料	阴极斑点电流/A	阴极材料	阴极斑点电流/A
Bi	35	Cu	75 ~ 100
C	200	Ag	60 ~ 100
Cr	30 ~ 50	W	250 ~ 300

3. 阴极斑点的材料特征与微观描述

真空断路器在服役周期内，伴随电寿命和机械寿命的累积效应，电弧等离子体对电极材料的烧蚀作用不容忽视，特别是蚀坑在极间电场作用下引起的灭弧室绝缘劣化。此外，阴极斑点在发射金属蒸气粒子的同时还伴随着不同大小的液滴和微块喷出，可将这些液滴和微块统称为宏观粒子。阴极喷射的宏观粒子有的在飞溅过程中被二次蒸发，有的则沉积冷凝于电极或附近壁面，或悬浮于断口间隙中。

常用的真空断路器的触头材料为铜铬（CuCr）合金，其主要优点是电弧电流过零后弧隙介质恢复快，在阴极斑点运动遗留蚀坑的形成过程中表面张力较强，使弧后表面规整，重击穿概率低。CuCr 合金触头材料的优点在于 Cu 和 Cr 之间具有很小的互溶度。CuCr 材料实际上是两相结构的假合金，从而使 Cu 和 Cr 均充分保留各自良好的性能。具有较低熔点、高电导率和热导率的 Cu 组元，有利于提高真空开关的开断能力；具有较高熔点的 Cr 组元，其机械强度高、截流水平较低，使得真空开关具有良好的弧后恢复特性以及抗烧蚀、抗熔焊和低截流等特性。CuCr 材料在熔融状态下，由于弥散 Cr 粒子的作用，导致触头表面阴极斑点产生的熔池浅，且 Cr 冷却和固化后的形态是细而弥散的粒子，提高了触头高温斑点的形成阈值，使触头间隙介质强度恢复快，即使开断大短路电流，也能保证强灭弧能力。此外，Cr 的氧亲和力强，能吸收开关操作过程中材料释放出来的氧气，在开关服役周期内能保持足够的真空度。

真空电弧阴极斑点的微观理论描述是基于低温等离子体理论，相比于一般的低温等离子体，真空电弧的复杂性还在于阴极发射的粒子中不仅有一次电离的离子，还有相当多的多次电离的离子。为理解阴极斑点发射等离子体的微观过程，Paul G. Slade 基于能量平衡描述了阴极斑点的热发射过程并归纳了其准稳态模型，如图 4-5 所示[3]。斑点蚀坑温度约为 3500 ~ 5500K，略高于阴极材料沸点。阴极斑点产生的焦耳热由离子流注入稠密等离子体区，维持阴极斑点的热发射。热发射与场致发射共同决定了真空电弧的发生、发展直至熄灭动力学行为的时空演化。

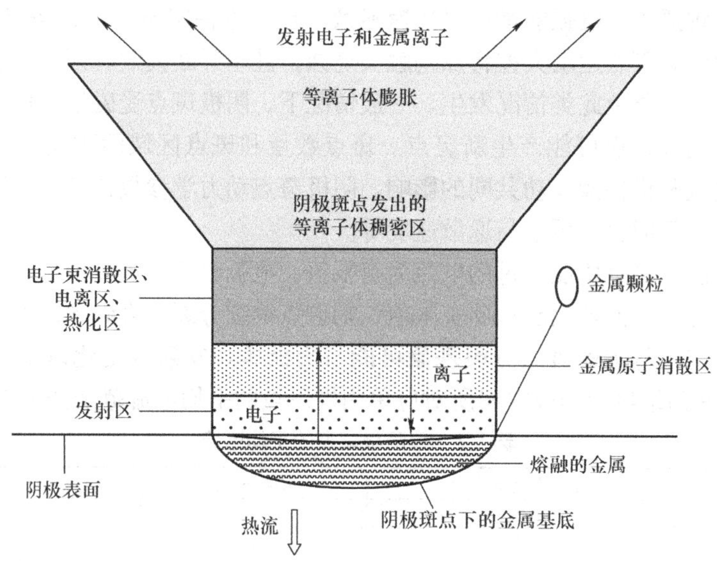

图 4-5　阴极斑点准静态模型

4.1.3　真空电弧的形态

真空电弧有两种形态分类，即扩散型和集聚型。前者通常为数千安中小电流下真空电弧的形态；后者为电弧电流增加到数千安以上时，阳极开始在真空电弧中起到作用后发生改变的形态。集聚型电弧具有高气压电弧的性质，相对扩散型真空电弧而言属于故障形态，是从灭弧室设计开始就要避免其发生的电弧形态。

1. 扩散型真空电弧

对铜阴极而言，当真空电弧电流在 7 ~8kA 时，阴极斑点将在阴极表面不停地运动，由电极中心向边缘运动。当阴极斑点到达电极边缘时，等离子体锥弯曲，阴极斑点突然消失，但电极中心会持续产生新阴极斑点。若电流不变，阴极斑点数基本保持不变。当电弧电流增大或减小时，阴极斑点也随之增加或减少。这种存在许多随着阴极斑点不断向四周扩散的真空电弧，称为扩散型真空电弧。

扩散型真空电弧阴极斑点的运动具有一定速度。当阴极表面只有一个阴极斑点时，其速度只有 0.1 ~0.5m/s；当存在多阴极斑点时，斑点彼此排斥，运动速度提高；当电流为数千安时，其速度可达 10m/s，甚至更高。阴极斑点的这种高速运动，对于真空开关开断极为重要和有利，其原因在于：阴极斑点处的电极表面具有极高的温度，可使这部分金属电极表面熔化，而且温度值可能接近于触头材料的沸点；阴极斑点的高速运动对其经过的电极表面任何一点来说，都只是被加热极短一段时间，仅表面极薄的一层金属熔化，阴极斑点一旦离开，在微秒数量级时间内，熔化的金属表面层即刻凝固，即阴极表面不可能出现大面积熔融区域，有利于真空开关电流过零后熄弧。图 4-6 所示为扩散型真空电弧的图像。

2. 集聚型真空电弧

对铜阴极来说，当电流超过 10kA 左右时，自由燃烧的真空，电弧形态将突然变化，阴极斑点不再向四周扩散运动，而是彼此相互吸引，所有阴极斑点集聚成一个斑点团，其直径可达1~2cm。这时阳极表面形成电弧集聚，即形成阳极斑点，阴极表面和阳极表面均出现强光柱，并向电极四周自由扩散，成为数条连续的闪光，也偶尔与电极平行。真空电弧一旦形成集聚，阴极斑点和阳极斑点便不再移动或以很低的速度运动，这时阳极和阴极表面被局部强烈加热，导致严重熔化，此类电弧称为集聚型真空电弧。集聚型真空电弧弧柱区蒸气压一般略大于1个大气压。虽然远离弧区地方的蒸气压力低，但集聚型电弧燃弧区极间环境与大气电弧相似，已丧失了故障电流开断能力，具有负的伏安特性以及很强的热惯性。真空电弧磁场调控的目的在于避免产生集聚型电弧，或利用强磁场驱动轻微集聚的电弧快速旋转，使之尽快转回扩散形态，特别是在电流过零前保证电弧处于扩散态，这是真空电弧过零熄灭的必要条件。图4-7所示为集聚型真空电弧的图像。

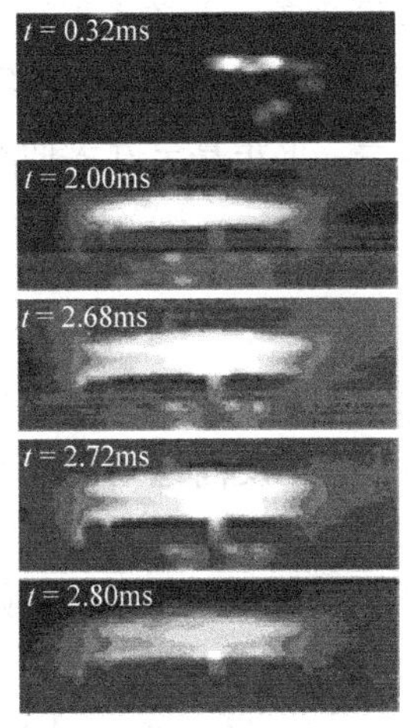

图4-6　扩散型真空电弧的图像

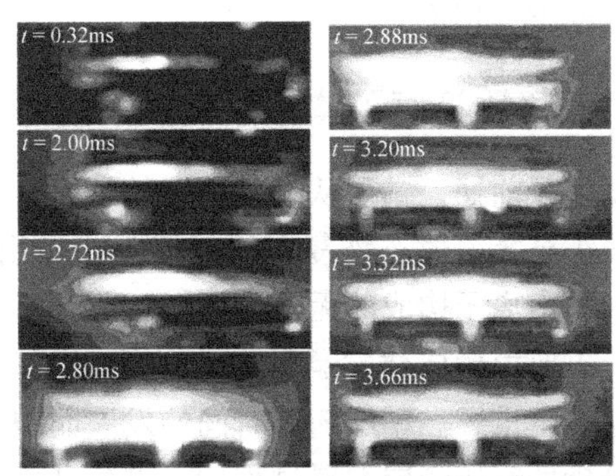

图4-7　集聚型真空电弧的图像

a) 电流过零前的扩散型真空电弧(2kA)

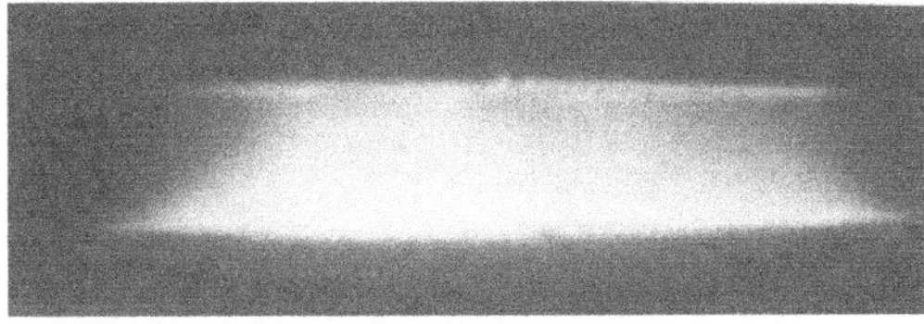

b) 纵向磁场下的扩散型大电流真空电弧(60kA)

c) 横向磁场下的集聚型真空电弧(40kA)

图4-8　高速摄影图像（曝光时间13μs，底部为阴极）

图4-8所示为一组真空电弧的高速摄影照片[4]，其中图4-8a和b为扩散型真空电弧的图像，图4-8c所示为集聚型电弧的图像。图4-8a的运动图像中阴极斑点清晰可见，且向触头边缘快速扩散运动；图4-8b为纵向磁场下电流峰值时仍保持扩散的电弧形态，电弧成功地被约束在极间，使电弧电压处于较低水平；图4-8c为横磁触头极间集聚型电弧的图像，电弧从中间开始收缩至阳极并形成阳极大面积熔化，形成阳极斑点，阴极斑点停滞、合并成大块斑点群，乃至大面积熔化，此时，电弧已具有气体电弧的性质。

还有一种电弧集聚现象发生在真空触头刚分时电弧的起始阶段，起始电弧由金属桥的急速蒸发、电离形成，阴极斑点呈小间隙集聚态。一般伴随着电极运动，极间距加大，斑点运动转变为扩散态。

4.2 真空电弧零区现象

电流过零是真空电弧开断的必要条件。电弧电流过零点时，电弧可能熄灭，触头间隙的真空条件使剩余等离子体和金属蒸气迅速扩散，进入弧隙介质恢复过程。同时，触头间电压由燃弧时的电弧电压过渡到系统电压，称之为电压恢复。当每个瞬间的介质强度均高于系统恢复电压时，电路成功开断。随着对熄弧物理过程的深入研究，对电弧开断过程的分析更加细致，引出了描述零区介质恢复的等离子体鞘层理论，发现了电弧过零前的不稳定性、截流现象以及零后电流，这些研究成果围绕电弧过零时段，也称为零区现象。开关电器理论研究多集中在电流过零区间，国际大电网会议专门成立了高压断路器零区工作组（也称零点俱乐部）。真空电弧零区现象的研究是真空电弧理论的核心内容之一，也是真空开关向着高参数化发展的重要理论支撑。

4.2.1 低气压等离子体鞘层发展

介质恢复前期，鞘层从新阴极开始发展。电流过零后，经过弧后电流反向增大阶段，电子速度减小至零，暂态恢复电压（TRV）作用于触头间隙两端，电子反向运动，此时假设形成一个只由离子构成的无电子区域，称为离子鞘层，简称鞘层。介质恢复前期以鞘层发展为主导，主要由鞘层建立承受电压的能力，若鞘层能承受住 TRV，则开断成功；否则，间隙间可能发生重燃。鞘层随着时间的发展而增长，直至贯穿整个间隙。

在分析低气压鞘层发展过程中，低气压等离子体可以分别采用 Child's law 和 Ion matrix model 描述鞘层的极慢和极快发展过程，Andrews 结合 Varey 和 Sander 的实验研究结果[5]，以低气压（1mTorr）汞蒸气等离子体为研究对象，将电流连续性方程、动量守恒方程以及泊松方程运用于鞘层发展，得到了描述弧后鞘层从一个电极发展到另一个电极过程的解析模型，称为连续过渡模型（Continuous Transition Model，CTM）[5-6]，其表达式如下：

$$l^2 = \frac{4\varepsilon_0 U_0}{9eZN_i}\left[\left(1+\frac{u(t)}{U_0}\right)^{3/2}+3\frac{u(t)}{U_0}-1\right] \tag{4-1}$$

$$U_0 = \frac{M_i}{2e}\left(v_i-\frac{dl}{dt}\right)^2 \tag{4-2}$$

$$i(t) = \frac{\pi D^2 ZN_i e}{4}\left(v_i-\frac{dl}{dt}\right) \tag{4-3}$$

式中，l 为鞘层厚度；e 为电子电荷量；N_i 为鞘层边缘离子密度；Z 为离子所带平均电荷数；ε_0 为真空介电常数；$u(t)$ 为极间电压（恢复电压）；U_0 为鞘层电位；M_i 为金属离子质量；v_i 为离子运动速度；$i(t)$ 为鞘层发展开始后的弧后电流；dl/dt 为离子鞘层的发展速度；D 为电极直径。

模型假设如下：

1）不存在平行于鞘层边缘的离子速度。

2）鞘层中无碰撞与电离。

3）电极表面不存在二次发射和离子反射。

4）离子为单能量。

5）鞘层中不存在电子。

6）施加电场后，电子立即响应。

CTM 模型相关参数：真空介电常数 ε_0 取 8.85×10^{-12}F/m；电子电荷量 e 取 1.602×10^{-19}C；离子所带平均电荷数 Z 取 1.8；对于铜离子，M_i 取 1.08×10^{-25}kg，离子速度 v_i 的范围为 $1\times10^3\sim2\times10^4$m/s，$D$ 表示触头直径。离子密度 N_i 为

$$N_i = N_{i0}\exp\left(-\frac{t-t_2}{\tau}\right)\left(\delta_{AMP}\frac{l^2}{l_{gap}^2}+1\right) \tag{4-4}$$

式中，l_{gap}为极间距离；l 为鞘层厚度；δ_{AMP}为控制两电极间离子空间电荷分布的系数；τ 为反映离子扩散衰减的时间参数；N_{i0}是鞘层发展初始时刻的离子密度：

$$N_{i0} = \frac{4I_3}{v_i\pi D^2 Ze} \tag{4-5}$$

式中，I_3 为鞘层发展初始时刻的电流值，取决于零前电流下降率和弧后电流反向增大阶段的时间间隔。

τ 的取值范围为 0.5 ~ 10μs，δ_{AMP}的范围为 0 ~ 10，对于不同电弧的物理状态，二者的取值不同。

4.2.2　弧后金属蒸气密度衰减规律

电弧熄灭后，间隙中仍残存大量的金属蒸气中性粒子，它们需要一定时间进行扩散。由于金属蒸气容易被电离，从而引起电子增殖，进而增加了间隙击穿概率。所以当金属蒸气密度超过一个临界值时，真空间隙易发生重燃。因此，燃弧过程中产生的金属蒸气以及弧后金属蒸气的衰减，对弧后真空介质恢复产生极大的影响。

基于 Farrall 公式[7]，以直流真空断路器为研究对象[8]，分析燃弧过程中金属蒸气粒子的产生及弧后金属蒸气中性粒子的衰减规律，假设如下：

1）金属蒸气只来源于随机出现的移动阴极斑点。

2）间隙中金属蒸气密度足够稀薄，从边界逸散的粒子来自整个间隙。

3）燃弧及弧后介质恢复过程中，电极电侵蚀率的影响系数不变。

4）弧后介质恢复过程中，金属蒸气密度衰减系数不变。

由粒子守恒定律的积分形式可得

$$\frac{\partial}{\partial t}\int_V n(r,t)\,\mathrm{d}V = -\oint \Gamma \mathrm{d}S_T \tag{4-6}$$

式中，$n(r,t)$表示金属蒸气密度；Γ 为单位时间内离开触头间隙空间体积的蒸气通量密度；V 为间隙空间体积；S_T 为包括触头平面在内的包围间隙空间的总面积。

设$\bar{n}(t)$表示间隙空间中的平均金属蒸气密度，则有

$$\bar{n}(t) = \frac{1}{V}\int_V n(r,t)\,\mathrm{d}V \tag{4-7}$$

式（4-6）可重写为

$$V\frac{\mathrm{d}\,\bar{n}(t)}{\mathrm{d}t} + \sum_i c_i\int\Gamma_i \mathrm{d}S_i = \int\Gamma_{ev}\mathrm{d}S_e \tag{4-8}$$

式中，等式左边第二项为单位时间内金属粒子在间隙空间的边界面上损失的数目，等式右边为单位时间内从阴极发射到触头间隙中的金属粒子数；各面不同的冷凝情况由冷凝系数 c_i 来表征，c_i 的值在 0 ~ 1 中选取；Γ_{ev}表示单位时间内单位触头表面的金属粒子蒸发量。

根据气体分子运动论可以推出：$\Gamma_i = \dfrac{\bar{n}\,\bar{v}}{4}$，$\bar{v} = \left(\dfrac{8kT}{\pi M}\right)^{1/2}$。式中，$\bar{v}$ 为金属蒸气原子热运动的平均速度。式（4-8）可改写为

$$\frac{\mathrm{d}\bar{n}(t)}{\mathrm{d}t} + \beta\,\bar{n}(t) = S(t) \tag{4-9}$$

式中，$\beta = \dfrac{\bar{v}\sum_i c_i A_i}{4V}$；$S(t) = \dfrac{\int \Gamma_{ev}\mathrm{d}S_e}{V}$，$S(t)$ 为触头发射粒子造成金属粒子密度增加的函数，与电弧电流及电极电侵蚀率相关。$S(t)$ 又可表示为

$$S(t) = Ki(t) \tag{4-10}$$

式中，K 表示电极电侵蚀率的影响系数，由下式决定：

$$K = \frac{K_e G}{MV} \tag{4-11}$$

式中，K_e 为考虑电弧对电极加热使电极材料蒸发后的修正系数；G 为腐蚀率，用单位电荷下电极材料损失量来表示；M 为金属蒸气原子质量；V 为间隙体积。

对于直流真空断路器而言，燃弧阶段电流示意图如图 4-9所示。t_0 时开始分闸，t_2 时电弧电流衰减到 0。燃弧电流表达式为

$$i(t) = \begin{cases} I_0 & t_0 \leqslant t \leqslant t_1 \\ I_0 - k_1(t - t_1) & t_1 < t \leqslant t_2 \end{cases} \tag{4-12}$$

对 $S(t)$进一步展开，如下式所示：

$$S(t) = \begin{cases} kI_0 & t_0 \leqslant t \leqslant t_1 \\ k[I_0 - k_1(t - t_1)] & t_1 < t \leqslant t_2 \end{cases} \tag{4-13}$$

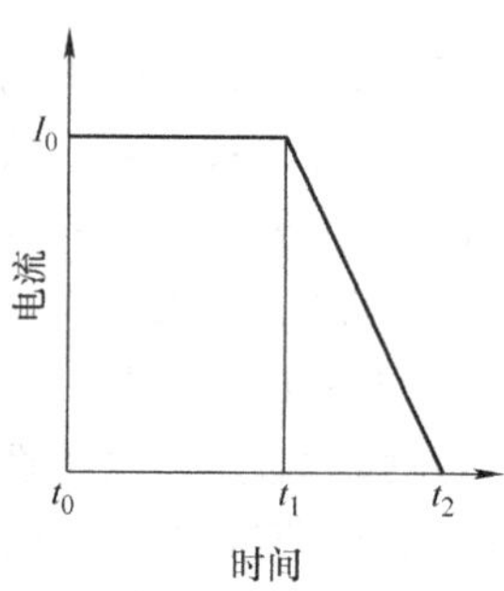

图 4-9 电流过零前燃弧阶段电流示意图

运用一阶微分方程的解法，可得整个燃弧过程中间隙金属蒸气密度计算数学模型为

$$\bar{n}(t) = \begin{cases} \dfrac{kI_0}{\beta}(1 - \mathrm{e}^{-\beta}) & t_0 \leqslant t \leqslant t_1 \\ \dfrac{kI_0}{\beta}(1 - \mathrm{e}^{-\beta t}) - \dfrac{Kk}{\beta}(t - t_1) + \dfrac{Kk_1}{\beta^2}[1 - \mathrm{e}^{-\beta(t-t_1)}] & t_1 < t \leqslant t_2 \end{cases} \tag{4-14}$$

忽略熄弧后，电极继续蒸发蒸气，在计算弧后金属蒸气粒子密度衰减时可将式（4-9）改写为

$$\frac{\mathrm{d}\,\bar{n}(t)}{\mathrm{d}t} + \beta\,\bar{n}(t) = 0 \tag{4-15}$$

其初值为

$$\overline{n}(t_2) = \frac{kI_0}{\beta}(1 - e^{-\beta t_2}) - \frac{Kk}{\beta}(t_2 - t_1) + \frac{Kk_1}{\beta^2}(1 - e^{-\beta(t_2-t_1)}) \tag{4-16}$$

求解后可得弧后金属蒸气密度衰减规律，如下式所示：

$$\overline{n}(t) = \left[\frac{kI_0}{\beta} - \frac{Kk_1}{\beta}(t_2 - t_1) + \frac{Kk_1}{\beta^2}\right]e^{-\beta(t-t_2)} - \frac{Kk_1}{\beta^2}e^{-\beta(t-t_1)} - \frac{KI_0}{\beta}e^{-\beta t} \tag{4-17}$$

关于临界金属蒸气密度的确定，分析如下。

间隙中金属蒸气密度是决定间隙中电子增殖情况的主要因素。当 N_0 个电子从阴极出发，经过不断地碰撞电离到达阳极时，总电子数 N 将增至：

$$N = N_0 e^{\alpha d} \tag{4-18}$$

式中，d 为间隙距离，即为触头开距；α 为电离系数，由下式表达：

$$\alpha = \frac{1}{\lambda_e}e^{-U_i/(E\lambda_e)} \tag{4-19}$$

式中，U_i 为金属原子的电离电位；E 为间隙电场强度；λ_e 为电子平均自由行程，其与金属蒸气密度相关。

电子平均自由行程 λ_e 分别取 1cm、1.5cm、2cm、2.5cm 以及 3cm，对不同极间电压和 λ_e 下 N/N_0 进行计算，计算结果如图 4-10 所示。通过分析图 4-10 可以得到，当 λ_e 一定，间隙两端的电压超过 500V 时，N/N_0 几乎为一常数，因此，间隙中电子的增殖主要由电子平均自由行程 λ_e，也就是金属蒸气密度决定。

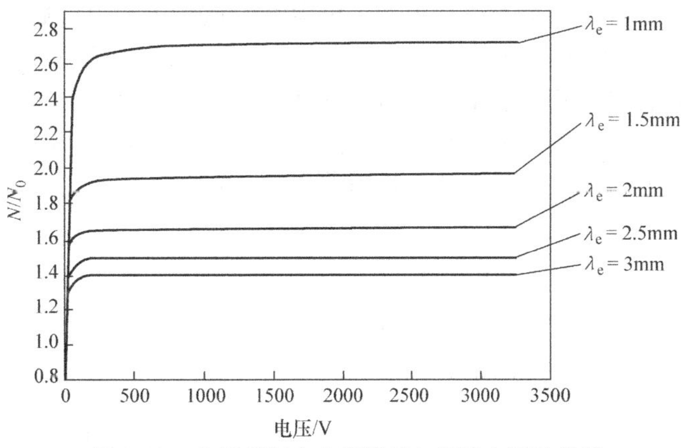

图 4-10　金属蒸气中电子增殖与间隙电压的关系

金属蒸气中电子增殖随电子平均自由行程 λ_e 的变化规律如图 4-11 所示。随着 λ_e 的增大，N/N_0 呈指数趋势减小，并且趋势逐渐变缓。当 λ_e 大于一定值时，N/N_0 趋近于1。可选择一 λ_e 值，其对应的 N/N_0 接近于1，则该值所对应的金属蒸气密度称为临界金属蒸气密度。

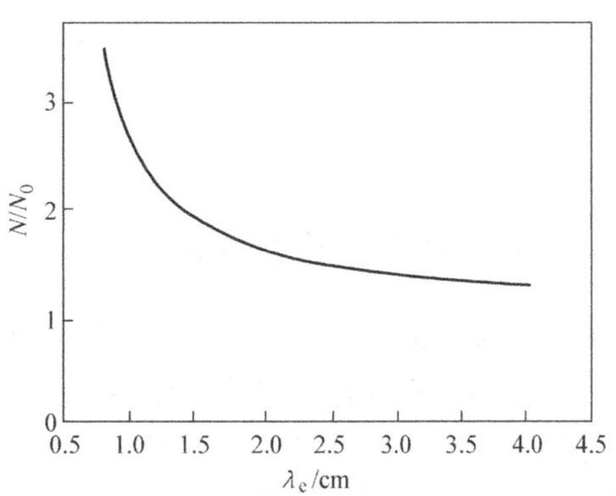

图 4-11　金属蒸气中电子增殖与 λ_e 的关系

4.2.3　真空电弧的弧后电流

大电流真空电弧在电流过零后，燃弧热

惯性（阴极斑点的弧坑熔池余热）使电极仍具有一定的电子、离子或中性粒子的发射能力，剩余等离子体的扩散需要一个过程。带电粒子在 TRV 的作用下以弧后电流的形式出现，弧后电流比电弧电流低几个数量级，且持续时间短。M. P. Reece 等在 16kA/8kV 振荡回路、TRV 上升率约 7kV/μs 条件下测得的弧后电流[9]如图 4-12 所示，作为对照的气体离子电流计算结果由虚线表示。x 为鞘层厚度计算值，弧后电流峰值约 4A，持续时间约 10μs；将弧后间隙中的功率密度作为弧后重燃的主要因素，试验证明对于铜电极而言，重燃临界功率密度为 1.2kW/cm^2；图中的计算值是依据过渡模型鞘层理论计算而得。

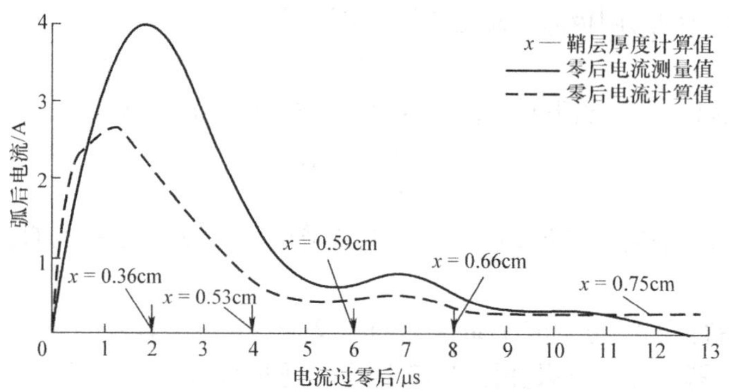

图 4-12　弧后电流波形

基于换流开断的直流真空断路器在中频小电流开断试验中测得弧后电流，图 4-13 为开断试验波形，图 4-14 为直流开断的弧后电流波形，其中，I_{pac} 为弧后电流，I_m 为开断电流，u 为断口电压。可以看出，弧后电流波形与 TRV 相关。增加燃弧时间相当于增加断口间等离子体密度；而提高零前电流下降率相当于直流开断的中频条件，使断口间累积的等离子体扩散速度不足。综合以上两方面的影响，均会增加弧后电流。

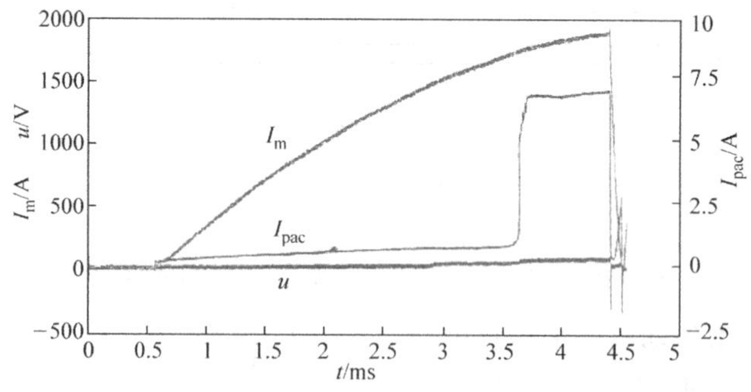

图 4-13　开断试验波形

4.2.4　真空开关的截流现象

真空开关开断交流小电流时，经常发现电弧在电流下降到自然过零点之前突然熄灭。系统中由于电感的存在使得电流不能突变，转化为断口上的过电压，进而可能发生击穿，导致电弧重燃或在很短的不稳定之后彻底熄弧，过电压向系统传递。自然零点之前的熄弧，称为截流，产生的过电压称为截流过电压。一般的理解是由于真空介质恢复能力强，灭弧效果

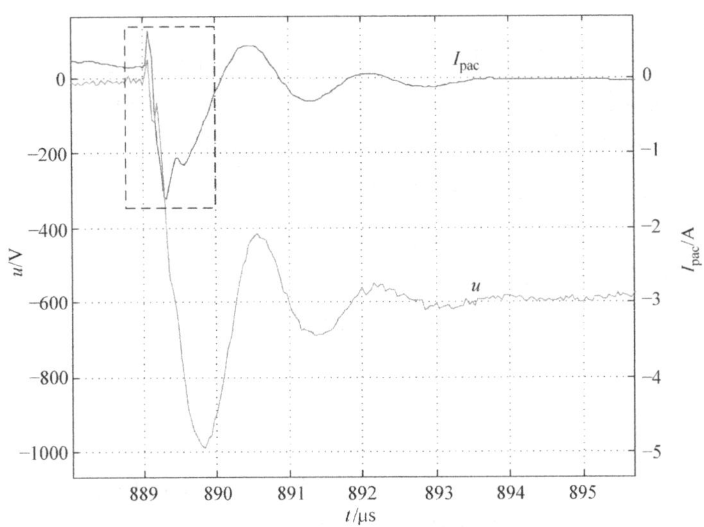

图4-14　弧后电流试验测量波形

好，因此截流值相对突出。较深入的理论分析发现：截流的实质起源于真空触头上阴极斑点的寿命或电弧的寿命。真空电弧由阴极斑点发生、动态维持与熄灭，而阴极斑点的寿命与产生时的电流值相关。研究表明：截流值有随机特征，与电路参数关系不大，仅受材料因素的影响，这也说明了阴极斑点特性对截流水平的决定性作用。截流值可由图4-15所示的截流示波图读取，其中，t_1时真空开关开始分闸；t_2时电流完全截断；t_3为电流预期过零点；I_s为不稳定电流；I_{ch}为截流值。

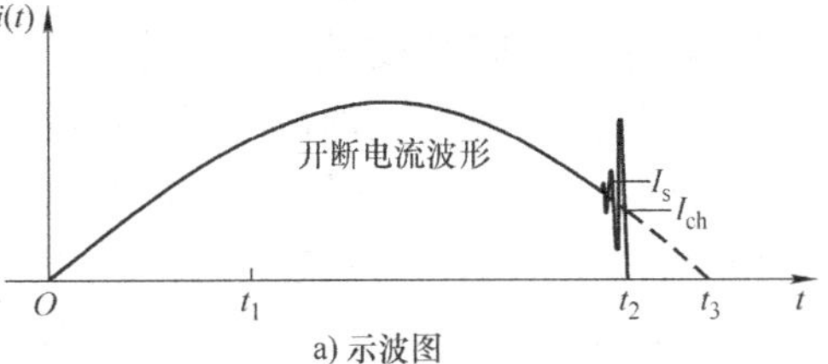

a) 示波图

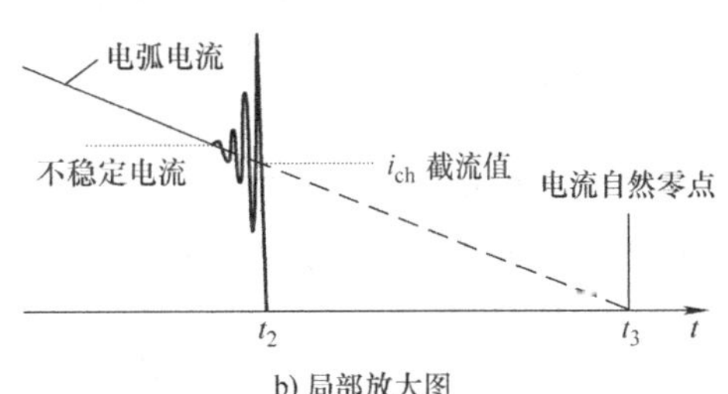

b) 局部放大图

图4-15　截流示波图及局部放大图

截流产生的过电压与线路中电容、电感等因素相关，有的电路条件使截流过电压形成陡峭的前沿，直接威胁具有分布参数特征的负载安全，如电动机匝间绝缘等。研究真空开关的截流现象，分析引起截流过电压的因素并给出解决方案，是真空开关应用领域的重要问题之一。

1. 截流值的测试

真空开关的截流过程伴随着短时不稳定，通过设计截流测试试验可得到实际统计数据。图4-16a为试验等效电路，图4-16b为电流、电压实验波形，其中VCB为真空开关，L为负载电感，C_0为设备对地电容。电流在I_{ch}处发生截断，U_c

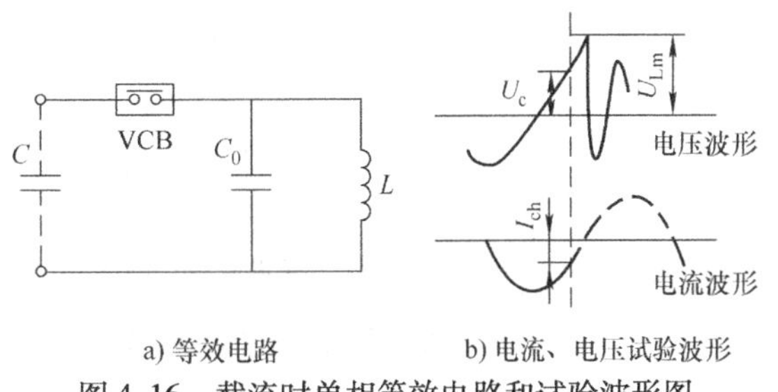

a) 等效电路　　b) 电流、电压试验波形

图4-16　截流时单相等效电路和试验波形图

为截断时的负载电压。

实验室测试截流可用 LC 振荡回路作为电源。图 4-16 中虚线连接一组电容器 C，与负载电感匹配成需要的试验电流、电压与频率。如组成工频 10kV/200A 试验电源，可设内阻抗 $Z=50\Omega$、$\omega=100\pi$，则 $L=Z/\omega=160\text{mH}$，$C=1/Z\omega=64\mu\text{F}$。

真空开关发生截流时回路剩余磁场能量以 A_L 为主，可表达为

$$A_L = 0.5LI_{ch}^2 \tag{4-20}$$

若全部转化为电场能量 A_C，则：

$$A_C = 0.5C_0U_c^2 \tag{4-21}$$

负载电压 U_c：

$$U_c = I_{ch}\sqrt{\frac{L}{C_0}} = I_{ch}Z_0 \tag{4-22}$$

图 4-16a 中对地电容 C_0 实际上是分布参数，与电感 L 组成特征阻抗 Z_0，也称波阻抗。式（4-22）中，负载电压 U_c 等于截流值 I_{ch} 与波阻抗 Z_0 的乘积。Z_0 的典型数值在 1kΩ 左右，几安培截流值可近似对应几千伏过电压。这个数量级对于电机绕组一类分布参数传输特性的负载威胁极大，必须采取措施。

2. 影响截流与截流过电压的因素

如前所述，真空开关的截流现象及截流值主要取决于触头材料，成因在于剩余能量。截流过电压间接体现在影响燃弧能量以及剩余能量传输的电路参数。研究表明：影响截流水平的直接参数是阴极材料金属蒸气压和导热系数，与其关联的是阴极斑点的最小电流值与寿命，原因是高蒸气压在较小电流下容易供给维持电弧燃烧的金属蒸气。同理，低导热系数也对应低截流值，因为阴极表面斑点附近的局部温度扩散较慢，增加其蒸气产量。值得注意的是：高金属蒸气压和低导热系数都对介质恢复不利，或者可能加深阴极斑点残留弧坑，加剧了局部电场条件的恶化。常见金属蒸气压随温度变化以及电弧平均寿命随电流变化的曲线如图 4-17 所示[10]。影响截流水平的非材料因素与阴极斑点的寿命相关，包括燃弧时间与能量、发生截流时的电流变化率等。当燃弧能量较高时，热惯性将维持电流稳定燃烧到自然过零，因此，开断上百安培以上的电流可不考虑截流。

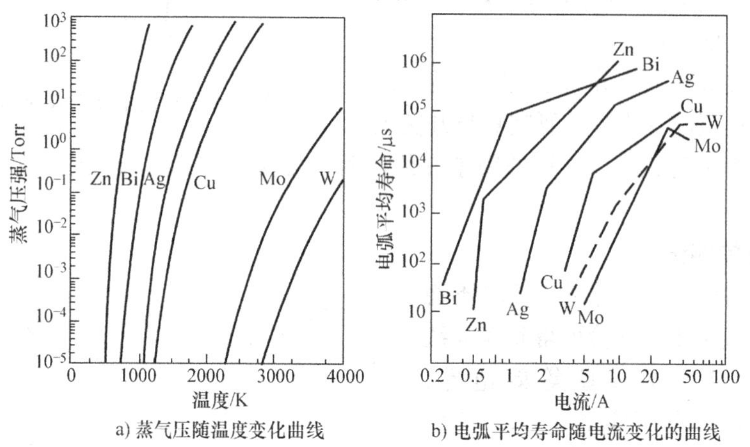

a) 蒸气压随温度变化曲线　　b) 电弧平均寿命随电流变化的曲线

图 4-17　常见金属的蒸气压随温度变化以及电弧平均寿命随电流变化的曲线

3. 截流过电压的防治

真空开关面临截流过电压的威胁，曾一度影响其发展，尤其在量大面广的大型电机控制方面。截流过电压的防治可从以下三个方面入手：研制低截流值的触头材料、运用新拓扑进行波阻抗网络再造以及选相投切。具有低截流性质或具有过电压防护措施的开关系统也称为低电涌真空开关。

4.3　真空电弧的磁场调控

无磁吹下自由电弧的开断电流能力有限，为实现大容量短路故障电流的真空开断，需进行电弧调控。电弧调控主要包括在弧隙施加横向磁场（TMF）和纵向磁场（AMF）两种方式，由触头结构设计来实现，因此，灭弧室的磁场设计也是真空断路器电、磁、热和力多物理场设计的关键。近年来，磁场调控技术的研究成果丰富了真空电弧的调控理论，也支撑了真空开关向着高技术参数化方向的发展。

真空电弧源自触头表面熔化、喷溅和蒸发产生的金属蒸气，随着电弧的发展，其输运特性受控于灭弧室磁场与多组元粒子流电、磁、热和力多物理场动态耦合作用。本节主要描述电弧的磁场调控。

4.3.1　触头结构及其磁场分布

在真空电弧电流过零后电弧能量得到逸散直至熄灭的过程中，极间磁场起着重要的作用[8,11-13]。目前国内外普遍采用的方法是通过触头结构的设计重构极间强磁场（典型杯状纵磁触头结构和卍字形横磁触头结构如图 4-18 所示），以实现电弧等离子体动力学行为的调控。

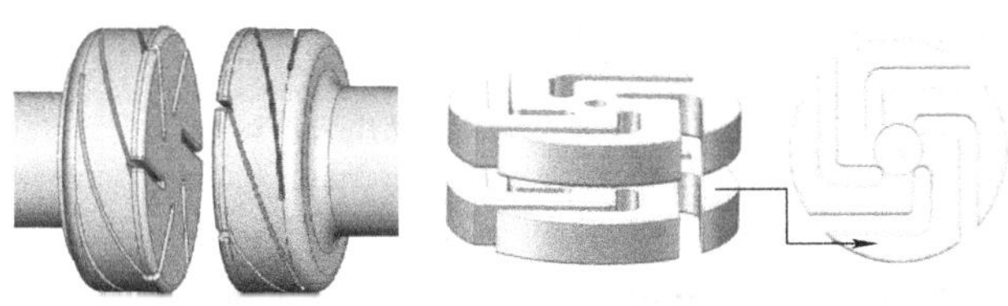

a) 典型杯状纵磁触头结构　　b) 卍字形横磁触头结构

图 4-18　触头结构

纵向磁场一般由纵向磁场触头系统产生，纵向磁场的方向与触头轴向方向平行。纵向磁场能将真空电弧约束在磁力线周围，使其围绕磁力线旋转，从而使触头刚分时的集聚态电弧发展为扩散态电弧。在纵向磁场作用下，即使电弧电流较大，真空电弧仍保持扩散形态，弧后介质恢复速度更快，利于开断。

以图 4-18a 所示典型杯状纵磁触头结构为对象，通过采用有限元分析法得到燃弧阶段时触头系统及电弧弧柱中的电流路径及触头间隙中的磁场分布（如图 4-19 所示）。其中，电流在流经动、静触头型面时，其路径改变为沿着杯状触头齿槽方向。该方向上电流产生的磁场既有轴向分量，又有径向分量，其中轴向分量就是使真空电弧由聚集态转变为扩散态的纵向磁场。此外，除杯状纵磁触头外，还有线圈式纵磁触头和马蹄形纵磁触头等。

以卍字形横磁触头结构为对象，研究燃弧阶段电流路径在触头型面的分布情况如图 4-20a 所示。假设电流仅流过集聚态真空电弧弧根所接触的拐臂，而其他拐臂中无电流流过。仅考虑电流路径经过的区域，得到横磁触头区域的磁场及集聚态电弧所受洛伦兹力分布，在弧隙中，磁场方向与集聚态真空电弧径向平面平行，真空电弧所受洛伦兹力方向与拐臂方向平行，真空电弧在磁场作用下产生的洛伦兹力沿触头边缘处拐臂方向旋转，如图 4-20b 所示。

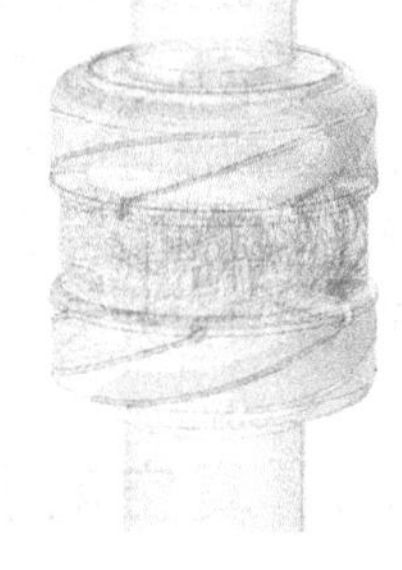

a) 电流路径　　b) 磁场分布

图 4-19　杯状纵磁触头

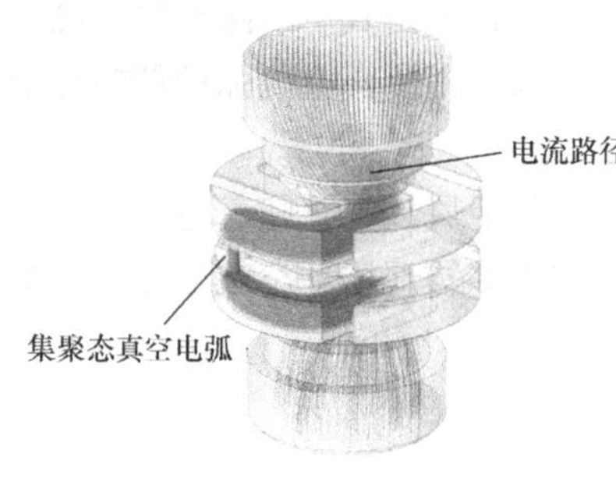

a) 电流路径

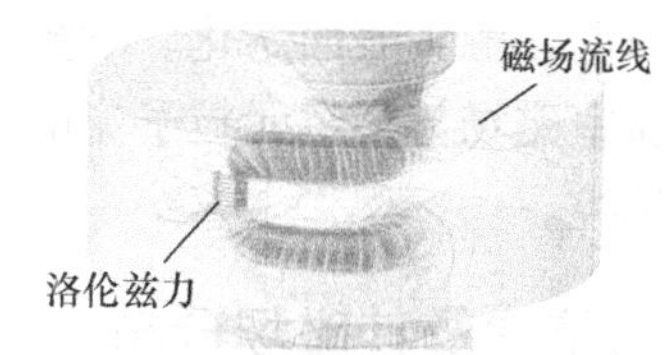

b) 磁场分布

图 4-20　卍字形触头

4.3.2　TMF－AMF 组合磁场触头图像分析

图 4-21 为旋槽横磁与杯状纵磁相结合的直流真空断路器用嵌合式触头磁场结构，上、下侧触头片斜槽方向与触头片形状等参数影响触头间磁场方向，形成横、纵向嵌合的电弧调控模式。图 4-22 为其电弧高速摄影照片，可以见到磁场调控效果。如图 4-22a 和 b 所示，当 $t = 2.63\text{ms}$ 时，电弧产生于触头表面中间螺旋槽横磁触头左侧，并不断向触头中间扩散，与螺旋槽横磁触头实验的相同阶段的运动过程相同。图 4-22c～e 所示的触头间隙的电弧燃烧较为剧烈，且主要分布在中心横磁区域；电弧在触头表面有旋转运动的趋势，但与螺旋槽横磁触头相比，这种运动幅度很小。图 4-22e～g 所示的触头间隙中电弧的分布更加均匀，且亮度逐渐降低，由此可知电弧运动到纵磁控制区域，并在其作用下做扩散运动。图 4-22h 所示为直流开断过程中换流阶段的电弧图像，在换流阶段，电弧由布满整个弧隙迅速变为阴极斑点后熄灭。

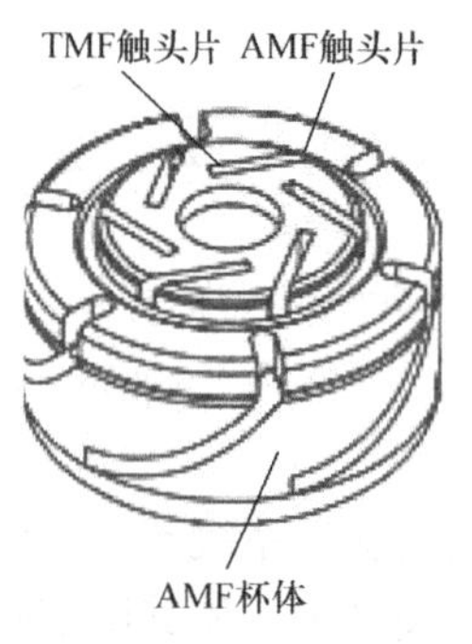

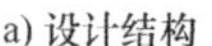

a) 设计结构　　b) 实物照片

图 4-21　嵌合式磁场触头

通过分析嵌合式触头磁场调控效果得知：电弧产生于组合式触头中间的凸起处，即利用触头凸起控制起弧位置；电弧在组合式触头横磁区域的旋转幅度小于常规螺旋槽触头，但仍可顺利扩散到纵磁触头，并可保持扩散形态直到电流过零。

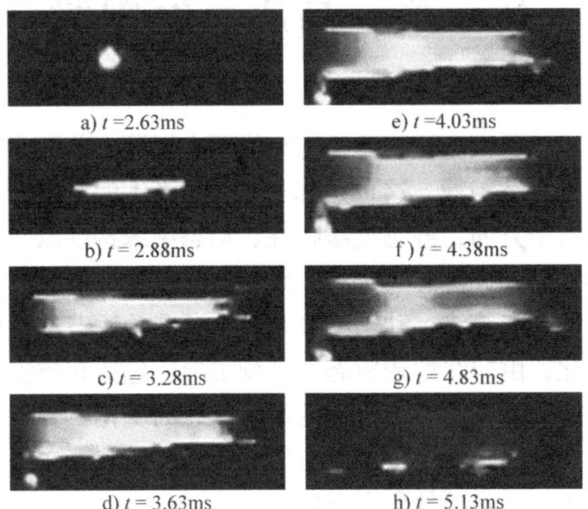

图4-22 嵌合式触头开断试验电弧部分图像

参考文献

[1] 王季梅，真空开关技术与应用［M］．北京：机械工业出版社，2007.

[2] SMEETS R, SLUIS L, et al. Switching in Electrical Transmission and Distribution Systems［M］. John Wiley & Sons Ltd, 2015.

[3] SLADE P G, The Vacuum Interrupter Theory, Design, and Application［M］. Taylor & Francis Group, 2008.

[4] SMEETS R P P, High Voltage Circuit Breakers［M］. BEMUST, 2011.

[5] VAREY R H, SANDER K F, Dynamic Sheath Growth in Mercury Plasma［J］. Brit. J. Appl. Physics (J. Phys. D), 1969, 2 (2): 541 -550.

[6] ANDREWS J G, VAREY R H. Sheath Growth in a Low Pressure Plasma［J］. The physics of fluids, 1971, 14 (2):339 -343.

[7] RICH J A, FARRALL C A. Vacuum Arc Recovery Phenomena［J］. Proceedings of the IEEE, 1964: 1293 1301.

[8] 刘晓明，于德恩，邹积岩．基于弧后鞘层发展分析的直流真空断路器换流参数优化［J］．真空科学与技术学报，2015，35 (9)：1082 -1087.

[9] REECE M P. The Vacuum Switch［J］. Part2, Extinction of an AC Vacuum Arc, IEEE, 1963, 110 (4): 803 -809.

[10] FARRALL G A, LAFFERTY J M, COBINE J D. Electrode Materials and Their Stability Characteristics in the Vacuum Arc［J］. IEEE Transactions on Communication and Electronics, 1963, 82 (2): 253 -258.

[11] 钱奇锋，刘晓明，陈海，等．嵌合型杯状横-纵磁触头结构磁场分析［J］．真空科学与技术学报，2016，36 (11)：1254 -1259.

[12] 刘晓明，于德恩，曹云东．非对称线圈式旋磁真空灭弧室触头系统：ZL201310641245.8［P］．2017 -02 -15.

[13] 刘晓明，曹云东，赖增辉．盘式旋磁纵吹真空灭弧室：ZL201110408481.6［P］．2015 -07 -15.

第 5 章　高压真空绝缘

高压开关的主要技术难题大多围绕熄弧与绝缘两大问题，前面章节主要涉及的是真空电弧的熄灭，本章讨论高压真空绝缘，这也是真空开关最基本的工作背景和特色之一。真空开关的绝缘研究主要包括三个方面：静态绝缘特性、动态绝缘特性以及真空中固体介质表面的绝缘特性。静态绝缘涵盖了开关静态和工频、线性工况下的绝缘特性，由静态电场分布为主导，或称之为真空间隙的静态绝缘；动态绝缘则反映了开关暂态过程中的绝缘特性以及全寿命周期中绝缘状态的变化，由非线性的暂态电磁场主导，包括介质恢复过程、外电场对介质恢复过程的影响以及由操作过程和历史引起的绝缘状态的变化；真空中固体介质表面的绝缘特性反映了真空中特有的沿面击穿过程以及电极、固体介质与真空三面交接处的电子发射特性，也是高压真空绝缘中一个重要的研究方向。

5.1　真空间隙的静态绝缘

真空灭弧室产品标准规定了其内部气体压强要低于（或真空度要高于）10^{-3}Pa，此时其内部残余气体分子的平均自由程远大于真空灭弧室的结构尺寸。合格灭弧室产品的真空度对静态绝缘影响很小。理想情况下，真空介质击穿场强可达10^7V/cm，但在10^4~10^6V/cm区间时，一般的真空间隙就可能发生击穿。对真空开关产品而言，真空介质的击穿主要取决于电极表面的电子发射过程和极间粒子交换过程，其中电极表面电子的发射过程起主导作用。在真空开关向高电压、大容量、高技术参数发展的背景下，基于电场数值模拟的真空间隙静态绝缘分析是表征真空开关绝缘特性的有效手段之一。

5.1.1　真空间隙的静态绝缘强度

根据电磁场理论可知，真空灭弧室内部电场，尤其是触头间电场属于不完全均匀电场，真空灭弧室内部发生电场击穿的临界场强 E_g 由宏观场增强因子 β_g 与微观场增强因子 β_m 决定[1]：

$$E_g = \beta_g \beta_m \frac{U}{d} \tag{5-1}$$

式中，U 为高电位触头电极所施加的电位；d 为触头开距；β_g为触头结构的宏观场增强因子，与边缘曲率半径等几何形状参数相关；β_m为触头表面结构微观场增强因子。显然，尽可能小的β_g和β_m是灭弧室绝缘设计的目标。β_m主要受电极表面组织结构、表面凹凸不平以及蚀坑的影响，在灭弧室的绝缘设计中，很难确定β_m具体数值，也很难有效控制其数值的大小。而β_g是反映触头电极型面几何结构对电场分布的影响，可以通过对灭弧室内部结构部件型面的优化设计实现对β_g的调控，进而改善真空灭弧室内部电场的均匀分布。

以 12kV/1250A/31.5kA 真空断路器灭弧室（轴对称电场的计算结构见图 5-1）为例，采用有限元法分析其真空间隙的绝缘特性。依据国家标准规定，12kV 真空断路器可承受的雷电冲击耐受电压峰值为 85kV。

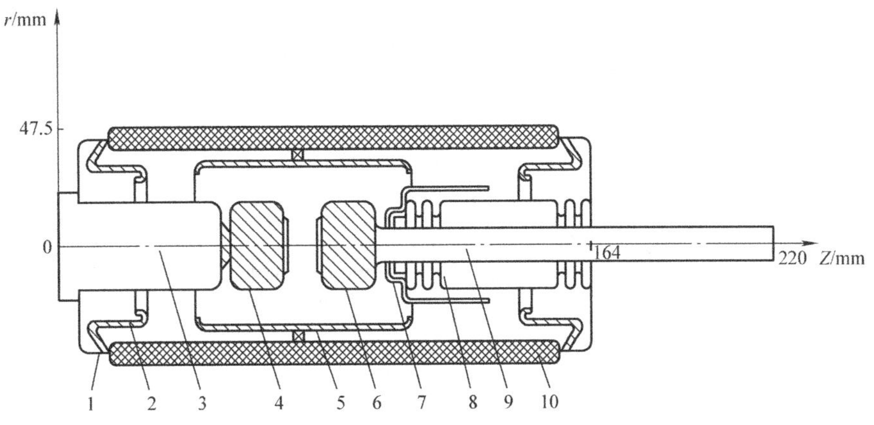

图 5-1　12kV 真空灭弧室轴对称电场计算的物理模型

1—端盖　2—端屏蔽罩　3—静导电杆　4—静触头　5—悬浮屏蔽罩　6—动触头　7—波纹管屏蔽罩　8—波纹管　9—动导电杆　10—外瓷套

在静电场计算中，静触头及其金属连接件施加高电压为 85kV，动触头及其金属连接件施加地电位，无限远边界设置为地电位。9mm 开距下动、静触头沿面和悬浮屏蔽罩内表面场强以及不同行程下静触头沿面场强的分布情况如图 5-2 所示，不同行程下可承受的雷电冲击电压与间隙击穿电压如图 5-3 所示。悬浮屏蔽罩的悬浮电位也会随着触头行程的变化而改变，如表 5-1 所示。

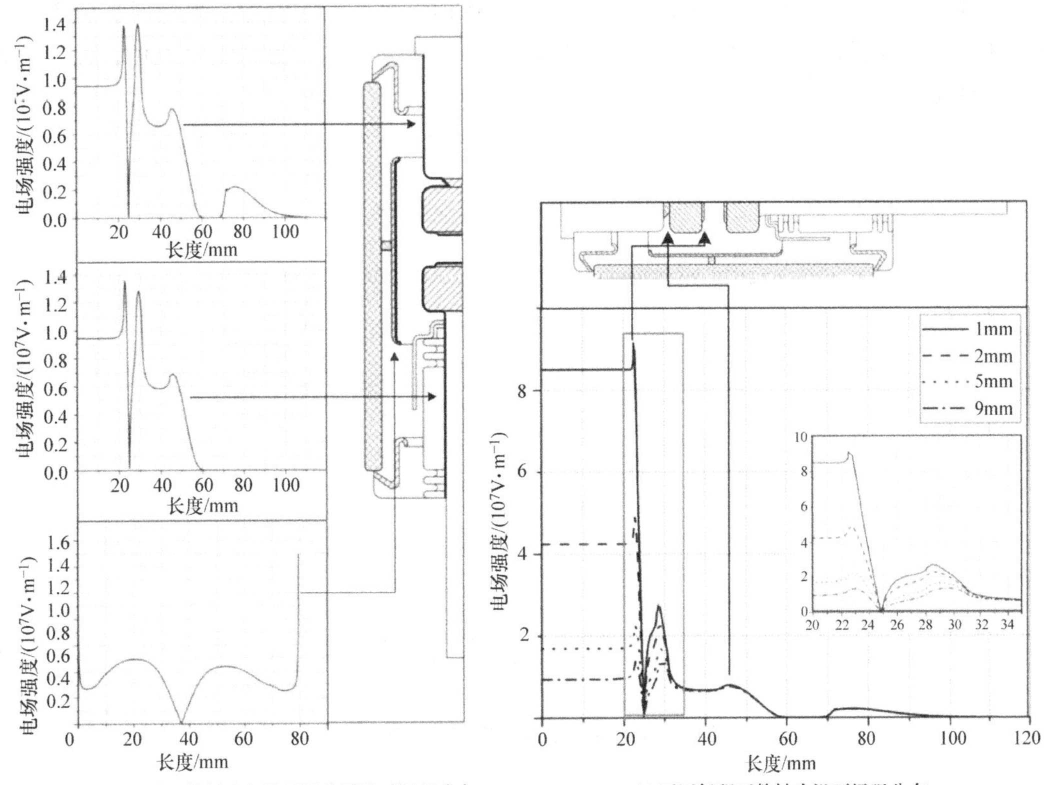

a) 9mm开距下动、静触头和悬浮屏蔽罩沿面场强分布　　b) 不同行程下静触头沿面场强分布

图 5-2　灭弧室内结构部件沿面电场分布

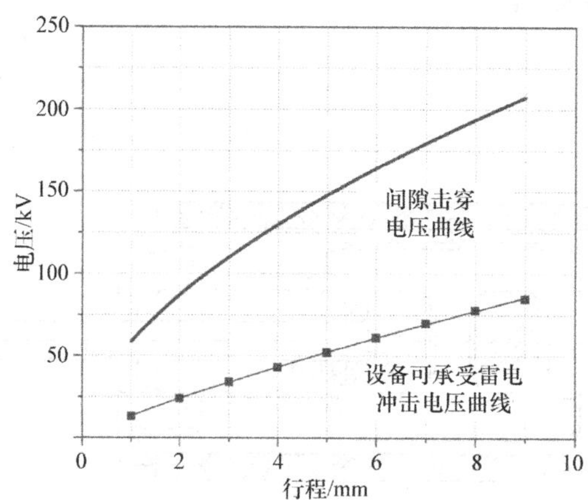

图 5-3　不同行程下可承受雷电冲击电压与间隙击穿电压

表 5-1　雷电冲击电压作用时不同行程下悬浮屏蔽罩的悬浮电位值

行程/mm	1	2	3	4	5	6	7	8	9
悬浮电位值/kV	38.76	38.90	39.04	39.05	39.37	39.51	39.68	39.84	40.02

分析式（5-1）场增强因子的影响。在不考虑β_m对电场劣化影响的情况下，得到静触头沿面β_g在不同行程下的分布曲线如图 5-4 所示。极间承受最大雷电冲击电压时，由不同行程下β_g的变化曲线可得到其他行程下极间所能承受的最大雷电冲击耐受电压值，β_g与行程的关系曲线如图 5-5 所示。

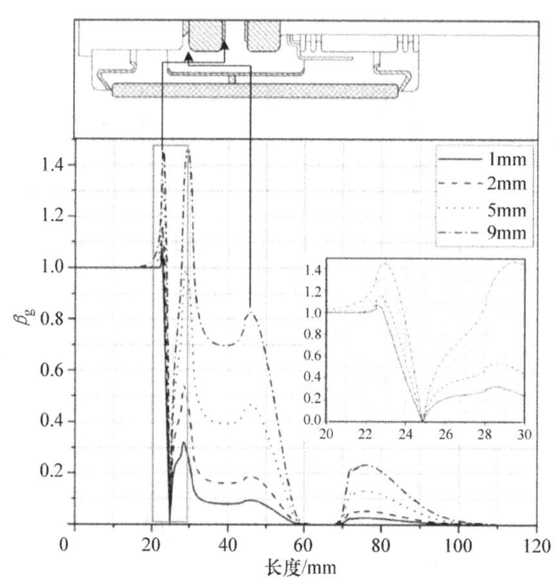

图 5-4　不同行程下β_g的分布曲线

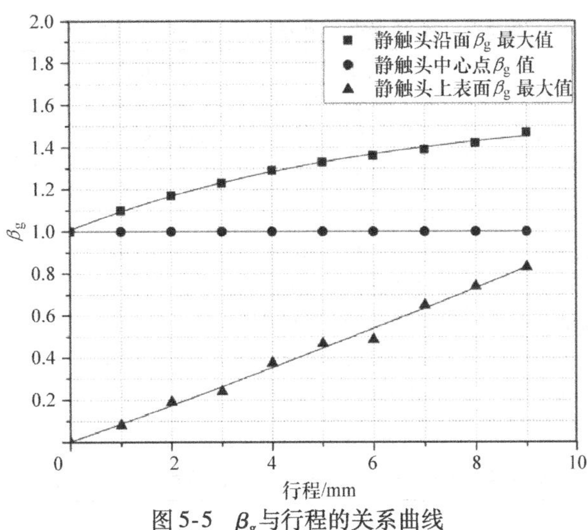

图 5-5　β_g与行程的关系曲线

5.1.2　影响真空绝缘的设计与工艺因素

真空灭弧室作为真空断路器的核心部件，动静触头电极、动静导电杆、波纹管、屏蔽罩、绝缘外壳等部件对其绝缘参数均有影响。不同技术参数的真空断路器受所在系统的运行条件、运行环境与工况限制，其灭弧室内外绝缘以及动静态绝缘水平均不相同。

1. 屏蔽罩的影响

屏蔽罩是真空灭弧室内绝缘设计的重要部件。其用途主要包括：在电极运动过程中可吸附金属蒸气粒子，避免沉积到绝缘外壳内壁，破坏内绝缘；改善真空灭弧室内部电场分布；保护绝缘外壳，免受电弧等离子体的侵蚀。

屏蔽罩有两种类型：悬浮屏蔽罩（不与真空灭弧室的任一端电极电气连接）；端部屏蔽罩（与真空灭弧室中动、静触头或静触头导电杆电气相连，通常是末端带有固定端子）。

真空灭弧室的屏蔽罩材料采用不锈钢或无氧铜。其中铜具有良好的散热性能，比不锈钢具有更好的抗大电流真空电弧的效果。不锈钢的导热系数低，不易消散大电流的真空电弧能量，容易形成局部“热点”，从而引起材料熔化和性能劣化，甚至在屏蔽罩上形成局部热侵蚀孔。

悬浮屏蔽罩加装于真空灭弧室中，在开断过程中也有吸附金属蒸气粒子的作用。对图 5-1 所示的真空灭弧室在雷电冲击电压作用下（9mm 开距下）进行电场计算，悬浮屏蔽罩、波纹管屏蔽罩结构对灭弧室静态绝缘的影响如表 5-2～表 5-4 所示。

表 5-2　不同悬浮屏蔽罩内直径的沿面场强最大值

悬浮屏蔽罩内直径/mm	悬浮屏蔽罩沿面场强最大值/(10^7V·m^{-1})	悬浮屏蔽罩沿面场强最大值所在位置	触头沿面场强最大值/(10^7V·m^{-1})	触头沿面场强最大值所在位置
31	5.70	屏蔽罩动触头侧端部	2.98	静触头端部
32	4.46	屏蔽罩动触头侧端部	2.22	静触头端部
33	3.74	屏蔽罩动触头侧端部	1.85	静触头端部
34	3.26	屏蔽罩动触头侧端部	1.65	静触头端部
35	2.92	屏蔽罩动触头侧端部	1.51	静触头端部
36	2.68	屏蔽罩动触头侧端部	1.43	静触头端部
37	2.48	屏蔽罩动触头侧端部	1.39	静触头端部

表 5-3　不同悬浮屏蔽罩长度沿面场强最大值

悬浮屏蔽罩长度/mm	悬浮屏蔽罩沿面场强最大值 /(10^7V · m^{-1})	悬浮屏蔽罩沿面场强最大值所在位置	触头沿面场强最大值 /(10^7V · m^{-1})	触头沿面场强最大值所在位置
60	3.00	屏蔽罩静触头侧端部	1.39	静触头端部
65	2.74	屏蔽罩静触头侧端部	1.39	静触头端部
70	2.54	屏蔽罩静触头侧端部	1.39	静触头端部
75	2.44	屏蔽罩动触头侧端部	1.39	静触头端部
80	2.50	屏蔽罩动触头侧端部	1.39	静触头端部
85	2.58	屏蔽罩动触头侧端部	1.40	静触头端部
90	2.68	屏蔽罩动触头侧端部	1.39	静触头端部

表 5-4　不同悬浮屏蔽罩曲率半径沿面场强最大值

悬浮屏蔽罩曲率半径/mm	悬浮屏蔽罩沿面场强最大值 /(10^7V · m^{-1})	悬浮屏蔽罩沿面场强最大值所在位置	触头沿面场强最大值 /(10^7V · m^{-1})	触头沿面场强最大值所在位置
5	2.82	屏蔽罩动触头侧端部	1.39	静触头端部
6	2.40	屏蔽罩动触头侧端部	1.39	静触头端部
7	2.28	屏蔽罩动触头侧端部	1.39	静触头端部
13	2.08	屏蔽罩动触头侧端部	1.39	静触头端部
18	2.06	屏蔽罩动触头侧端部	1.39	静触头端部
23	2.04	屏蔽罩动触头侧端部	1.39	静触头端部

2. 触头型面

真空灭弧室触头结构的设计是极间开断过程中磁场调控的关键，如第 4 章所述。为实现大电流开断能力，在确定触头材料成分与配比后有必要兼顾触头结构型面和几何参数的设计。传统真空开关的触头电极结构有圆盘对接型、横磁、纵磁以及横纵磁组合型触头等。其中，圆盘对接触头结构简单，用于小容量真空开关，当故障电流大于 10kA 时会导致开断失败。普通横磁触头为螺旋槽结构，电弧在触头表面旋转产生横向磁场。常见的纵磁场触头有线圈式结构与杯状结构，最早的纵向磁场就是在触头片下设置线圈产生的。第 4 章在介绍电弧磁场调控时介绍了部分触头结构（见图 4-18）。横磁触头与纵磁触头都有杯状结构，二者的区别在于：杯状横磁触头上下两个杯壁斜槽方向相反，而杯状纵磁触头斜槽方向相同。触头直径与额定短路开断电流密切相关，Rich J. A. 等认为开断后极间金属粒子密度的衰减速度与恢复电压的增长速度决定了开断能力的大小[2]。

3. 老炼的作用

真空开关的老炼（Conditioning）是一个特殊的钝化处理工艺，可提高灭弧室的绝缘耐受水平，作为产品出厂前的工艺处理。在使用过程中，尤其在投切电容器组的操作过程中也可以定期加入老炼程序，降低重燃概率。真空开关在使用过程中难免有空载与闲置，重新操作容易发生冷焊，致使间隙绝缘水平下降，多次空载操作或小电流老炼可恢复其性能参数。

5.1.3　击穿弱点与电极材料

真空间隙绝缘击穿过程是一个非常复杂的时空演化过程，通常不是某一个击穿机理起作用，而是几个机理共同作用的结果。在开断过程中，击穿作用机理涉及电、磁、热和力多物理场的相互作用。从本质上说，真空间隙的绝缘击穿过程是一个随机过程，击穿的发生与发展过程受到诸多随机因素的影响，击穿电压的分布表现出明显的统计特性。真空击穿的引发因素主要来源于触头表面。可以引入“击穿弱点”来表述这些引发击穿的“本源”因素。所谓击穿弱点是指存在于电极表面的、在电场应力作用下可能引发击穿的各种因素总称。试验表明，真空灭弧室中，击穿电压累积概率分布与电极面积、外加电压以及电极形状等因素有关，可用 Weibull 概率分布律描述[3]，即

$$F(S,\chi)=\begin{cases}1-\exp[-\lambda S(\chi-\chi_0)^m] & \chi>\chi_0\\ 0 & \chi\leqslant\chi_0\end{cases} \tag{5-2}$$

式中，λ、m 和 χ_0 分别称为 Weibull 函数的尺度参数、形状参数和位置参数，它们都是由电极材料和电极表面状况决定的固有参数；S 为电极面积；χ 为表征作用在击穿弱点上的电场应力的特征参数；三者取决于电极材料与电极表面状况。

由于击穿弱点的后发性与随机性，其作用在动态绝缘中也占据重要的地位。决定真空开关静态绝缘特性的因素还有材料：不同电极材料的临界击穿场强与材料硬度相关，表5-5所示为常见金属材料1mm间隙的绝缘强度[4]。研究发现同样的材料经热处理增强硬度后，其击穿场强大大提高，如普通钢材淬火后的击穿场强可提高至1.8倍。真空开关多次空载操作可在某种程度上提高电压的耐受水平，其原理主要是消除了表面弧坑等缺陷，提高触头表面硬度。

表5-5 常见金属材料1mm间隙的绝缘强度

电极材料	绝缘强度/kV	电极材料	绝缘强度/kV
铅	21	铝	57
银	27	蒙乃尔合金	60
锡	30	镍	90
黄铜	32	不锈钢	120
锌	35	碳钢	122
纯铜	42	铁镍合金	197

5.1.4 基于电场数值分析的126kV双断口真空断路器灭弧室内绝缘设计

1. 126kV双断口高压真空断路器的拓扑结构

绝缘介质表面组织结构与几何参数的变化均对电场分布有直接影响，其原因是电场中绝缘体电容分布发生变化而引起的电场重新分布。以126kV双断口真空断路器结构内绝缘分析为例，进一步分析其绝缘影响因素。126kV双断口真空断路器结构如图5-6所示，双断口水平串联置于上端，与支撑绝缘子呈▽形布置。内绝缘设计关键是对126kV双断口真空断路器断口电压分布进行分析，两个真空灭弧室断口连接处离接地部位较远（实际设计尺寸大于1m），断口距离较短，因此，连接处导体对地杂散电容可忽略不计，得到等效电路如图5-7所示。由于真空灭弧室断口电容相同均为 C_c，则断口电压 U_1 与 U_2 相等，各断口电压分配较均匀，各断口耐压冗余较高时，可省去并联均压电容，从而简化整体结构。

双断口之间的连接法兰对地有分布电容，简化掉的前提是对地电容远小于灭弧室本身的电容。

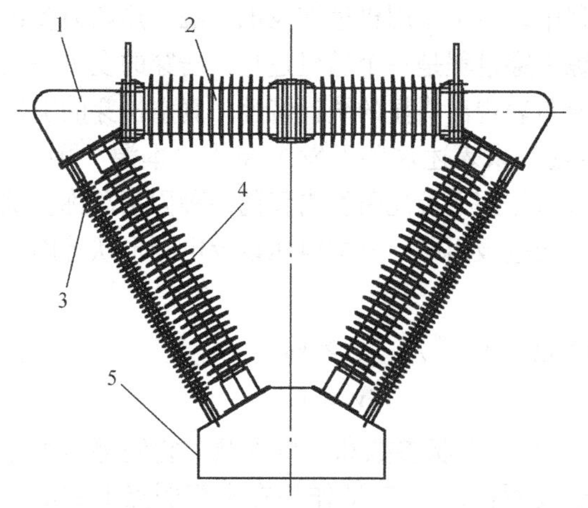

图 5-6　126kV 双断口真空断路器结构
1—变向机构　2—真空灭弧室
3—绝缘拉杆　4—绝缘子　5—操动机构

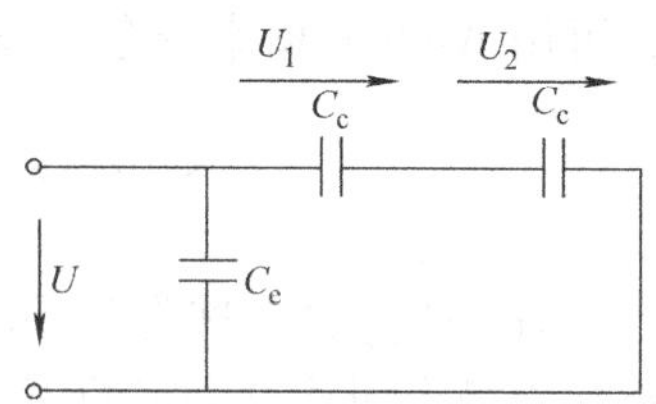

图 5-7　126kV 双断口真空断路器等效电路

2. 126kV 双断口高压真空断路器断口的静态电压分布测试试验及分析

为验证上述内绝缘设计和断口分压状态，对图 5-6 所示 126kV 双断口高压真空断路器断口静态电压分布进行测试试验，图 5-8 所示为试验回路原理图。图中，T1 为 TDJA－250/0.5 型感应调压器，电压输入为 220V，输出为 0～650V；T2 为 YDJ250/250 型高压试验变压器，容量为 250kVA，最大工频交流电压可升至 250kV（有效值）；R 为起保护作用的水电阻，约 500kΩ；C_1、C_2 为电容分压器高压臂电容及低压臂电容，分别为 1000pF 和 1μF；V1、V2 为真空灭弧室；V 为示波器；通过电容分压器测试 T2 总输出电压；KV 为静电电压表。

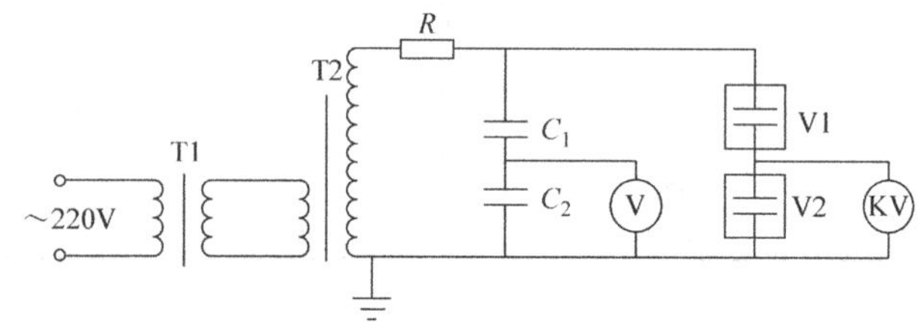

图 5-8　断口静态电压分布测试原理图

静电电压表的优势在于内阻大，极板间电容小，在电压分布测试中可减少对测试回路电容分布的影响，从而减少测量误差。两个真空断口之间的电压测量采用静电电压表，其测量精度与真空灭弧室断口电容的大小密切相关。只有当静电电压表的极板间电容远小于真空灭弧室断口电容时，测量值才相对准确。

测量时，首先将 V1、V2 真空灭弧室动触头拉开至 5mm，逐步升高电压，并通过示波器、静电电压表记录下电压升高过程中总电压值和两个断口之间的电压值（有效值）。然后针对真空灭弧室动触头运动行程 10mm、15mm 的情况下进行断口电压分布测试试验。行程为 5mm 与 10mm 时，其电压分布基本是均匀的。但是，电压分布比例并非固定不变，而是随着总电压升高而呈现增大趋势。当行程为 5mm 时，总电压在 80～105kV 之间的电压均分效果最好；当行程为 10mm 时，总电压在 70～80kV 之间的电压均分效果最好。这说明在高压电场中，随着电压的增高，局部电场集中而发生电晕现象，而电晕的发生相当于增大局部电容极板的面积，从而引起电容值变化，导致了电压的重新再分布。

当行程为 15mm 时，电压测量值并不服从电压均匀分布的规律，这是由于随着灭弧室行程的增大，灭弧室自身电容减小，导致静电电压表自身电容相对增加，而静电电压表与 V2 灭弧室是并联的，所以并联电容与 V1 的电容比值增加，从而引起电压分布发生变化。这也说明在 126kV 双断口高压真空断路器的断口电压分布测试中，利用静电电压表存在测量误差，因此，应考虑被测试电容值要远大于静电电压表极板之间的电容值。而真空灭弧室断口间固有电容值与其行程有关，行程越短，固有电容值越大，在电压分布测试中，应以灭弧室触头小行程测试数据为准，从 5mm 行程的电压分布测试数据判断出，这种 126kV 双断口高压真空断路器的断口电压分布是均匀的。

3. 126kV 双断口高压真空断路器灭弧室电场有限元数值分析

126kV 双断口高压真空断路器的灭弧系统由两个技术参数为 72. 5kV/3150A/31. 5kA 的真空灭弧室串联组成，灭弧室的结构与布置如图 5-9 所示。采用有限元法分别对 72. 5kV 单断口和 126kV 双断口的真空灭弧室进行静电场分析，得到不同行程下触头沿面 β_g 的分布如图 5-10 所示。不同行程下单断口可承受的雷电冲击电压峰值与间隙击穿电压分布如图 5-11 所示，可以看出，在不同行程下断路器单断口可承受的雷电冲击电压峰值均小于间隙击穿电压，且随着行程的加大，单断口间隙可承受的电压上升。

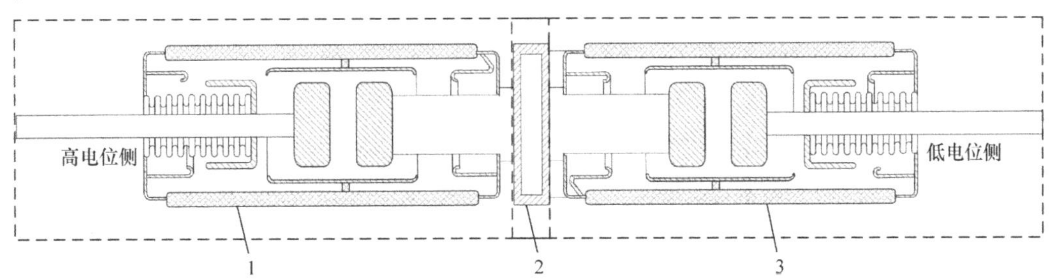

图 5-9　126kV 真空断路器灭弧室结构与布置示意图

1—真空灭弧室　2—灭弧室串联金属连接件　3—低电位侧 72. 5kV 断路器灭弧室

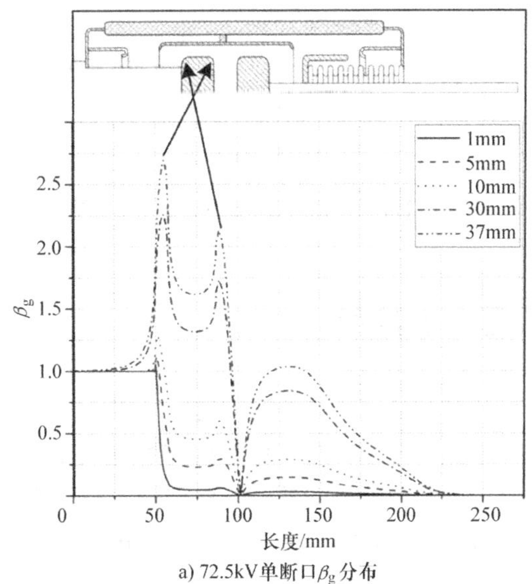

a) 72.5kV单断口β_g分布

图 5-10　不同行程下 β_g 分布

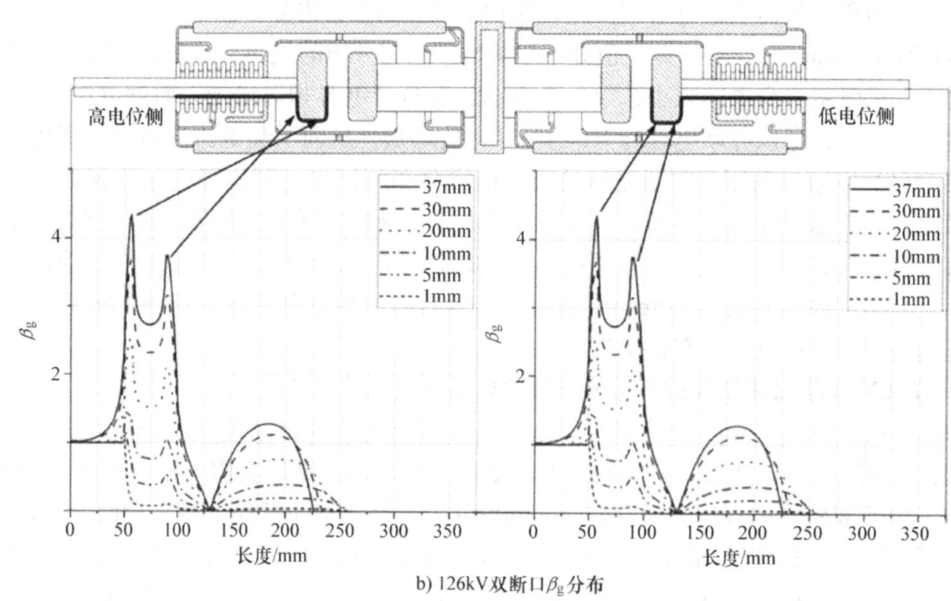

b) 126kV双断口β_g分布

图5-10　不同行程下β_g分布（续）

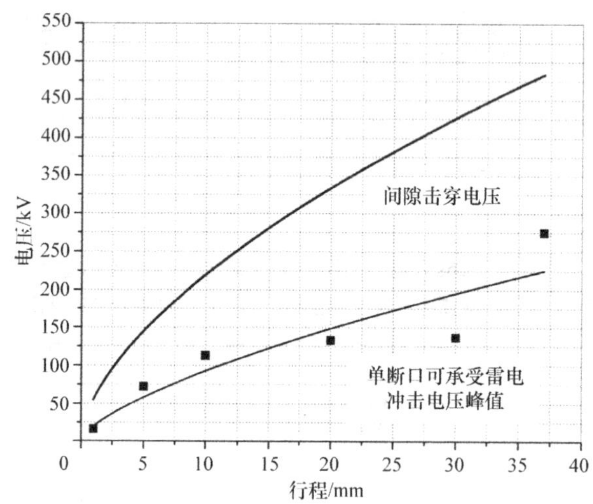

图5-11　单断口可承受雷电冲击电压峰值与间隙击穿电压

5.2　真空灭弧室弧后动态绝缘

真空开关的静电场分析解决的是其静态绝缘问题，涉及工频电磁场与新产品的工频电压耐受，大多可用线性方程描述。当考虑开关工作过程与系统电压的相互作用、开关暂态过程的绝缘特性以及串联断口或不同部位电场的变化，就要引入动态绝缘的概念，大多涉及非线性的理论描述。此外，全寿命周期中绝缘状态的变化以及由操作过程和历史引起的绝缘状态改变也属于动态绝缘劣化的范畴。

5.2.1　暂态恢复电压

暂态恢复电压（Transient Recovery Voltage，TRV）定义为在开断电流后的暂态过程中，断路器两端子间（即断口）的恢复电压。断口的电压恢复可分为两个连续的时间段：起初是出现高频振荡的暂态恢复阶段，在振荡过程衰减结束后即进入仅有工频恢复电压的稳态阶段。若断路器能够承受暂态恢复电压和工频恢复电压，则开断成功。

不同的电网拓扑会导致不同的暂态恢复电压。此外，分布参数和集中参数的电路元器件会产生不同的暂态恢复电压波形。暂态恢复电压波形可以是振荡的、三角形的、指数形式的以及三者的组合。与短路电流开断相关的典型暂态恢复电压可以用单频、双频或多频振荡来表示。在电压反射或行波从远方开路点、故障点或其他不连续点返回前的短时间内，这种表示方法是有效的；当考虑更长的时间范围时（通常在数百微秒），应考虑行波影响。

因为电弧与电路的相互作用，电弧本身会影响暂态恢复电压。不受断路器任何影响的暂态恢复电压被定义为固有暂态恢复电压。利用没有电弧电压和剩余电导的理想断路器可得到开断过程中的固有暂态恢复电压。对于每个试验方式，国际标准中定义的所有暂态恢复电压数值和波形均为固有暂态恢复电压，这是因为断路器的型式试验必须与其设计无关。标准规定的暂态恢复电压是指首开断路器的极间电压，它通常比后开断路器的极间电压高。暂态恢复电压最大值与工频恢复电压峰值之间的比值称为振荡系数。

5.2.2　真空介质强度恢复与 TRV

在真空灭弧装置中，当电流接近正弦零点时，由于阴极斑点将变得极不稳定，电流可能在自然零点前突然降至零（截流现象），尽管此时阴极斑点的发射活动已经停止，但间隙中的带电粒子并未完全扩散干净，还有残余带电粒子和中性原子的存在，且需经过一定的时间方能扩散到足够低的密度，使得间隙电导率降低到足够低。这个间隙由完全导电状态过渡到绝缘状态的过程称为弧隙的介质强度恢复过程，相应的时间称为介质强度恢复时间。在实际线路中，当电流开断后，灭弧室两端通常会立即出现上升速度很快的暂态恢复电压，弧隙是否发生重燃取决于其介质强度恢复过程与暂态恢复电压之间的竞争。

测量表明，真空间隙介质强度恢复过程是相当快的，恢复时间大约在微秒数量级。表5-6为测得银电极在真空介质中的恢复时间[4]。

表5-6　银电极在真空介质中的恢复时间

电弧电流/A	恢复时间/μs	电弧电流/A	恢复时间/μs
40	2	250	4
80	1	510	10
170	4	1080	13

根据真空电弧理论，电弧电流过零后的介质恢复过程可以分为前期、中期和后期三个阶段。当电弧电流过零、电子速度减小至零后，继而反向运动，开始介质恢复过程。介质恢复前期以鞘层发展为主导，鞘层随着时间的发展而增长，直至贯穿整个间隙。弧后介质恢复中期以金属蒸气衰减为主导。鞘层发展完成后，真空间隙仍残存大量的金属蒸气中性粒子，它们需要一定时间进行扩散。在暂态恢复电压的作用下，电极仍会发射一定量的电子，但不一

定会导致间隙击穿。燃弧过程中金属蒸气的产生以及弧后金属蒸气的衰减与间隙磁场相关，对弧后真空介质强度恢复产生极大的影响。电流过零时，真空间隙中仍残存离子、电子及金属蒸气粒子。若残余物消散足够快，触头间隙能够承受足够大的恢复电压，则开断成功；否则，将会发生重击穿。弧后介质恢复在振荡的暂态过程衰减结束后，进入工频恢复电压作用的后期。不考虑 TRV 对鞘层发展影响的恢复特性称为真空开关固有介质恢复特性，反之称为实际恢复特性，图 5-12 为实验得到的二者曲线[5]。显然，TRV 的存在减缓了真空开关弧后介质恢复速度，也从另一方面验证了对开关产品进行实际工况短路开断试验的必要性。

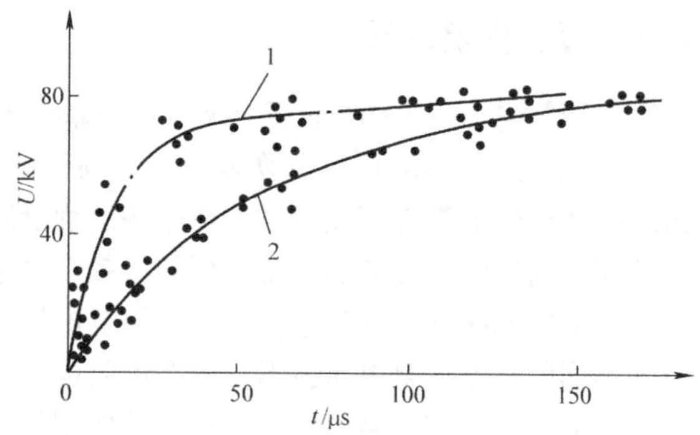

图 5-12　真空开关弧后介质恢复过程实验曲线

1—固有恢复特性　2—实际恢复特性

真空开关全寿命周期中绝缘状态的变化，尤其是大电流开断后产生的绝缘劣化，属于动态绝缘范畴。一般认为大电流开断引起的绝缘劣化主要来自触头表面的烧蚀，包括燃弧产生的金属液滴。从某种意义上来说，电弧的磁场调控以及触头材料方面的金属学研究是为了提高真空间隙的动态绝缘性能。

短路开断后绝缘水平的产品型式试验项目可以检测灭弧室绝缘劣化的程度。如 T100s 或 T100a 的短路开断试验，真空开关的冲击耐压水平一般不得低于额定值的 85%。较高水平的产品设计，还应留有足够的冗余，或在触头材料与磁场调控方面考虑消除或减缓绝缘水平的动态变化。

5.2.3　多断口串联高压真空开关的动态绝缘

以三断口直流真空断路器为例，建立开断仿真计算模型，仿真中开断故障电流为 10kA，各模块采用 15kV 真空断路器，如图 5-13 所示。当三个断口同步开断，各断口平均分配整个线路的暂态恢复电压，如图 5-14 所示。

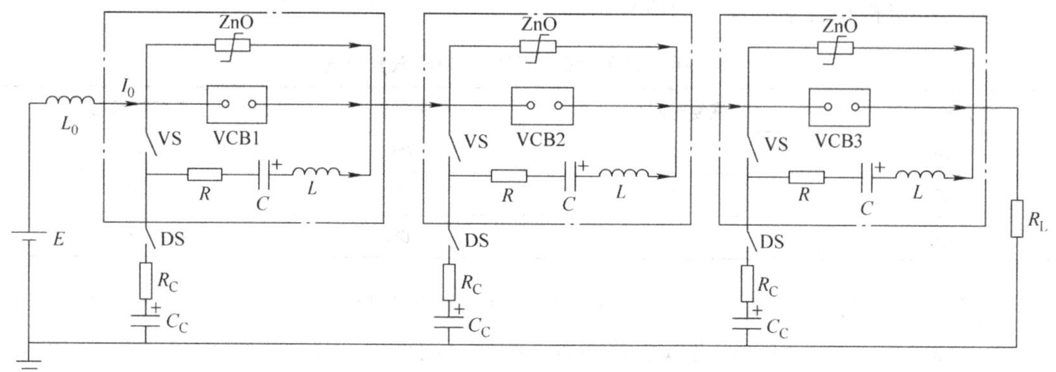

图 5-13　模块化三断口直流真空断路器均压等效电路

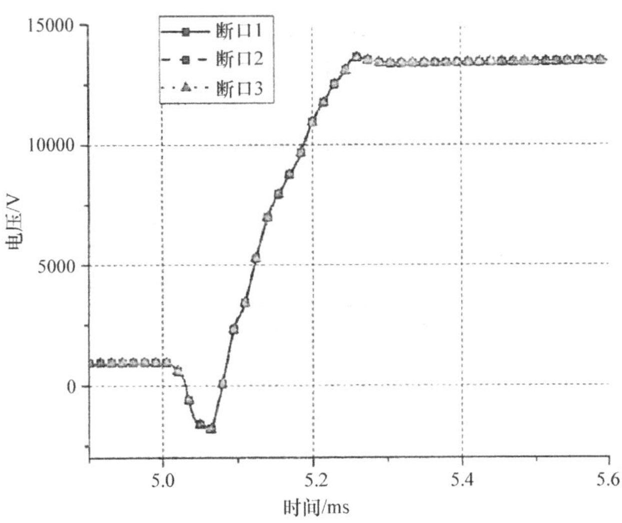

图 5-14　间隙无差异下三断口暂态恢复电压仿真波形

5.3　真空中的固体介质

真空环境下的电极支撑需采用绝缘材料。研究发现桥接于两电极间绝缘介质的沿面击穿电压远低于电极间隙为“真空”状态下的耐压水平，且击穿总是起始于沿面闪络并沿着介质表面发展。同时，人们发现沿面击穿电压的影响因素与真空间隙不同。影响介质击穿的因素首先是绝缘材料的自身特性，包括材料种类、几何形状、表面光洁度以及电极吸附物等；其次是电场因素，外加电压的波形，如脉冲宽度、单次或重复脉冲都会影响击穿过程；最后是绝缘材料的处理工艺，包括老炼和放电历史。研究真空环境下绝缘材料表面放电过程是高压真空绝缘理论的主要分支之一，分析各因素影响，是真空开关电场设计的主要依据。

5.3.1　真空中固体介质表面闪络机理及其影响因素

人们发现真空中固体介质的击穿均起始于沿面闪络，源自金属阴极附近的、与介质和真空“三面交接”（Triple - junction）处产生的场致电子发射。当外加电场超过一定的临界值时，电子沿表面跳跃，起始电子发射将引起二次电子发射和局部场强的增加，并沿绝缘子表面以二次电子发射（Secondary Electron Emission Avalanche，SEEA）和跳跃的方式向阳极方向雪崩式发展，形成瞬时闪络击穿。为研究表面闪络机理，建立物理模型如图 5-15 所示。当绝缘子两端施加高压直流或脉冲时，首先是沿表面充电，在三面交接处的电场畸变，增强了一次电子的动能，逸出的电子撞击到绝缘子表面后使吸附的气体分子解吸，随后被后续逸出的高速电子撞击、电离，并产生二次电子。二次电子的能量比一次电子高得多，电场加速更甚，形成雪崩式闪络击穿，若电极能为闪络提供足够的能量，则可能直接引发大电流电弧放电。图 5-16 所示为雪崩闪络击穿机理描述[4]。纯真空间隙的绝缘强度与电极材料密切相关，电极材料的硬度和表面形貌起决定作用。而对于桥接有绝缘介质的真空间隙，电子发射的起源在三面交接处，实验也表明，此时电极材料的影响不明显，而电极间绝缘材料的种类及其形貌影响较大[4]。

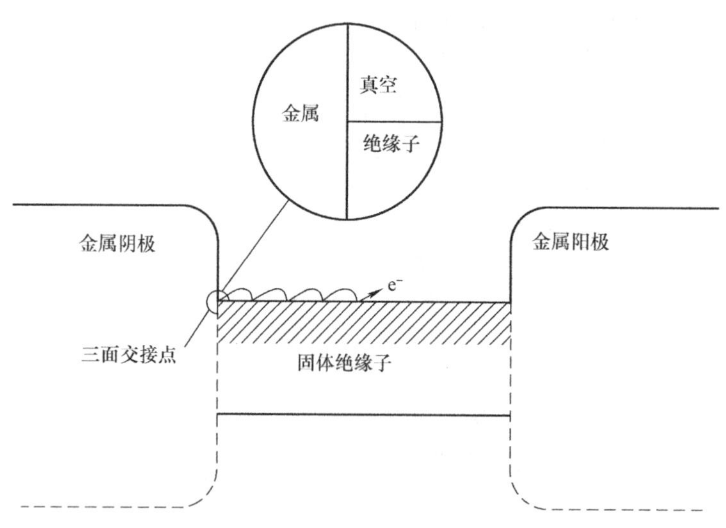

图 5-15　电子沿绝缘子表面倍增与跳跃示意图

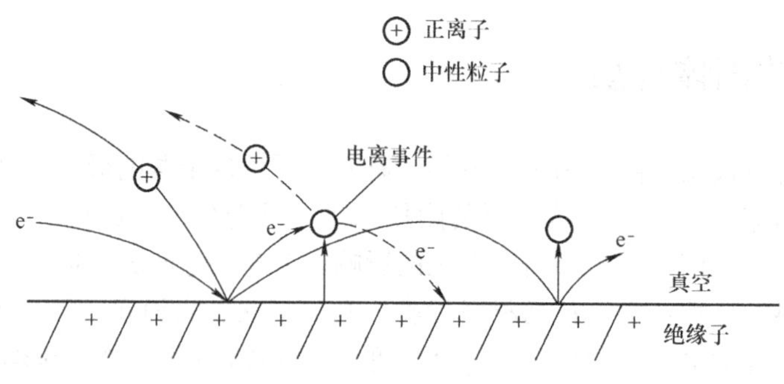

图 5-16　雪崩闪络击穿机理描述

5.3.2　真空开关外绝缘分析

针对 12kV/1250A/31.5kA 真空断路器进行外绝缘仿真分析。依据相关国家标准，12kV 真空断路器的相间距为 100～125mm。取 100mm 作为相间距，对模型进行有限元计算，三相排列方式及外三面交接线 1～6 的具体位置如图 5-17 所示。

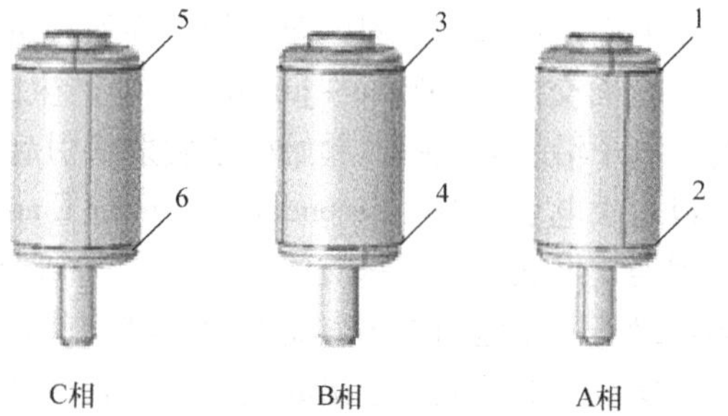

图 5-17　三相排列方式及外三面交接线位置图

对三相灭弧室静触头及其金属连接件施加工频耐受电压（额定值为 42kV），三相动触头及其金属连接件施加地电位，三相悬浮屏蔽罩施加悬浮电位，外三面交接线场强最大值如图 5-18 所示，场强最大值点均出现在外三面交接线 3 上。当 B 相初相角为 90°和 270°时，三面交接处场强数值最大且最大值均出现在 B 相，最大值为 3.96×10^{6}V/m。

在三相施加工频耐受电压下可得到灭弧室外表面场强最大值。当 B 相初相角为 90°和 270°时，三相灭弧室外表面场强最大值最高，为 7.23×10^6V/m，最大值位于 B 相高电位静触头侧外三面交接处附近。当三相分别加载雷电冲击电压（峰值为 85kV）时，灭弧室外表面场强最大值分别为 8.35×10^6V/m、8.56×10^6V/m 和 8.35×10^6V/m。

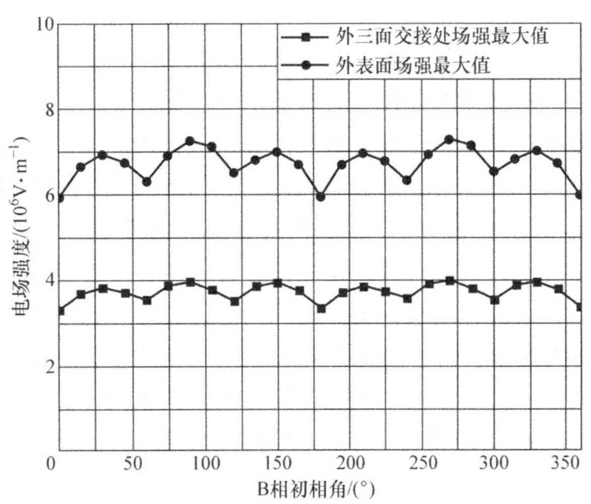

图 5-18　外三面交接线场强最大值

参 考 文 献

[1] SLADE P G. The Vacuum Interrupter Theory, Design, and Application [M]. Taylor & Francis Group, 2008.

[2] RICH J A. FARRALL G A. Vacuum Arc Recovery Phenomena [J]. Proceedings of the IEEE, 1964: 1293 - 1301.

[3] 何俊佳, 邹积岩. 真空灭弧室冲击电压作用下的击穿统计特性 [J]. 华中理工大学学报, 1996, 24: 72 - 74.

[4] 王季梅. 真空开关技术与应用 [M]. 北京：机械工业出版社，2007.

[5] 邹积岩，程礼椿，秦红三. 真空开关介质强度恢复的研究 [J]. 华中理工大学学报，1990 (4): 9 - 14.

第 6 章　真空开关的操动机构及其控制

操动机构是断路器的执行元件，它与电气部分共同承担着断路器的关合与开断工作，其可靠性、预期寿命等都对断路器的工作有着至关重要的影响。因此，操动机构要力求在寿命期间内做到最低的故障率；同时还要配合电气部分运动特性的需求，保证断路器能可靠切除系统故障。据国际大电网会议统计，断路器在预期工作寿命期间内自身故障的根源，70% 以上是由于操动机构的机械故障引起的[1-2]。而对于真空断路器来说，由于其主要工作场合是中、高压及部分低压区间，其工作特点是操作频繁，所以更容易出现机械故障。同时，真空触头采用的对接形式，以及分闸过程电弧的熄灭等，也要求操动机构的出力特性与真空灭弧需求之间有合理的特性配合。所以真空断路器操动机构的设计与选择，对于断路器本体及熄弧成功率等有着重要意义。近年来用于操动真空开关的机构主要有弹簧操动机构和电磁操动机构，后者主要包括传统电磁机构、永磁操动机构、高速斥力机构、长行程磁力操动机构、电动机操动机构等。

6.1　真空开关的运动特性与操动机构参数

6.1.1　真空开关对操动机构运动特性及机械参数的需求

真空开关操动机构的设计包括静态参数与运动特性，后者由灭弧室分、合闸运动的反力需求决定，静态参数则包括运动行程、平均速度和输出终压力。真空间隙的绝缘和电弧特性决定了机构的运动行程，真空开关的断口绝缘参数主要靠触头间隙来维持。灭弧室的真空度一般要求在 10^{-2}Pa 以上，对应的是每立方厘米只有 3.4×10^{12} 个气体分子，长间隙的开距比电子平均自由程小两个数量级（在 10^{-4}Pa 真空中，电子的平均自由程为 282cm），所以间隙中很难发生碰撞电离。相对其他气体介质来说，很小的真空间隙下的绝缘特性就可以满足开关参数要求，所以真空开关的操动机构无须太长的运动距离，这样也有利于降低开关的操作功[3]。

真空绝缘特性在很大程度上取决于电极的表面状况，表面粗糙会造成局部电场增强和微粒主导击穿。真空灭弧室的动密封决定了其触头形式只能是平面对接式，力的传递相比于拔插式触头相对简单，但要求对接触头之间除了超行程外还要有很大的触头终压力，所以真空开关的操动机构不需要太长的行程与超程，但短程操作功并不小。

1. 真空开关的燃弧、绝缘等电参数对分合闸速度特性的要求

真空电弧良好的弧后扩散特性使其在触头分离后，电流的第一个过零点就可能成功开断，即燃弧时间一般不大于半个电流频率周期。一方面，中压真空开关触头开距一般在 10mm 左右，第一个过零点成功开断意味着要求灭弧室动触头的平均分闸速度不小于 1m/s；另一方面，真空电弧优异的弧后扩散特性，使之常常在电流过零前熄弧截断，称之为截流。真空开关特有的截流特性可能会使系统剩余能量形成一定的弧后过电压，虽然采用合适的触头材料会有较大的改善，但太快的开断速度可能会加剧截流现象的发生。

操动机构分闸速度的另一个约束来自真空灭弧室的动密封部件——波纹管，太快的分、合闸速度可能会对其产生机械性破坏。因为波纹管类似于弹簧，在极高速工作条件下，对于弹簧件来说相当于刚性运动，产生的剪应力超过材料强度极限而造成波纹管的疲劳损伤甚至撕裂，进而造成灭弧室漏气、丧失真空绝缘。

真空开关的触头平板对接式结构要求在触头合闸时速度不能太快，否则一方面造成触头极面的磁场结构与支撑件发生机械性损坏；另一方面，动量较大的触头对接后，剩余机械能使触头产生反弹，触头弹跳会形成有害的过电压、高频击穿、触头熔焊等。

触头在合闸位时，由于要保持稳定的通流，防止短时与瞬时过电流产生的电动斥力分离触头，经常采用大压力的超程弹簧，这就要求操动机构要有足够的操作功，能通过超行程合适地压缩该反力弹簧，从而完成合闸。

2. 真空开关的理想运动特性

真空开关的理想运动特性体现的是对触头不同位置时的速度要求，即机构出力特性与灭弧室的反力特性配合。合闸速度按过程分为起始合闸速度与刚合速度。起始合闸速度一般指开始合闸最初3～6mm的平均速度，表征的是机构的反应时间。对于快速开关或直流应用（尤其是电磁机构），由于需要励磁时间，要求其反应时间（励磁时间）尽量短。

刚合速度定义为触头在合闸接触前、固定距离内的平均速度。对于真空断路器来说，如果电网中预伏短路故障时，其短路电流值可能会达到几十千安，此时触头间的电动斥力将十分巨大，可能阻碍开关触头的有效关合。因此，操动机构必须能够提供足够的输出力或力矩来克服触头的电动斥力。操动机构刚合速度提供的冲力不仅要克服超程弹簧的反作用力，还要克服触头的有害电动斥力。如对于12kV等级的真空开关来说，触头接触前3～4mm的平均速度一般在1～1.5m/s之间。对于高电压等级应用，触头闭合前会产生预击穿，比较高的刚合速度有利于减少预击穿电弧的燃弧时间，防止熔焊与短间隙电弧的烧蚀。对刚合速度的约束是在合闸瞬间的巨大撞击力，导致触头剧烈对撞，一方面可能会损坏触头，另一方面会造成有害反弹，从而形成高频拉弧，致使触头表面弧性熔化，最终在闭合位置上造成触头熔焊。

真空开关的分闸过程分两个阶段：刚分与终了。真空开关的刚分速度一般是指触头刚刚分离3～4mm距离内的平均分闸速度。在此过程中，由于操动机构需要先退出超程，所以开距达到3～4mm时的速度已经相对较大了。一方面，较大的刚分速度有利于触头尽可能快地到达熄弧的临界开距，从而有效减小触头的燃弧时间、争取更多的熄弧机会；另一方面，行程前期较快的开断速度，有利于在行程末期的终了阶段尽早地采用缓冲控制来避免有害分闸过冲与反弹等。

3. 真空开关合闸位保持特性

由于机构从合闸状态得到指令开始分闸动作，因此反应时间与合闸位置保持机理及保持力相关，真空开关合闸位保持特性也是机构的动态特性之一。真空开关的操动机构不仅提供快速的分、合闸速度，还要求其在分、合闸位置上保证触头的稳定保持，以防止电动力斥开或者误关合等，该保持力也称为闭锁力。一般来说，有效保持元件可以采用弹簧保持、机械死点保持、磁性回路保持等。前两者保持方式主要依靠脱扣电磁机构的撞击，属于释放型运动，机构在释放瞬间提供一个高速运动趋势，并且随着弹簧释放过程其分闸力逐步降低。磁性回路保持方式在运动时需要电磁反力来克服原有的磁回路闭合力，逐渐提升电磁输出力，因此其电磁保持力的设计要平衡机构运动过程中的出力特性，即同时合理考虑动态运动的有效输出力和终端位置的稳定保持。较大的保持力要求有较大的电磁激励，会造成起始分离时刻的励磁电流过大，进而导致运动后期的速度过高，可能引起运动末端的分闸反弹。在某种意义上来说，这种效应类似于拉皮筋极限崩断过程：拉动一根皮筋，在断裂之前持续的拉长皮筋，一旦皮筋断开，其起始速度会较快，后续的反弹也会很严重。在实际应用中，需要在闭锁力和起始速度间找到一个平衡点进行合理的设计[4]。

弹簧加死点保持的方案一般多用于弹簧操动机构中，而采用磁性保持的方案则多用于电磁机构中，包括近年来出现的永磁机构、高速斥力机构、电机操动机构、磁力操动机构等。磁性保持在分闸时，有时也可配合使用弹簧加速分闸并维持分闸位保持。前者的出力特性要求其在整个行程运动过程中始终保持高位速度运行，以保证合闸过程末端能够突破超程簧的反力而成功合闸。对于电磁机构来说，在机构运动开始时需要克服初始电磁保持力，其出力特性将逐渐提升，并在末端高于超程簧的反力[5]，由另一端的电磁保持力保持（或者在分闸位置上采用弹簧保持，行业中称其为单稳态），如图 6-1 所示。

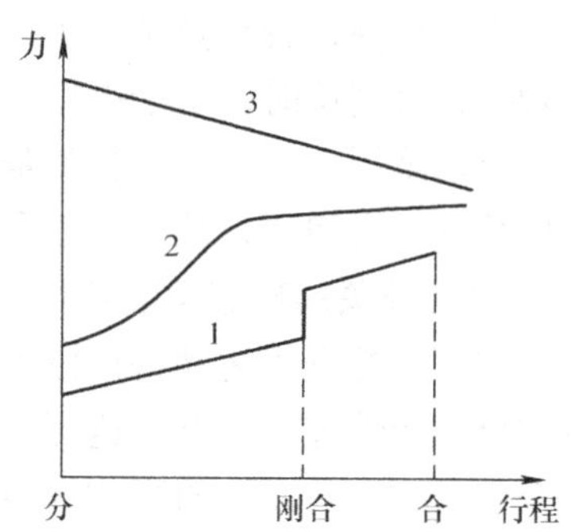

图 6-1　弹簧机构与电磁机构的出力图
1—机构反力　2—电磁机构出力
3—弹簧机构出力

4. 真空开关动作的时间分散性

讨论机构运动特性时的一个重要指标是时间参数的分散性。断路器的动作时间分散性主要来自两方面：一是机械装置本身运动副间隙带来的动作分散性，这需要从机构的设计、加工误差和操控技术方面来解决；另一个是负载条件不同带来的影响。分闸时不同电流相位的触头反力有区别，带电合闸操作下极间预击穿点的不同也会造成电路接通时间的不同。由于分闸过程的关键在电流零区，除了相控开关对动作时间的要求苛刻外，较长的燃弧时间可以忽略大部分分闸时间分散性的影响，因此人们的关注点集中在合闸时间分散性上[6]。

高压真空断路器的触头在关合时，随着动、静触头的接近，触头间的电压发生预击穿而导致电弧提前导通回路。如果断路器的合闸速度尤其是刚合速度太慢的话，会造成过长的预击穿过程，预击穿电弧会在较长一段时间内以小间隙的形式烧蚀触头，造成触头熔焊，影响后续的操作和电寿命。因此适当地增加合闸速度有利于缩短预击穿燃弧时间，对于要求开关合闸动作分散性小的场合是比较有利的。

随着真空开关智能化的发展，人们对机构的时间分散性要求更苛刻了。当真空开关用于智能操控状态下，如关合电容器组时，希望断路器具有选相合闸功能，要求操动机构的动作精准度高，动作时间分散性以百微秒计。所谓选相合闸操作，就是要求断路器导通在固定的相位点（零点或幅值点），选相失效会造成高频合闸涌流或者操作过电压，对电力设备造成损伤。适当提高合闸速度可以一定程度上放宽对合闸相位分散性的苛刻要求。图 6-2 所示为电压零点处预击穿与最佳合闸特性关系图，其中 RDDS 为绝缘下降率[7]。

对于电磁型操动机构，其动作时间分散性主要来自脉冲放电电容的变化、温度、摩擦反力、操控电压等参数的波动，智能系统的自检测与参数补偿功能，可最大限度地解决分散性问题。如用于铁路机车上的真空断路器，其工作环境南北跨度较大，对于 27.5kV 级真空断

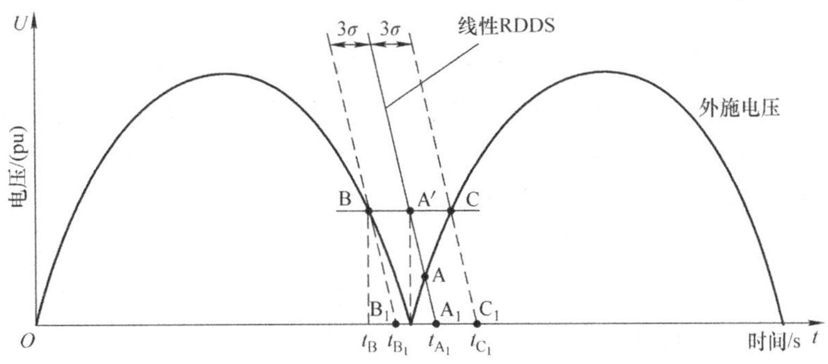

图 6-2 电压零点处预击穿与最佳合闸特性关系图

路器的主变合闸操作，通过合理地选相操作设计，会大大提高电能质量和降低设备损伤。采用不同环境温度下能够位移跟踪的电磁类操动机构，可以在不同的影响因素下稳定实现断路器的选相合闸。

综上所述，用于真空开关操动机构所需的驱动功率不用太高，但应该具有较快的操动速度（速度太高可能会造成截流）、相对较大的输出功和末端保持力、相对较高的刚合、刚分速度、小而稳定的动作分散性以及机构动作的可智能操控性等。此外，与传统操动机构一样，真空开关的操动机构也应该具备自由脱扣、防合闸弹跳、分闸过冲与反弹、状态可靠保持与复位以及联锁等功能。

6.1.2 操动机构的工作参数

目前，真空开关操动机构的功率在小型机械范围内。本节讨论真空开关主流的弹簧操动机构和电磁类操动机构的工作参数。在基本驱动原理方面，弹簧操动机构由电机带动弹簧储能，保持位依靠机械锁扣，当需要动作时，脱扣继电器动作打击脱扣机构，弹簧释放进行分、合闸操作；电磁类操动机构主要依靠电磁铁吸合与释放来完成合、分闸操作，在保持位依靠电磁系统的极间磁力维持，该磁力可以由电磁线圈低电流运行保持或依靠永磁体保持。近年来发展起来的可用于真空开关操动的电磁类机构，根据其设计原理和结构特点不同，主要有永磁操动机构、高速斥力操动机构、磁力操动机构等。真空开关的操动机构的设计围绕工作参数进行，机构类型不同，但工作参数统一。

1. 输出功或输出力

真空开关分、合闸所需要的操作功是操动机构的输出功率指标，机构应输出足够的分、合闸力量，克服弹簧反力等阻尼运动到位。对于弹簧机构来说，输出功由弹簧储能并释放来实现；另外，弹簧操动机构的脱扣装置也需要具有一定的脱扣输出力，以保证弹簧可靠释放，并且在某种程度上降低工作分散性。对于电磁类操动机构，输出功由电磁力提供，该电磁力的种类包括电磁螺管力、电磁斥力、洛仑兹力等。与弹簧操动机构不同的是，电磁类操动机构的输出力是从小到大逐渐增加的，而弹簧释放的出力曲线是逐渐走低的。对于真空断路器来说，一般 12kV 等级的三相操作功需要在 100J 左右，高压 126kV 等级的单相操作功在 1000J 左右。

2. 分、合闸时间

断路器的分闸时间是指操动机构从接到命令开始操作到触头刚刚分离的时间，也称之为开关固有分闸时间，该段时间主要包括机构的使能时间和触头的退超程时间。为获得尽可能高的刚分速度，分闸时间应设计得尽可能短。对于电磁类操动机构，该过程中需要克服电磁合闸保持力（它属于工作反力），要满足较大的保持力和较高的刚分速度这一对矛盾需求，设计中需考虑一个平衡点。而对于退超程的过程，超程簧力是有利于分闸提速的，所以设计该参数需要综合考虑多方面的因素。分闸时间加上燃弧时间就是开关的全开断时间。断路器的合闸时间是指操动机构得到命令开始工作到触头刚接触的时间，该时间由克服分闸位保持力、机构的整体输出功、行程等因素决定。

分、合闸时间里还包含一个概念，即机构的使能时间（对于电磁类机构称为励磁时间），它是指机构开始带电到克服最大反力开始动作的时间段。

3. 分、合闸速度

真空开关的分、合闸速度包括平均分、合闸速度和瞬时分、合闸速度。瞬时速度除了表现在速度测试仪的曲线上，一般还对应小段行程的平均速度，如刚分速度和刚合速度也可作为瞬时速度参数。在触头动作的起始阶段，希望分闸速度比较高，一方面，较高速度有利于防止触头烧蚀；另一方面，希望在电流过零点时触头已达到安全开距，不至于在小开距下频繁地熄灭和重击穿，从而造成分闸高频过电压。而分闸末端时速度低些，有利于防止反弹。

4. 行程

行程是指操动机构经传动机构带动导电杆的运动距离。此外，机构行程一般还要在触头开距外加上保证稳定电接触的超行程距离。真空开关对于机构行程的需求直接对应其额定电压等级。由于真空开关大多运行于中压配电系统中，其机构输出行程一般不高，对于12kV的配电系统来说，触头行程大多选为8～12mm，40.5kV系统触头行程为16～25mm。近年来，126kV单断口真空断路器的研制成功，使灭弧室动触头行程达到45～60mm以上。中低压触头的超行程距离一般为2～4mm。

5. 工作电压与操作电压

真空开关操动机构的工作电压一般为储能系统的电源电压，操作电压可以理解为执行动作指令的电压（如脱扣电压），可区别于工作电压独立存在，也可与工作电压相同。对于弹簧操动机构，工作电压主要是指储能电机的工作电压，一般可选交流或直流电源，电压多用110V、220V或380V等。而电磁类操动机构的工作电压要包括两个方面：给电磁机构线圈励磁的电源电压以及给脉冲电容器充电的电源模块工作电压。随着操动机构的种类、开关电压等级的不同，所需要的电源或电容器充电电压从几百伏直至几千伏不等。工作电压往往也决定了其工作时的机构运动速度。给脉冲电容器充电的电源模块工作电压，一般选择与弹簧机构相同。

此外，机械参数往往连带着允许误差，对应运动特性的分散性。如前面所述，真空开关操动机构的动作时间随着外围影响因素等会发生变化。近年来，随着设计、制造工艺等的提升，其整体动作时间的分散性一般可以控制到毫秒级，在智能操控条件下，分散性可以控制在0.5ms以内。

6.1.3　运动特性与开断能力

真空开关的开断能力与其类型和基本功能相关，真空断路器、真空负荷开关、真空隔离开关的开断能力是不同的。就真空断路器而言，其额定开断能力一般是指按其正常的设计参数下所能开断的额定负荷或短路电流。随着现代电器发展以及开关智能化的操作需求，挖掘真空开关的特殊开断能力有着重要的意义。与正常开断工频交流不同，真空开关还用于许多特殊的应用场合，以展现其更高的开断能力，如开断高频电流、特殊拓扑结构的直流电路以及智能相控操作等。典型的强迫过零式直流开断中，由于采用人工强迫过零来开断故障电流，其过零电流的频率一般在上千赫兹，因此要求真空断口开断故障电流要满足几方面条件：相对高的开断速度、合适的反向电流投入时刻（因为它需要配合主断口打开的间隙）和机构运动可控。而机构的可控内涵又包括机构的可调速运动、跟踪预设的理想速度位移曲线分、合闸操作等。所以对于机构的运动特性来说，尽量设计出相对较高的开断速度对开断是有利的。为了实现智能操控、消除运动分散性等，要求所设计的机构具有灵活的控制特性已经成为了发展趋势。对于弹簧机构来说，由于采用弹簧释放型的原理，所以无法进行变速控制，能实现智能调控已成为电磁式机构的优势。

从某种意义上来说，操动机构提供的运动特性决定了真空开关的开断能力。对于交流高压真空断路器来说，理想速度位移曲线要综合电弧的发展过程以及真空灭弧室的反力特性[8-9]。图6-3所示为典型真空开关静态位移反力特性。其中，F_f为运动反力，横坐标为动触头行程。

分闸过程理想位移速度曲线应该考虑以下因素（见图6-4）：尽可能高的刚分速度，达到安全开距后尽快减速。这种开断特性一方面会尽可能快的使间隙达到安全的绝缘距离，以减小弧后频繁击穿的可能性；同时，有利于尽快将燃弧的能量扩散开来，有利于快速减小电弧能量，从而对电弧开断有利。快速减速还有利于减少行程终了时的过冲和回弹。

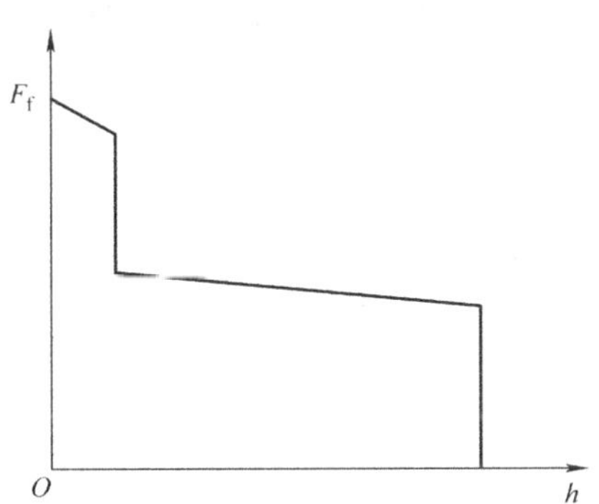

图6-3 典型真空开关静态位移反力特性

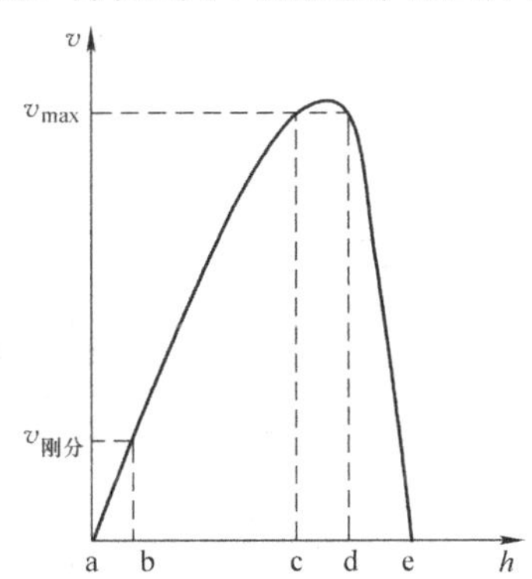

图6-4 真空开关理想分闸速度曲线

a—合闸位置 b—刚分位置 c—最大速度点 d—缓冲器作用起点 e—分闸位置

合闸过程理想位移速度曲线对起始阶段只有反应时间的要求，触头接近预击穿距离后希望有足够的速度，以保证小的预击穿燃弧时间。但刚合阶段又需要“急刹车”，尽可能降低合闸冲击，减小弹跳，或利用缓冲器配合吸收动能，如图6-5所示，其中a、c、d、e的定义与图6-4相同，b对应刚合时刻。

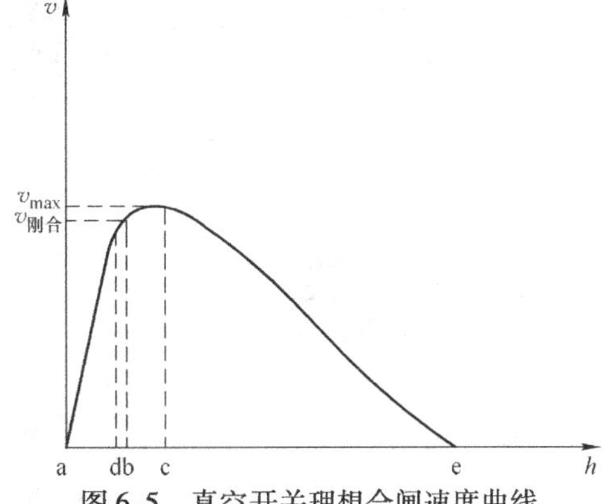

图6-5 真空开关理想合闸速度曲线

6.2　弹簧操动机构

弹簧机构是近年来中、高压领域中应用最为广泛的操动机构之一，无论是中低压的真空开关驱动，还是中高压的气体断路器的操动，弹簧机构都扮演着不可或缺的角色。弹簧机构的优点是机构小巧、操作灵活、没有漏油的问题、可靠性较高，其动作时间受温度和电压的变化影响较小。由于采用小功率的电动机为弹簧储能，所以对驱动电源的要求不高，还可以进行重合闸操作。弹簧机构的主要缺点是输出力特性与开关的负载特性配合较差，并且在储能和合闸过程中容易产生冲击和振动。此外，机构传动环节比较复杂，运动部件较多，故障率相对偏高。

6.2.1　弹簧机构的构成

弹簧操动机构由储能弹簧、传动机构、机构控制系统三部分组成。储能弹簧以位能的形式存储能量。传动机构起到由弹簧向动触头传递运动和力的作用。弹簧机构的电气控制部分比较简单，一方面要保证电动机的正常工作，为工作弹簧储能；另一方面为分、合闸电磁铁提供励磁电源，也可以用独立的控制单元控制机构的分、合闸动作。弹簧操动机构的设计主要包括凸轮、连杆、脱扣机构、缓冲器以及储能机构。本书以山东泰开集团有限公司某产品上使用的 CT19W 弹簧操动机构为例介绍其工作原理。CT19W 弹簧操动机构总装图如图 6-6 所示。

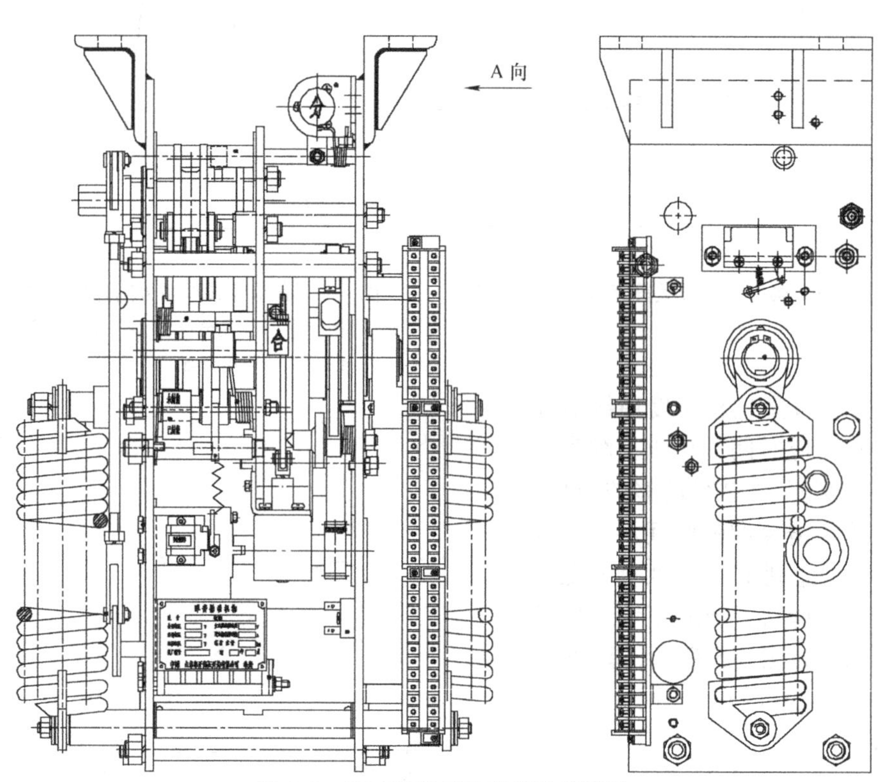

图 6-6　CT19W 弹簧操动机构总装图

6.2.2　弹簧机构的工作原理

CT19W 弹簧操动机构从动作原理上可分成包括储能—合闸—分闸三个过程对应的三个部件/单元。

储能单元主要包括电机、小齿轮、储能轴、齿轮装配、转轴、滚子、拐臂、挂簧轴、合闸掣子、合闸簧等零部件。图 6-7 所示为主要零部件的实物照片。机构储能过程为：电机接通电源后，经齿轮传动带动储能轴逆时针转动，同时凸轮、滚子、拐臂跟随转动，拐臂带动合闸簧拉伸，机构开始储能，到储能完成时，电机自动断电，准备下一次储能。

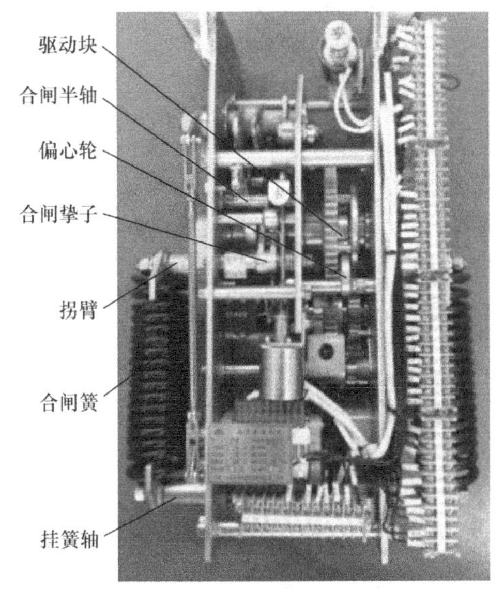

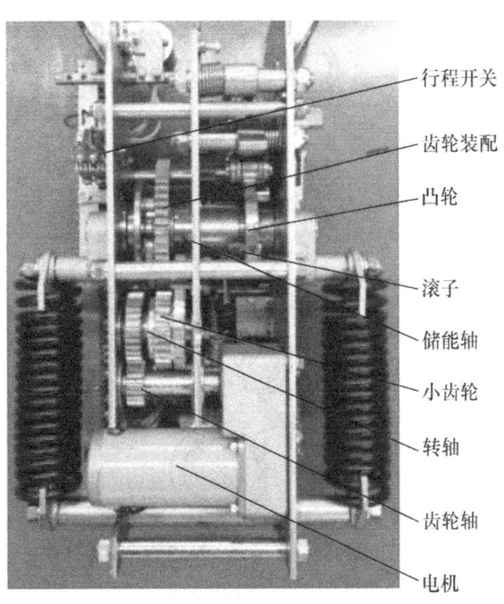

图 6-7　弹簧操动机构实物正面（左）和背面（右）

动作单元主要包括凸轮、四连杆机构、输出轴等零部件。如图 6-8 所示。

合闸动作原理：机构由图 6-8a 的分闸未储能状态，经过储能后达到图 6-8b 的分闸已储能状态，凸轮上的储能保持滚了扣接在合闸挚了一侧的拐臂上，同时合闸挚了另一侧拐臂扣接在合闸半轴上。此时，若合闸电磁铁内部线圈通电，带动合闸拉杆向下运动，合闸拉杆带动合闸脱扣板及合闸半轴逆时针（见图 6-8b 中箭头方向）转动，合闸掣子脱扣，同时凸轮在合闸簧的作用下，撞击滚子，带动四连杆构件运动，合闸保持滚子扣接在分闸掣子一侧的拐臂上，另一侧的拐臂扣接在分闸半轴上，机构达到图 6-8c 的合闸未储能状态。合闸弹簧释放能量的同时，分闸簧储存能量，且行程开关转换，二次储能回路导通，电机起动，完成二次储能，机构达到图 6-8d 的合闸已储能状态。

分闸动作原理：机构处于图 6-8d 的合闸已储能状态时，合闸保持滚子扣接在分闸掣子一侧的拐臂上，另一侧的拐臂扣接在分闸半轴上。此时，若分闸电磁铁内部线圈通电，带动动铁心水平向右运动，动铁心推动分闸脱扣板，带动分闸半轴顺时针（图 6-8d 中箭头方向）转动，分闸掣子脱扣，同时四连杆构件在分闸簧的作用下，自由脱扣，完成分闸动作，机构达到图 6-8b 的分闸已储能状态。

图 6-8c、d 两图中上面部分的四连杆机构为进入死区状态，它是处于合闸状态下的。此

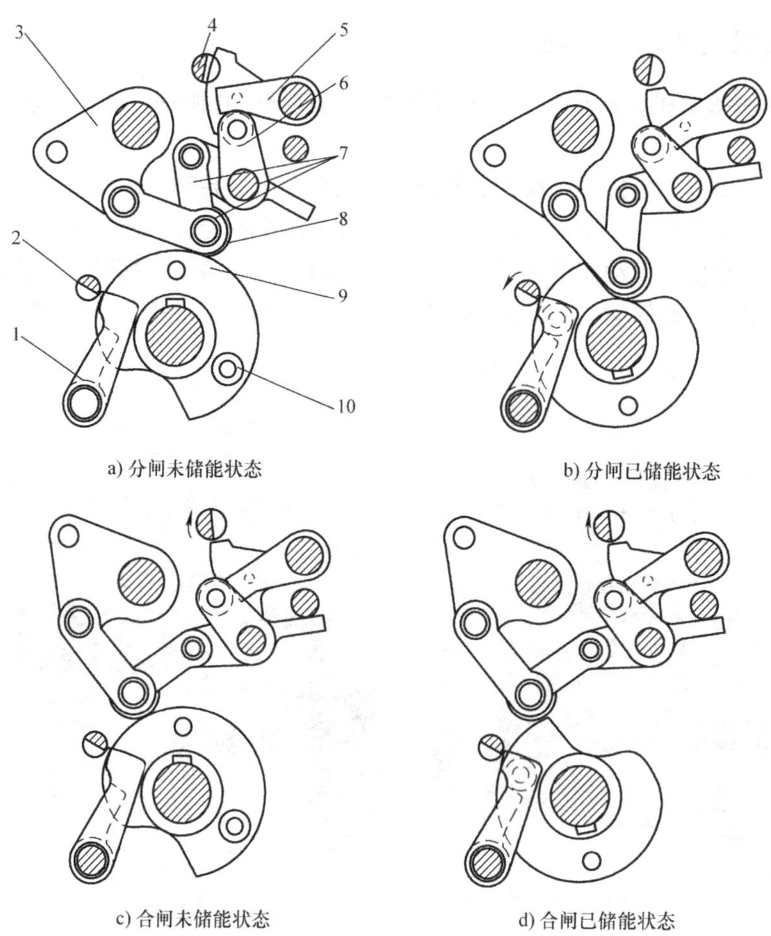

图 6-8　机构动作单元原理图

1—合闸掣子　2—合闸半轴　3—输出轴　4—分闸半轴　5—分闸掣子
6—合闸保持滚子　7—四连杆　8—滚子　9—凸轮　10—储能保持滚子

时，如果四连杆机构的锁扣对（4 和 5）脱离闭锁状态，则四连杆机构在弹簧的作用下迅速释放实现自由脱扣。本例中锁扣和脱扣装置属于半轴式锁扣机构。其中 4 是一个半轴，5 是被扣件，当半轴 4 沿顺时针转动解除支点后，被扣件 5 得到释放并顺时针转动，从而脱扣释放。常用的脱扣机构有以下几种：平面扣结式、半轴式锁扣、滚子锁闩式、平面锁闩式和圆柱面扣结式[8]。

6.3　永磁机构与磁力机构

一般弹簧机构的零件数可达上百个，其可靠性指标难以达到很高的水平。国际大电网会议（CIGRE）调查表明，断路器的大多数故障属于机械性质，主要涉及操动机构及其监视装置和辅助装置。随着电压等级的增高，断路器操动机构元件的增多，这种故障的发生率将更高。电力系统对开关操动机构的要求除了完成必要的功能外，还要求很高的可靠性，即检修周期长、运行可靠、制造费用低，这就要不断地简化操动机构的构件，而且要达到高的质量标准。同时，操动机构的智能化需求来源于系统，希望智能化能一并解决这些问题，使开关电器向智能化方向发展。因此操动机构的电气灵活可控性是其基本条件。典型的机构是永磁机构、磁力机构、电机机构，电机机构多用于高压气体断路器中，读者可查询相关文献。下面分别介绍永磁和磁力机构。

6.3.1　永磁操动机构的结构原理

永磁机构的核心特色是应用永磁材料的剩磁完成传统机构的锁扣功能。稀土永磁材料具有高剩磁、高矫顽力、高磁能积的特色，并具有很高的磁稳定性。图 6-9 所示为永磁操动机构的基本结构示意图。图中机构处于合闸位置，此时的线圈 4 和 5 中都没有电流通过，永久磁铁在动、静铁心提供的低磁阻路径中产生较强的磁场，动铁心在此磁场下保持着较大的磁场吸力，我们称之为保持力或锁扣力，所以也就不需要像传统的机构结构中需要机械联锁。当接到动作信号时，机构中的合闸线圈中通有脉冲电流，在动、静铁心中形成由线圈产生的磁场与永磁体产生的叠加磁场，这样动铁心便克服先前束缚它的磁场力作用而快速向下运动，从而完成分闸任务；合闸时情况基本一致。

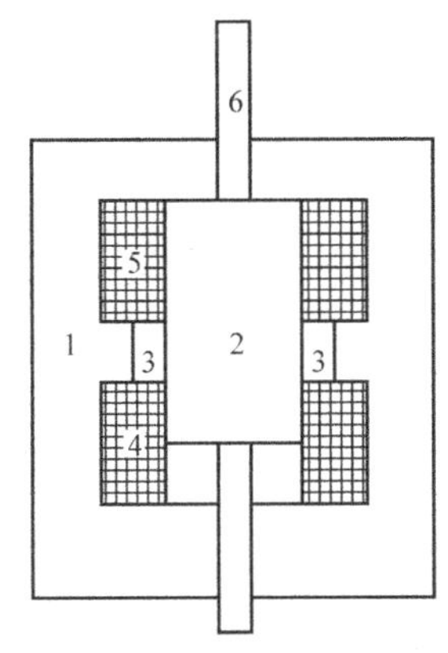

图 6-9　永磁操动机构的结构示意图
1—静铁心　2—动铁心　3—永磁体
4—分闸线圈　5—合闸线圈　6—驱动杆

永磁操动机构合、分闸操作主要依靠电容器放电做功；而传统机构中的锁扣与脱扣功能则是依靠系统形成的闭合磁路，由永磁体提供保持合闸或分闸位置的锁扣力（或称为保持力），由分闸线圈励磁抵消锁扣力来实现脱扣。对于双稳态、双线圈结构的永磁机构，任一种稳态下的磁路都是闭合的。合闸或分闸线圈的励磁改变磁路中的合成磁通方向，并驱动铁心运动形成另一个闭合的磁路，其稳态仍依靠永磁铁提供的锁扣力。

6.3.2　磁力操动机构的结构原理

磁力机构与永磁机构类似，也是依靠永磁体保持分、合闸位置。但不同于永磁机构的是，磁力机构的驱动还需要永磁体提供恒定磁场，而且其线圈是运动部分。所以其操作行程可以很长，没有永磁机构中加长行程因气隙磁阻增加而受限的情况。

磁力操动机构是运用安培力的原理实现动作的[10]，其原理如图 6-10 所示。图中下部的金属框架内侧镶嵌有永磁体板，按图中的排列方式安置。线圈装在骨架内，围绕在两个磁场中。当线圈中通有脉冲电流时，线圈将在磁场的作用下受到上、下方向的安培力，由于永磁体板理论上可以做到很长的尺寸，线圈就可以在相应的行程内一直受力，因此该种机构很适合长行程的灭弧室操动。在分、合闸位置上，可以通过设计上、下两端的永磁体板的极性排列、长度等来实现铁心的位置保持。永磁体板按功能不同可分为主工作永磁体和辅助保持永磁体。无论是气体灭弧室还是真空灭弧室，磁力机构均可以操控，现在国内外已经有产品在 220kV 等级中得到了应用。相比于永磁机构的保持力曲线（也就是反力曲线），磁力机构的保持力曲线略有振荡，如图 6-11 所示。

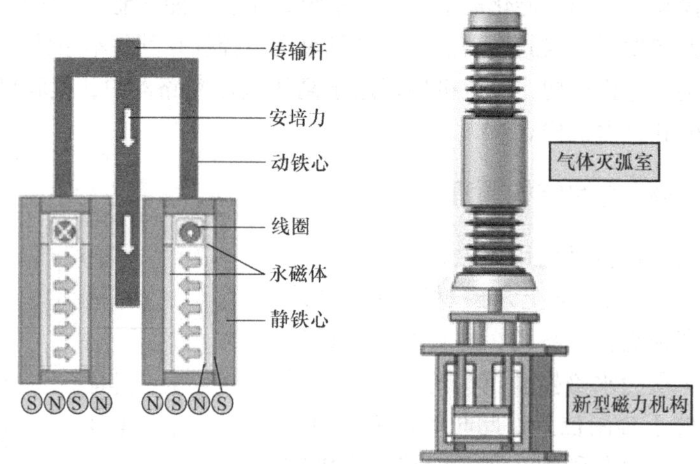

图 6-10　磁力机构结构原理图

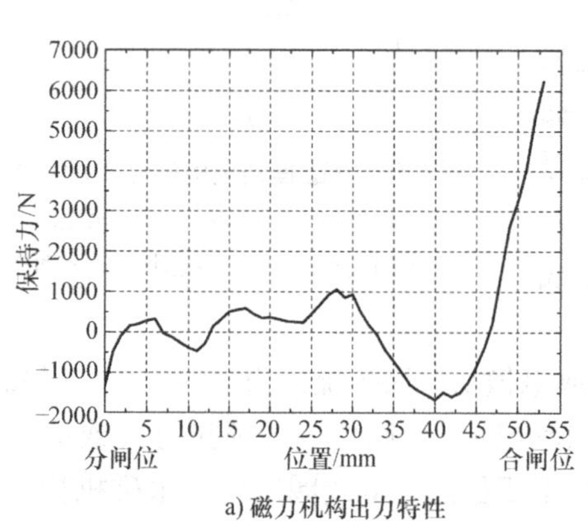

a) 磁力机构出力特性

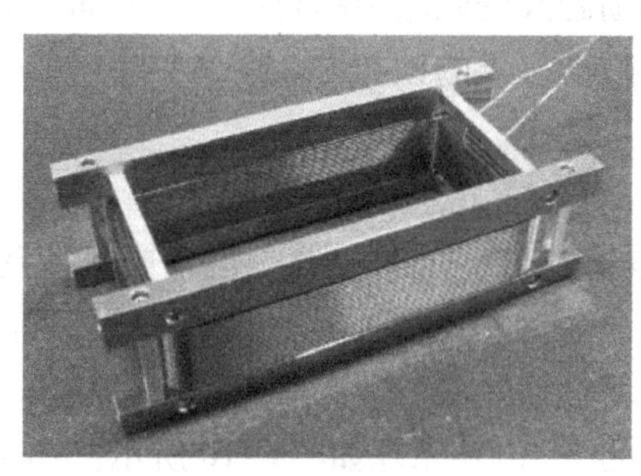

b) 线圈与骨架

c) 126kV磁力机构真空断路器及其单断口灭弧室

图 6-11　磁力机构的出力曲线、骨架及应用样机

6.3.3　永磁与磁力机构的电磁场分析

永磁操动机构和磁力操动机构在电磁场分析上是相似的，所以本节将以永磁机构为例进行电磁场有限元仿真分析。

永磁机构是由永磁体和励磁线圈多磁源构成的磁路，整个磁路工作在线性或非饱和区。所以在磁系统分析中可从两方面磁源入手，逐个分析其对磁场的贡献情况。永磁机构的电磁场分析分为静态特性和动态特性，静态特性主要是指线圈还没有带电励磁时，动铁心所受到的力特性，它是由机构的负载特性以及永磁体的静态保持特性组成的；而动态特性是指线圈带电励磁后，产生的电磁吸力，并与永磁体的静态特性相叠加作用于动铁心上的，其动态过程中伴随着电气、机械等动态参量的变化，主要有电压、电流、位移、电磁吸力、磁链、运动速度等。下面对其运动过程的动态仿真进行相关描述。

1. 动态仿真模型的建立

永磁机构属于一个典型的螺管式电磁机构，对动铁心的运动过程需分两个阶段来分析：触动阶段和运动阶段。

（1）触动过程状态方程

在永磁机构的触动时间（即从励磁线圈通电到动铁心开始运动的一段时间）内，动铁心尚没有运动，永磁机构的力学参数不发生变化，此时仅对永磁机构的励磁线圈列出电压平衡方程式就可以描述永磁机构的触动过程状态方程

$$\begin{cases}\dfrac{\mathrm{d}\psi(t)}{\mathrm{d}t}=u-Ri(t)\\ i(0)=0\end{cases}\tag{6-1}$$

式中，u 为线圈端电压；R 为线圈电阻；$i(t)$ 为 t 时刻线圈电流；$\psi(t)$ 为 t 时刻磁系统磁链。

（2）运动过程状态方程

在动铁心运动过程中，除了电磁参数发生变化外，其力学参数也发生变化。因此在分析它的动态过程时，在电路方面遵循基尔霍夫方程，在运动方面遵循达朗贝尔方程，在磁场方面遵循麦克斯韦方程，它们相互联系，共同描述了运动过程的微分方程组[11]：

$$\begin{cases}\dfrac{\mathrm{d}\psi(t)}{\mathrm{d}t}=U_\mathrm{c}(t)-Ri(t)\\ \dfrac{\mathrm{d}v(t)}{\mathrm{d}t}=\dfrac{F(t)-F_\mathrm{f}(t)}{m}\\ \dfrac{\mathrm{d}x(t)}{\mathrm{d}t}=v(t)\\ \dfrac{\mathrm{d}U_\mathrm{c}(t)}{\mathrm{d}t}=-\dfrac{i(t)}{C}\\ \psi(t_0)=\psi_0,\ v(t_0)=0,\ x(t_0)=0,\ U_\mathrm{c}(0)=U\end{cases}\tag{6-2}$$

式中，$\psi(t)$为 t 时刻磁系统磁链；$v(t)$为 t 时刻铁心运动速度；$x(t)$为 t 时刻铁心运动位移；$F(t)$、$F_\mathrm{f}(t)$为 t 时刻铁心所受的电磁吸力和所受的系统反力；$U_\mathrm{c}(t)$为 t 时刻放电电容器的电压值；R 为线圈电阻；m 为动铁心的质量。

2. 永磁机构运动过程状态方程组的通用格式

由于触动过程和运动过程的差别仅在于前者的力学参数不发生变化，所以可将触动过程看作是运动过程的特殊情况，它们可以用如下的状态方程组的通用格式来描述：

$$\begin{cases}\dfrac{\mathrm{d}\psi(t)}{\mathrm{d}t}=U_\mathrm{c}(t)-Ri(t)\\ \dfrac{\mathrm{d}v(t)}{\mathrm{d}t}=\xi\dfrac{F(t)-F_\mathrm{f}(t)}{m}\\ \dfrac{\mathrm{d}x(t)}{\mathrm{d}t}=\xi v(t)\\ \dfrac{\mathrm{d}U_\mathrm{c}(t)}{\mathrm{d}t}=-\dfrac{i(t)}{C}\end{cases}\tag{6-3}$$

式中，$\xi=0$ 为触动过程；$\xi=1$ 为运动过程。

初始条件：触动过程（$\xi=0$），即 $t_0=0$ 时，$\psi(t_0)=0$，$v(t_0)=0$，$x(t_0)=0$，$U_c(0)=U$；运动过程（$\xi=1$），即 $t_0=t_c$ 时，$\psi(t_0)=\psi(t_c)$，$v(t_0)=0$，$x(t_0)=0$，$U_c(0)=U(t_c)$。

上面的触动时间 t_c 以及 $\psi(t_c)$ 和 $U(t_c)$ 可以由下面的方法求出。

由于在动作瞬间，电磁吸力应等于反力，因此可由吸力公式[11]（此处使用螺管力吸力公式）得出 I_c，即

$$\begin{cases} I_c = f(F(t)) \\ F_x = \dfrac{1}{2}(I_c N)^2 \dfrac{d\Lambda}{d\delta}(1+k_l) \end{cases} \tag{6-4}$$

式中，k_l 为螺管力系数，是螺管力与表面吸力的比值。

对于短行程电磁铁（如铁心半径大于气隙的 1.5 ~2 倍时），可取 $k_l=0$；否则，对长行程电磁铁应取 $k_l=0.3\sim0.6$。

此时，可由触动阶段的状态方程分别求出 t_c、$U(t_c)$ 和 $\psi(t_c)$。

由上述分析过程可知，求解的关键就是如何来解状态方程组（6-3），这可以通过四阶龙格－库塔法来求解。

3. 状态方程组的求解

下面是应用龙格－库塔法求解方程组。

$$\begin{cases} \psi_{n+1} = \psi_n + \Delta t(K_1+2K_2+2K_3+K_4)/6 \\ v_{n+1} = v_n + \Delta t(L_1+2L_2+2L_3+L_4)/6 \\ x_{n+1} = x_n + \Delta t(S_1+2S_2+2S_3+S_4)/6 \\ U_{c(n+1)} = U_{c(n)} + \Delta t(M_1+2M_2+2M_3+M_4)/6 \end{cases} \tag{6-5}$$

式中，$K_j = g_1(x_n+e\Delta tS_{j-1}, v_n+e\Delta tL_{j-1}, \psi_n+e\Delta tK_{j-1}, U_{c(n)}+e\Delta tM_{j-1})$；$L_j = g_2(x_n+e\Delta tS_{j-1}, v_n+e\Delta tL_{j-1}, \psi_n+e\Delta tK_{j-1}, U_{c(n)}+e\Delta tM_{j-1})$；$S_j = g_3(x_n+e\Delta tS_{j-1}, v_n+e\Delta tL_{j-1}, \psi_n+e\Delta tK_{j-1}, U_{c(n)}+e\Delta tM_{j-1})$；$M_j = g_4(x_n+e\Delta tS_{j-1}, v_n+e\Delta tL_{j-1}, \psi_n+e\Delta tK_{j-1}, U_{c(n)}+e\Delta tM_{j-1})$；$\Delta t$ 为时间步长；

$$\begin{cases} 0, & j=1; \\ e=0.5, & j=2,3; \\ 1, & j=4; \end{cases}$$

$$K_0 = L_0 = S_0 = M_0 = 0;$$

$$\begin{cases} g_1(x(t),v(t),\psi(t),U_c(t)) = U_c(t) - Ri(t) \\ g_2(x(t),v(t),\psi(t),U_c(t)) = \xi\dfrac{F(t)-F_f(t)}{m} \\ g_3(x(t),v(t),\psi(t),U_c(t)) = \xi v(t) \\ g_4(x(t),v(t),\psi(t),U_c(t)) = -\dfrac{i(t)}{C} \end{cases} \tag{6-6}$$

求解的关键是函数斜率预测校正值 K_j、L_j、S_j 和 M_j 的计算。也就是求解 $i(t)$ 和吸力 $F(t)$（亦即工作气隙磁通 Φ_δ）以及反力 $F_f(t)$（亦即永磁保持力、负载反力等）的值，$F(t)$ 可在磁动势平衡方程式和磁链平衡方程式中求解，$F_f(t)$ 是包括永磁体的磁路计算问题，可以参考相关文献。

4. 永磁操动机构的负载特性

永磁操动机构不同于传统的机械操动机构，没有所谓的机械死点，也就不能像自由脱扣那样瞬间地轻松分闸。因为永磁机构要靠永磁体产生的保持力来维持合闸，所以在分闸时需要一定的力量来克服这一保持力，合闸过程也是一样的。无论是分闸还是合闸，刚合与刚分是对断路器要求较高的时刻。由实践经验可知，真空灭弧室的自闭力相对永磁体的静保持力基本可以忽略，所以对其设计主要关注永磁保持力和分、合闸线圈吸力之间的关系以及线圈输出的磁力能否满足速度要求。在实际运行中，一般要求有较大的分闸速度，所以在设计时可以适当地增大分闸线圈的安匝数来增加分闸力，或在一定的限度内增大合闸位置的工作气隙来降低合闸的保持力。

除此之外，永磁操动机构还要克服一定的负载反力，尤其是在合闸位置上的终压力，对合闸来说也是一个在设计中值得注意的地方。永磁操动机构的负载特性主要是真空灭弧室的反力特性，图 6-12 所示是真空灭弧室的负载特性。

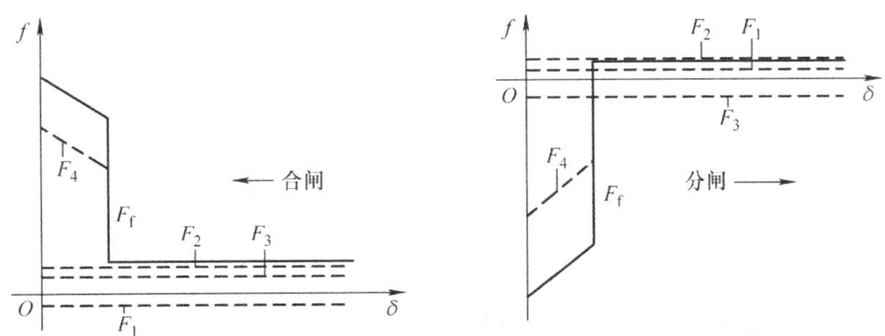

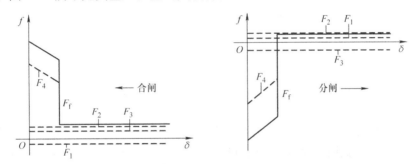

图 6-12 真空灭弧室的负载特性

图 6-12 中合闸和分闸时的负载反力不同，可以明显看出随着合闸终了时，负载反力最大。图中各量含义分别如下：F_1 为灭弧室自闭力，它在合闸时与吸力方向相同，而在分闸时是反力；F_2 为摩擦力，它在合、分闸时均为反力；F_3 为零件重力，它在分闸时与吸力方向相同，而在合闸时是反力；F_4 为触头弹簧力，它有利于分闸。因此，分闸终了位置比合闸终了位置上的负载反力小得多，所需的保持力也较小。这可通过适当增加分闸位置的气隙长度来配合。气隙长度加大后，磁阻增加，磁通随之减少，永磁保持力下降，在一定范围内有利于降低合闸线圈的励磁能量，有利于快速合闸。

图 6-13 所示是双稳态永磁机构动铁心的永磁保持力特性图[12]。动铁心在合、分闸稳态位置时，永磁体产生的保持力较大；而在中间位置时，永磁体的保持力几乎为零，这种保持力特性有利于操动机构的出力及加速。

磁驱动系统的励磁可使动铁心脱离稳态后继续运动。控制励磁脉冲的宽度可以调节机构的运动特性，对于用电容器脉冲放电来说比较容易实现。同时，用电容器替代传统电磁机构的大功率直流励磁电源，成本方面也有较大的优势。

6.3.4 永磁机构的有限元分析与设计

Ansys Maxwell 作为世界著名的商用低频电磁场有限元软件之一，在各个工程电磁领域得到了广泛的应用。它基于麦克斯韦微分方程，采用有限元离散形式将工程中的电磁场计算

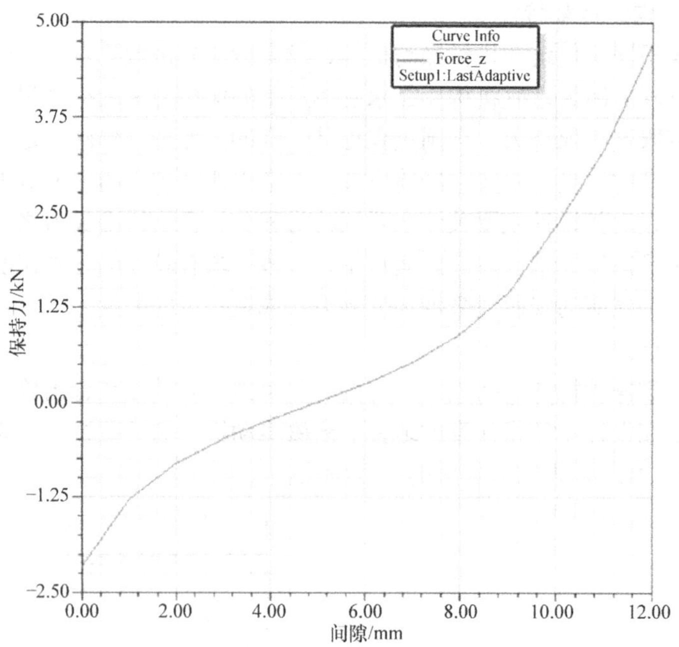

图 6-13　动铁心受永磁体的保持力特性

转变为庞大的矩阵求解，并设有人性化的人机交互界面，非常适合做电磁器件设计以及仿真优化的工作。Maxwell 磁场模块主要可以进行三个物理场的计算，分别为静磁场、瞬态磁场以及涡流场。接下来将主要进行静磁场以及瞬态磁场的仿真计算案例的介绍。

Maxwell 软件进行有限元分析的基本步骤如下：

1）创建项目及定义分析类型；

2）建立几何模型；

3）定义及分配材料；

4）定义及加载激励源和边界条件；

5）求解参数设定；

6）后处理。

1. 基本问题描述

静磁场与瞬态磁场的最主要区别是时间的差异，静磁场不会因时间的变化而变化，其仿真则主要用来计算机构的分、合闸保持力；而瞬态磁场可以计算机构的具体分、合闸时间。以双稳态永磁机构为例，此机构主要由外壳、连接杆、动铁心、导磁环、环氧树脂、永磁体和线圈组成，是一种分、合闸保持力由永磁体提供并可完成合闸动作的电磁机构，其建模图如图 6-14 所示。由于永磁机构是轴对称机构，因此采用柱坐标系，模型关于 Z 轴对称。

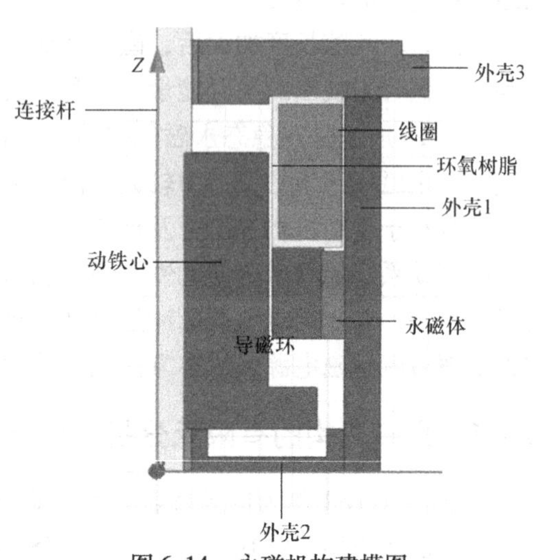

图 6-14　永磁机构建模图

2. 定义及材料参数配置

模型的绘制可使用软件自行绘制或使用商用绘图软件绘制，本文不再赘述。关于材料的定义以及分配，软件自带一些常用的材料设置，如永磁体以及低碳钢，当然也可以自行添加材料并进行参数设置。以电工纯铁DT4的设置为例，执行Tools/Edit Configured libraries/Materials命令，单击所弹出页面的下方Add Material，弹出材料定义设置页面，如图6-15a所示。将Material Name设定为DT4，在材料参数设定框中，选择Relative Permeability的Type为Nonlinear，弹出如图6-15b所示的页面。

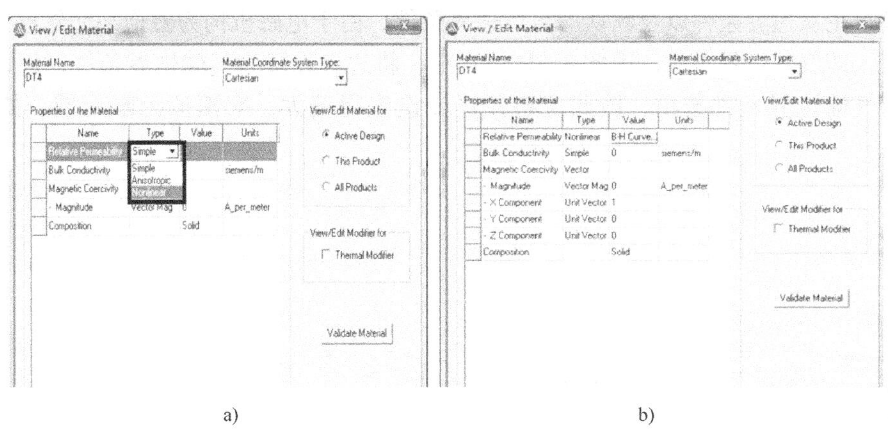

a)　　b)

图6-15　参数设置页面

单击BH Curve按钮，在弹出的对话框中完成B-H设置，如图6-16所示。

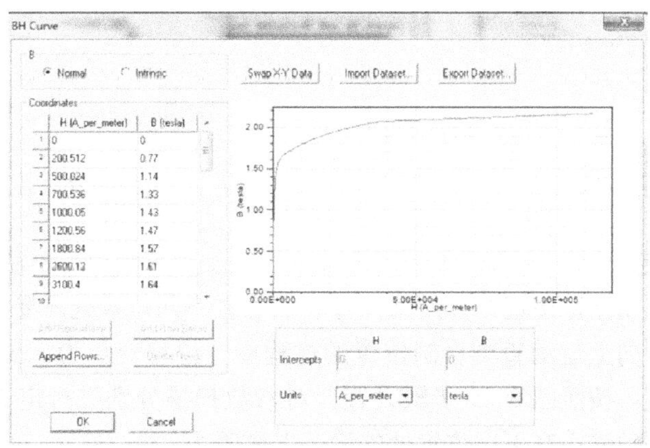

图6-16　B-H曲线

值得一提的是，由于电磁器件常工作在磁场相对饱和的条件下，导磁材料的B-H曲线将对仿真结果产生较大的影响，设置不准确也会导致较大的误差，因此此处的设置应尽量与实物相近，尽量减少仿真产生的误差。

3. 加载激励源和边界条件

在静磁场仿真中，由于磁场由永磁体提供，因此不需要设置激励。

在瞬态磁场仿真中，需要对线圈的激励进行设置。单击“模型线圈”，右击Assign Excitation/Coil，弹出线圈设置对话框。设定线圈匝数为 300 匝，Polarity 中选择 positive，单击 OK 完成设定。在 Project Manager 中相应的项目文件下找到 Excitation，右击执行 Add Winding 命令，命名为 Winding1，Type 中选择 External（外电路供电），电源由外部电路供应。右侧选择 Stranded，初始电流设为 0A，如图 6-17 所示。

关于外部控制电路的绘制和参数给定，需要使用 Maxwell Circuit Editor，在完成外电路的绘制之后，导出 sph 文件，并将其导入 Maxwell 中进行计算。

边界条件是有限元矩阵计算中的定解条件，有矢量磁位边界条件、对称边界条件、气球边界条件、主从边界条件以及默认的自然边界条件，由于电磁机构为磁饱和元器件，需要设置无限域，即气球边界条件，因此在 2D 仿真中，将边界设置为气球边界条件；但在三维仿真中没有气球边界条件选项，因此应将计算域设置得偏大，来模拟无限元域，如图 6-18 所示。

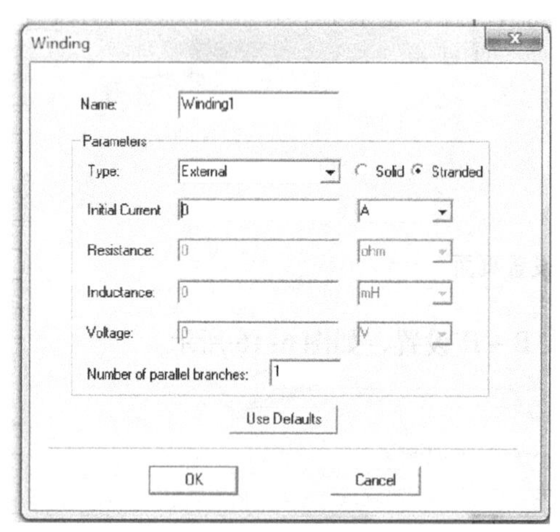

图 6-17　激励设置

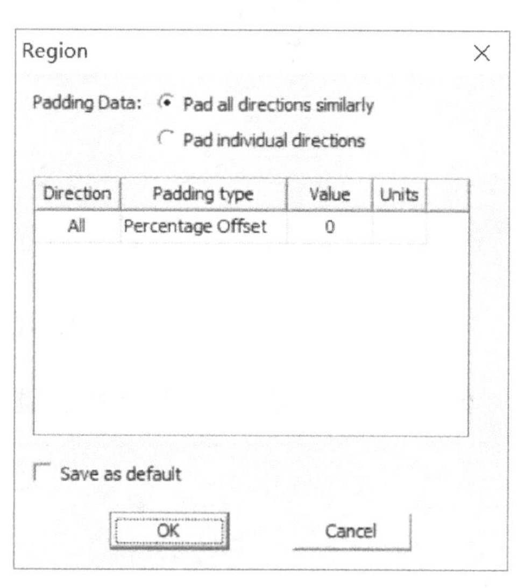

图 6-18　计算域设置

4. 求解参数设定

参数扫描主要应用于静磁场中，用来计算动铁心在不同位置处所受的电磁吸力。设置动铁心由底部分闸位置向上运动直到合闸位置的过程中，位移变量为 gap，gap 的数值即代表了动铁心的不同位置。按照图 6-19 步骤设置，对参数扫描分别进行定义、分析、设置步长以及计算，最终求得动铁心在不同位置处的静态电磁吸力。

5. 后处理

后处理主要包括结果和磁力线分布的查看。执行 Maxwell2D/Results/Create Transient Report/Rectangular 命令，弹出“曲线设置”对话框，分别生成速度与时间、位移与时间、力与时间的曲线。观察磁力曲线及运动。按 <Ctrl + A> 键，把模型全部选中，在界面任一处右击，执行 Fields/A/Flux – Lines 命令，设置默认，单击 OK 结束。单击 Project Manager 中的 Field Overlays，右击选择 Animate，设置默认，可观看运动过程中磁力线的变化情况。值得一提的是，若想查看一条线或一个面上的磁场分布情况，可在软件中绘制并直接在结果中查看曲线或曲面。

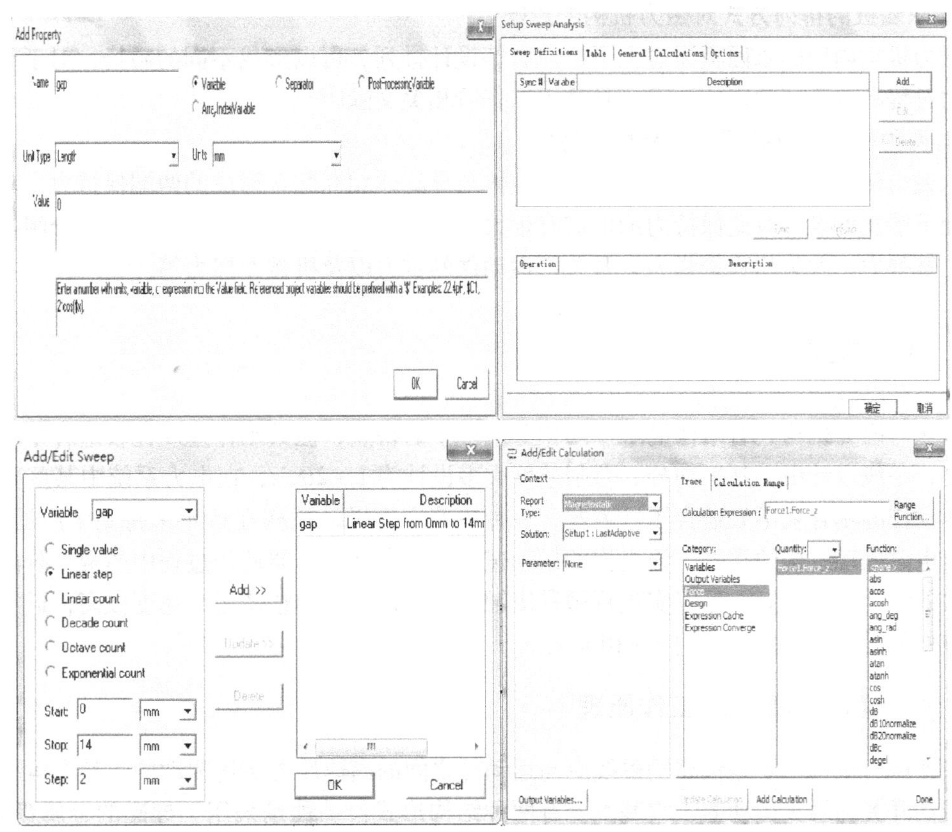

图 6-19　参数扫描设置

6.3.5　影响永磁与磁力机构出力特性的因素

1. 电气参数的影响

电气参数包括脉冲电容器的容量、充电电压及脉冲电流的大小，随着这些电气参量的增加，出力呈现出增大的趋势，但达到一定值时会呈现饱和状态，这也是电磁系统的共性。

2. 线圈几何参数的影响

线圈几何参数主要包括线圈匝数、线径及层数等。它们与电气参数配合，在出力特性方面存在一个极值，其出力特性最好。衡量影响取值的因素主要包括分、合闸位置保持力的大小和运动速度两方面，比较关注其刚分、合速度。

3. 单、双稳态对永磁和磁力机构性能的影响

机构在分、合闸位置上具有稳定的磁路闭合，称之为稳态，在现阶段市场上有不少永磁机构在分闸位采用弹簧牵制保持，称其为单稳态永磁机构。磁力机构由于其特殊的排列形式，其在分闸位始终具有一定的磁路保持，所以单稳态一般只是对永磁机构来说的。对于这种单稳态机构，配合单线圈设计结构，在分闸时依靠弹簧拉力实现可靠分闸，比较经济。但这种单稳态加上弹簧的工作特点，其分闸速度不可控，且容易存在一定的分散性和反弹振动。

4. 永磁板的排列方式对磁力机构的影响

磁力机构内壁的永磁板通过上下、左右等设计排列，可以形成不同的磁场，对于整个线圈受力过程有着不同的影响关系。具体可以查看相关文献[13]。

5. 两种机构保持装置反力特性的影响

永磁与磁力机构的保持装置是依靠永磁体与导磁体相互配合形成的两端保持力，其尺寸以及上下端盖的设计对此保持力的形成有很大的影响。此外，反力还包括机构的分闸拉簧或分闸压簧弹力、触头超程簧弹力、开关的运动件的重力以及机械摩擦力等。

6.4　斥力机构

永磁与磁力机构具有结构简单、动作分散性小的特点，但其动作速度比较适合于中等工作速度，一般设计中，其平均分、合闸速度大多设计为 1～2m/s，在电力系统中某些要求开关快速动作的场合就不太适合了。因此，一种快速斥力操动机构在近年来得到了广泛研究，它属于电磁操动机构的类别。该机构的运动速度体现在开关电器动作过程中的两个阶段：一是开关的触动时间极短，可以实现百微秒级触动；二是开关的整体运动速度极高，近年来电力系统中的设计实例可以达到 3～10m/s。

6.4.1　快速斥力机构的工作原理

快速斥力机构主要是依靠励磁线圈与运动件之间的高速斥力磁场驱动的，其中运动件是用来带动开关动触头运动的，它基本上有两种结构形式：一种是采用不导磁的金属盘制作，如铜盘，铝盘等，它们两者之间是电气隔离的，当励磁线圈中通有脉冲电流时，其瞬间建立的磁场会在邻近的金属盘中感应出涡流场，涡流场快速建立起一个与原磁场排斥的磁场，从而产生了排斥力。由于在斥力机构中，励磁线圈的匝数一般为十几匝到几十匝，所以其建立磁场的速度是十分快的，这也是快速斥力机构的运行原理所在，通常把这种涡流建立斥力磁场的结构形式称为涡流斥力机构；另一种运动件采用和励磁线圈同样的线圈制成，两个线圈之间采用电气串联或并联的励磁形式连接，当脉冲电流流过线圈时，两个线圈同时产生磁场，按照预先设定的线圈绕向可以使得两个磁场是排斥的，从而完成对运动件的驱动。

图 6-20 所示是快速斥力机构的整体结构示意图。它主要由位置保持装置（图中下面圆柱部分）、斥力组件（图中上面圆柱部分）、开关灭弧室（图中极柱内）、脉冲电容器以及绝缘件等组成。图中机构的保持装置一般采用永磁磁路设计，保证开关在分、合闸位置上的稳定保持。行业内该装置一般有两种保持原理：一种是采用永磁操动机构的保持办法，在分、合闸位置上采用永磁体产生的闭合磁力线使得开关保持稳定，在需要动作时，只需要驱动斥力机构中的线圈与运动件即可，此种结构的快速机构也称为永磁－斥力高速机构；另一种是采用碟簧来实现分、合闸位置上的保持，利用碟簧在两个方向上的出力方向相反的特点，实现双向位置保持。有的设计中是采用弹簧的拉伸和压缩来代替碟簧工作的，以期望出力较大，但其工作原理是一样的。上述两种斥力机构还有一个区别是加在灭弧室上的超程力的实现形式不一样，永磁保持式的斥力机构的超程簧一般安装在灭弧室的动触头下端；而碟簧式的超程力可以由碟簧提供，因而超程力是在机构的下端，这种方法有利于提高斥力机构的触

动时间，在某些中低压产品中可以实现触动时间在 100μs 以内。

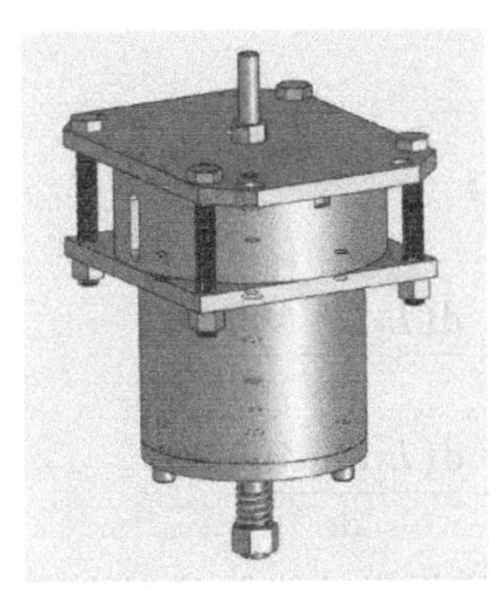

a) 永磁斥力混合式机构

b) 安装成单相极柱的快速斥力机构

图 6-20　快速斥力机构的整体结构示意图

6.4.2　斥力机构特性分析

由于斥力机构线圈采用的是横截面大、匝数少的扁铜线，斥力线圈的电感很小，放电时斥力建立速度非常快，因此在斥力机构动作的初始阶段，操动机构能够获得很大的初始加速度，从而达到快速动作的目的。

基于电磁感应涡流原理的斥力机构相比于双线圈式斥力机构，其出力效率略差一些，主要原因是：一方面，涡流的产生及其磁场的建立随着打开距离的拉长而逐渐减弱；另一方面，在线圈电流衰减阶段，铜盘感应出的磁场会阻碍线圈盘磁场的衰减，这时电磁斥力会变为电磁吸力，虽然由于距离较远而影响较小，但其斥力效应的输出效率会大打折扣。双线圈盘式斥力机构可以克服这一缺点，本文给出了双线圈串联式斥力机构的数学分析表达式[14]，其结构如图 6-21 所示。

图中两线圈盘串联，保证了线圈盘出力的同步性，而且相比铜盘式结构延长了线圈的放电时间。即使在线圈盘回路电流衰减阶段，两斥力盘之间的力仍为斥力，更有利于分闸。

电磁斥力机构放电电路由两个斥力线圈盘、储能电容和晶闸管组成，其等效电路如图 6-22 所示。

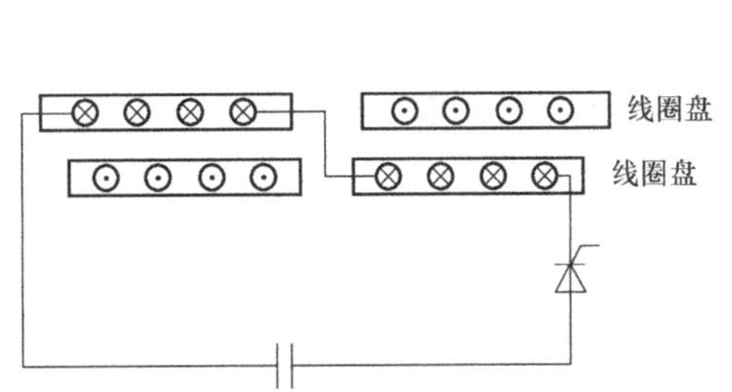

图 6-21　双线圈串联式斥力机构工作原理

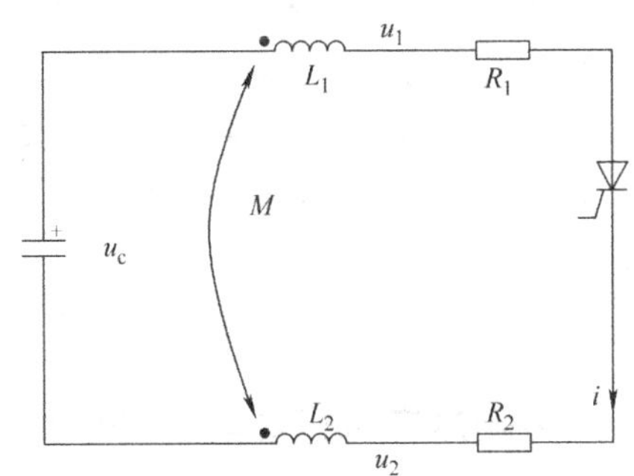

图 6-22　斥力机构等效放电电路

图中，R_1 和 L_1 为静止斥力线圈盘的电阻和电感；R_2 和 L_2 为运动斥力线圈盘的电阻和电感；M 为两个线圈盘之间的互感；i 为串联放电电路的电流；u_c为储能电容电压；u_1 和 u_2分别为两个斥力线圈盘两端的电压。

由等效电路图可知，满足公式：

$$u_c = u_1 + u_2 \tag{6-7}$$

两线圈盘电压为

$$u_1 = iR_1 + \frac{d\psi_1}{dt} = iR_1 + \frac{d(L_1 i - Mi)}{dt} \tag{6-8}$$

$$u_2 = iR_2 + \frac{d\psi_2}{dt} = iR_2 + \frac{d(L_2 i - Mi)}{dt} \tag{6-9}$$

针对快速斥力机构，由能量守恒定律，储能电容提供的能量 Q_S应等于机构所做的功 Q_W与两电感、互感中的磁场能量 Q_L以及线圈盘电阻能量 Q_R之和，即

$$dQ_S = dQ_W + dQ_L + dQ_R \tag{6-10}$$

储能电容供给的能量为

$$dQ_S = u_c i dt \tag{6-11}$$

式（6-7）两端乘以 idt，联立式（6-8）~式(6-11）可得

$$dQ_S = i^2(R_1 + R_2)dt + i(L_1 + L_2)di - 2i^2 dM - 2Midi \tag{6-12}$$

根据电路知识可知，两串联电感及其互感的磁能为

$$Q_L = \frac{1}{2}L_1 i^2 + \frac{1}{2}L_2 i^2 - Mi^2 \tag{6-13}$$

求导得

$$dQ_L = i(L_1 + L_2)di - i^2 dM - 2Midi \tag{6-14}$$

两线圈电阻损耗为

$$dQ_R = i^2(R_1 + R_2)dt \tag{6-15}$$

代入式（6-10）及式（6-12）得出斥力机构所做的功为

$$dQ_W = -i^2 dM \tag{6-16}$$

则电磁斥力的表达式为

$$F = \frac{dQ_W}{dx} = -i^2\frac{dM}{dx} \tag{6-17}$$

式中，负号表示线圈盘之间的互感阻碍了各自磁场的变化，随着两斥力盘斥开，互感 M 的值也逐渐减小，即 dM/dx 值为负，而斥力 F 为正。此外，由表达式可以看出，电磁斥力 F 与线圈电流 i 的二次方成正比关系，而斥力线圈中的电流一般大于 1000A，因此在电容放电初期，能使两斥力盘在极短的时间内产生瞬间较大的力，进而带动真空灭弧室动作，达到快速分闸的目的。

对于涡流斥力机构，其出力在排斥阶段需要乘以一个效率系数，大约在 80%。

6.4.3 影响斥力机构运动特性的因素

斥力机构的运动特性主要体现为出力特性，它由多个因素影响，在设计中需要综合考虑，如果单独调节一个参数，可能无法得到最优效果。影响其运动特性的主要因素有以下几点。

1）电气参数的影响。其包括脉冲电容器的容量、充电电压及脉冲电流的大小，基本上随着这些电气参量的增加，出力呈现出增大的趋势，但达到一定值时会呈现饱和状态。

2）线圈几何参数的影响。其主要包括线圈匝数、线径等。它们与电气参数配合，在出力特性方面存在一个极值，其出力特性最好。衡量其优点主要包括触动时间和运动速度两方面，在某个区间范围内，快的触动时间与快的运动速度之间有一定矛盾。

3）线圈框架及材料的影响。将线圈接触面裸露在空气中，线圈的反面安放在导磁材料的框架内，包括线圈的外边缘都放在框架内，将有利于磁场的集中，从而增加排斥力。

4）保持装置的反力特性的影响。针对不同的保持装置，其影响不同。采用永磁机构保持，其反力特性曲线呈反正切曲线，整体机构运动特性与永磁机构相似。采用碟簧保持，其反力特性略呈正弦曲线形状，也与开关行程、超程等设计有关。此外，反力还包括机构的分闸簧弹力、触头超程簧弹力、开关运动件重力以及机械摩擦力等。

6.4.4　三种电磁机构的比较

永磁机构、磁力机构和斥力机构均属于电磁机构类型，但由于它们自身工作原理的不同，在表 6-1 中各个方面的性能也有所不同，所以用户可以根据自身产品的应用特点来选择合适的电磁机构，并进行优化设计。

表 6-1　三种电磁机构性能比较

	永磁机构	磁力机构	斥力机构
触动时间	中等	较短	极短
操动行程	中等	长	短
位置保持方式	永磁体保持	永磁板辅助保持	永磁或碟簧保持
出力效率	中等	大	小
运动速度	中等	较快	最快
适合电压等级	中低压	高压及超高压	中低压
PWM 及位移跟踪	可以	可以	不可以
能否双向运动	能	能	能

6.5　电磁类操动机构的调控

6.5.1　基本控制

电磁类机构的控制比较类似，下面以永磁机构为例进行说明。永磁机构的励磁电源有两种形式：直流电源和电容器放电。传统开关柜若使用电磁机构，都配有大功率直流电源，一般为 220V/100A 以上。而在系统大面积使用永磁机构断路器的场合中，各处都安装大功率直流电源是不经济的。所以永磁操动系统不采用这种形式。

采用电容器放电为励磁电源的永磁机构控制系统原理如图 6-23 所示。电源部分由电源变换器和大容量电解电容器组成。电源变换器的功能是把较大范围变化的输入直流或交流电源变成某一设定电压输出，并有足够瞬时电流输出的电容器充电电源。可以利用目前成型的开关电源产品，如输入直流 48 ~ 200V，恒压输出 400V 可调、峰值电流可达 20A 的电源模块。

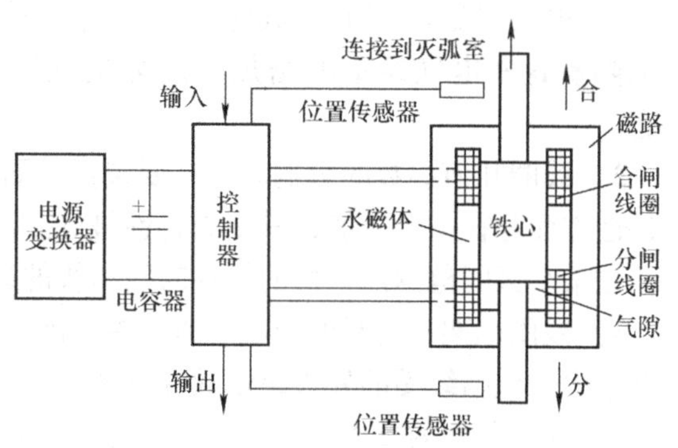

图 6-23　典型永磁操动机构系统

电容器一般选用大容量电解电容器，首先要满足功率要求，要能提供合闸与分闸所需的出力和能量（行程）。我们可借用直流电磁机构的能源设计原则，对于给定的动作力矩，电磁铁要达到足够的安匝数。根据机构的电磁设计，可选小电流大容量或较大电流小容量，前者如 100V/10000μF，后者如 450V/3300μF。由于永磁机构控制系统用的电解电容器长期带电运行，对其要求也相对严格，如泄漏电流要足够小以减小温升，保证电容器的电寿命。

永磁机构控制系统主要任务是控制已完成充电的电容器对操动机构中的电磁铁励磁线圈放电，由图 6-23 中的控制器完成。对控制器的要求是高控制精度与高可靠性。控制器由两部分组成：指令系统与驱动电路。指令系统应用比较多的是采用单片机控制，但目前其抗干扰能力受到挑战。少数控制器采用模拟器件完成逻辑运算，给出高可靠性指令，在抗干扰方面容易达到系统的要求。

目前已有控制器的驱动电路根据不同的指令系统选用不同的元器件。有的设计采用门极关断晶闸管（GTO）或绝缘栅双极晶体管（IGBT），有的设计采用高压晶闸管。驱动电路设计的关键是电路参数的选取。电力电子器件耐冲击能力有限，电路参数的选取源自电路状态分析。根据正确的电路分析，取得电路中可能出现的极限参数，确定电力电子器件参数，并设计好保护电路，以保证控制系统的高控制精度与高可靠性。

图 6-24 所示为一典型驱动电路原理图。图中，合、分闸命令信号（即触发信号）是由上级指令系统给出的；U_2 为光耦合器，作为输出隔离开关，将指令系统与放电回路隔离；U_2 的输出端与晶体管 Q 构成达林顿管结构，以增强信号放大能力；VD 为稳压二级管，以限定 C_1 两端的电压；R_3（$\gg R_4$）为分压电阻，与 VD 共同分担预充电电容 C_y 两端的电压；R_4 为限流电阻，限制 SCR 触发电流在其允许的范围内（SCR 为电力电子器件），控制放电回路导通；L 为分（合）闸电感线圈。当动作指令信号到来时，U_2 输入端产生驱动电流，输出端导通，此时 Q 由截止变为导通，C_1 通过 Q、R_4、SCR 控制极放电，触发 SCR 导通，C_y 对分（合）闸电感线圈放电，在分（合）闸线圈所产生电磁场的驱动作用下永磁机构铁

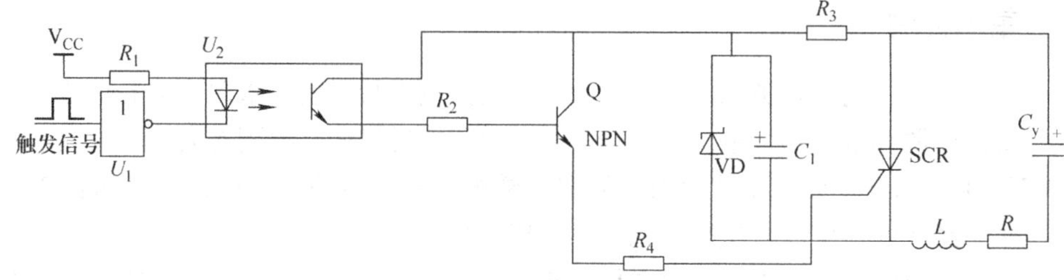

图 6-24　典型驱动电路原理图

心带动断路器的操动杆动作，完成分（合）闸操作。

6.5.2　调速控制

1. 操动机构控制模型

常见的电磁类操动机构包括电磁铁式、永磁式以及磁力结构等。永磁机构由于其体积小、动作快、分散性小的特点，被广泛用作电力开关的操动机构。永磁式操动机构动态特性较为复杂，主要考虑电磁场与力场。常采用如图 6-25 所示桥式的电力电子开关电路，控制外部电容向永磁机构励磁线圈放电，可实现对永磁机构位移的跟踪控制[15,16]。

当 IGBT 管 VT1 与 VT4 导通时，电容会向励磁线圈 L 放电，L 产生的反电动势 E 阻碍电流增加。该过程的等效电路如图 6-26 所示。

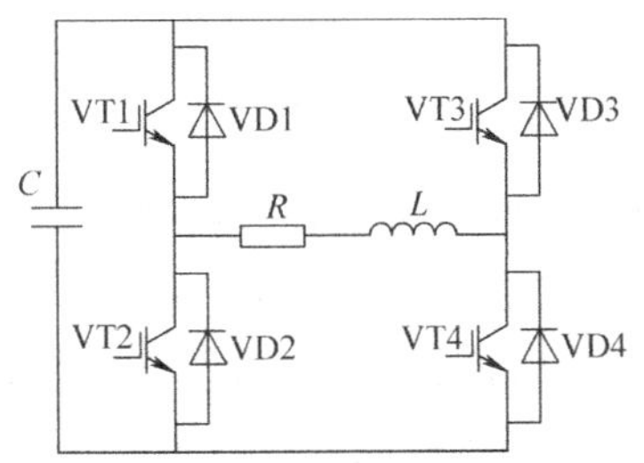

图 6-25　永磁机构控制电路示意图

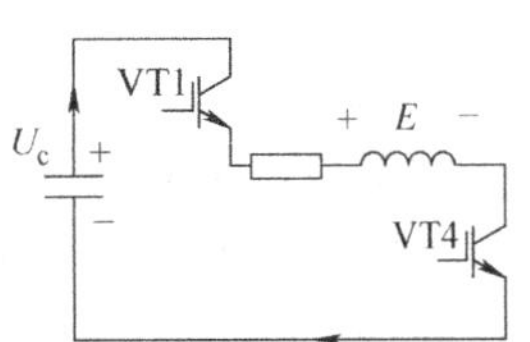

图 6-26　IGBT 导通阶段等效电路

根据基尔霍夫定律，结合电磁感应定律可得导通阶段的电压平衡方程：

$$
\begin{cases}
U_c(t) = E(t) + 2U_{ce} + i(t)R \\
\dfrac{dU_c(t)}{dt} = -\dfrac{i(t)}{C} \\
\dfrac{d\psi(t)}{dt} = E(t) = L(t)\dfrac{di(t)}{dt} + i(t)\dfrac{dL(t)}{dt}
\end{cases}
\tag{6-18}
$$

当 VT1、VT4 关断时，电路只能通过二极管 VD2、VD3 续流，线圈 L 向电容充电，线圈产生的反电动势 E 阻碍电流减少。该过程的等效电路如图 6-27 所示。

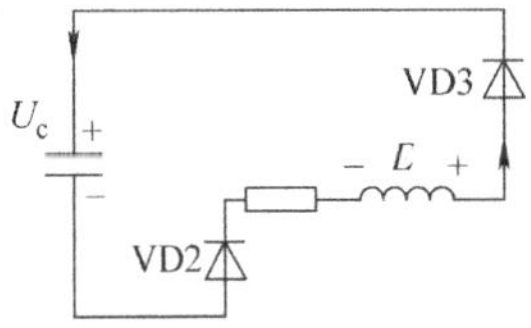

图 6-27　二极管续流阶段等效电路

续流阶段的电压平衡方程：

$$
\begin{cases}
U_c(t) = E(t) - 2U_f - i(t)R \\
\dfrac{dU_c(t)}{dt} = \dfrac{i(t)}{C} \\
\dfrac{d\psi(t)}{dt} = -E(t) = L(t)\dfrac{di(t)}{dt} + i(t)\dfrac{dL(t)}{dt}
\end{cases}
\tag{6-19}
$$

综合导通与续流阶段的电磁场方程，消去电压项和与电感项，得到

$$
\frac{d^2\psi(t)}{dt^2} + R\frac{di(t)}{dt} \pm \frac{i(t)}{C} = 0 \tag{6-20}
$$

式（6-18）~式（6-20）中，$\psi(t)$为线圈磁链；t 为机构运动时间；$U_c(t)$为电容电压；U_{ce} 为 IGBT 通态压降；U_f 为二极管正向压降；R 为线圈电阻；$L(t)$为线圈电感；$E(t)$为线圈感应电动势；$i(t)$为线圈电流；C 为电容。式（6-20）中的“±”在 IGBT 导通阶段取“+”，

在二极管续流阶段取“ - ”。

永磁式操动机构动态过程分为触动阶段与运动阶段，触动阶段机构无位移，故仅需考虑电磁场作用，运动阶段则需考虑电磁场与力场两部分。根据牛顿运动学定律，有：

$$\begin{cases}\dfrac{dv(t)}{dt}=\dfrac{F_m(t)-F_F(t)}{m}\\ \dfrac{dx(t)}{dt}=v(t)\end{cases}\tag{6-21}$$

式中，$v(t)$为机构的运动速度；$F_m(t)$为机构所受电磁力；m为运动部件质量；$x(t)$为机构的位移；$F_F(t)$为折算后的反力。在机构实际运动过程中，反力可分为机构与灭弧室触头的重力、触头力、超程簧反力、分闸簧反力、触头簧反力、摩擦力和空气阻力等，空气阻力可近似认为与速度成正比。结合式（6-20），可得方程：

$$m\frac{d^2x(t)}{dt^2}+k_1\frac{dx(t)}{dt}+k_2x(t)-F_m(t)+F_1=0\tag{6-22}$$

式中，k_1 表示空气阻力系数；k_2 表示超程簧、分闸簧、触头簧的弹性系数之和；F_1 表示机构与灭弧室触头的重力、摩擦力以及触头力之和。由电磁场原理可知，在线圈电流一定、气隙一定的情况下，磁链ψ与电磁力F_m为定值，因此可以将ψ与F_m看作与位移x、电流i成某种函数关系。同理，i也可以视为与x和ψ（或F_m）成函数关系。即实现电磁场与力场的耦合。

$$\begin{cases}\psi(t)=f_\psi(x(t),i(t))\\ F_m(t)=f_F(x(t),i(t))\\ i(t)=f_{i\psi}(x(t),\psi(t))\\ i(t)=f_{iF}(x(t),F_m(t))\end{cases}\tag{6-23}$$

结合式（6-20）、式（6-22），便可得到断路器运动过程中的数学模型：

$$\begin{cases}\dfrac{d^2\psi(t)}{dt^2}=-R\dfrac{di(t)}{dt}m\dfrac{i(t)}{C}\\ i(t)=f_{i\psi}(x(t),\psi(t))\\ F_m(t)=m\dfrac{d^2x(t)}{dt^2}+k_1\dfrac{dx(t)}{dt}+k_2x(t)+F_1\\ F_m(t)=f_F(x(t),i(t))\end{cases}\tag{6-24}$$

2. 控制器设计

触动阶段，机构无位移变化，线圈电流一直处于动态变化状态，因此可采用电流跟踪技术，设计闭环控制器，进而保证断路器触动时间的恒定。常见 PWM 电流跟踪技术包括：PID 电流控制、滞环控制以及三角波比较方式等。滞环控制法虽然具有优良的动态性能以及较高的控制精度，但其开关频率在实际动态过程中受到限制；三角波比较法虽然可以解决开关频率的问题，但其电流波形失真较为严重。电流处于时变状态，无稳态响应，因此这里选择 PID 电流控制方式。

运动阶段，采取双闭环控制模型，包括位移环（内环）与电流环（外环）两部分。位移环控制原理如下：令 $F=F_m-F_1$，即将与位移无关的反力也置于电磁力函数曲面内（可以通过仿真或实测获得，如图 6-28 所示），其运动开环传递函数为

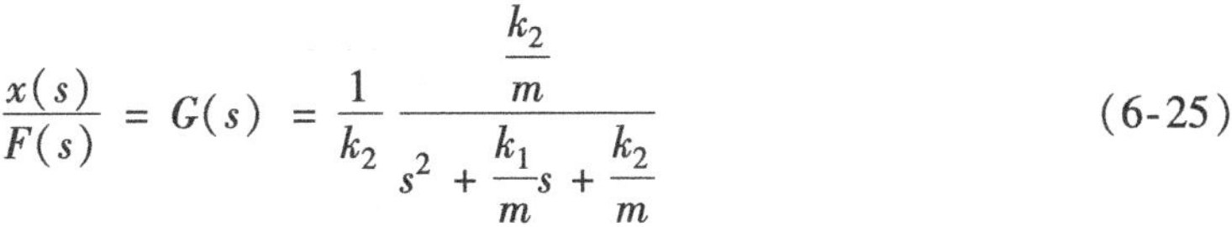

$$\frac{x(s)}{F(s)}=G(s)=\frac{1}{k_2}\frac{\frac{k_2}{m}}{s^2+\frac{k_1}{m}s+\frac{k_2}{m}} \tag{6-25}$$

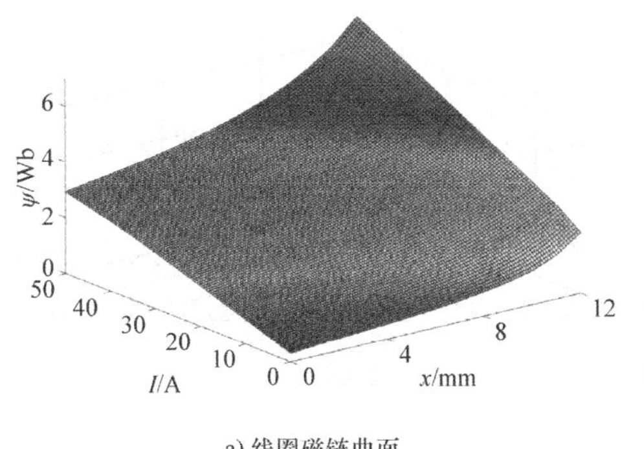

a) 线圈磁链曲面

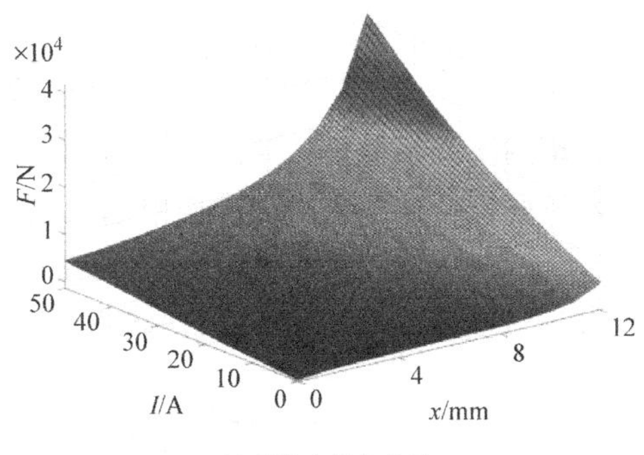

b) 机构电磁力曲面

图 6-28　线圈磁链和运动部件所受电磁力函数曲面

$G(s)$ 表示系统的开环传递函数，该系统为典型的二阶系统，该二阶系统特征参数为：

$$\begin{cases} K=\frac{1}{k_2} \\ w_n=\sqrt{\frac{k_2}{m}} \\ \xi_n=\frac{k_1}{2\sqrt{mk_2}} \end{cases} \tag{6-26}$$

式中，K 为开环增益；ξ_n 为阻尼比；w_n 为无阻尼自然振荡频率。k_2 远大于 k_1，ξ_n 处于 0 ~ 1 之间，系统处于欠阻尼状态，响应速度较快。如图 6-29 所示，引入 PID 控制后，构成三阶闭环系统：

$$\phi(s)=\frac{s}{ms^3+(k_1+k_d)s^2+(k_2+k_p)s+k_i} \tag{6-27}$$

图 6-29　闭环系统传递函数

式中，$\phi(s)$ 表示系统的闭环传递函数；k_p 表示比例系数，k_d 表示微分系数，k_i 表示积分系数。由于位移一直在动态变化，在完成合闸动作之前并无稳态，因此舍去积分项。式（6-27）变为

$$\phi(s)=\frac{1}{(k_2+k_p)}\frac{\frac{(k_2+k_p)}{m}}{s^2+\frac{(k_1+k_d)}{m}s+\frac{(k_2+k_p)}{m}} \tag{6-28}$$

系统由三阶降至二阶，闭环系统特征参数为

$$
\begin{cases}
K' = \dfrac{1}{k_2 + k_p} \\
w'_n = \sqrt{\dfrac{k_2 + k_p}{m}} \\
\xi'_n = \dfrac{k_1 + k_d}{2\sqrt{m(k_2 + k_p)}}
\end{cases}
\tag{6-29}
$$

式中，K'为闭环增益；ξ'_n与w'_n为闭环系统阻尼比和无阻尼自然振荡频率。通过调节k_p与k_d，调节系统特征参数，进而调整系统的各项动态指标。由前文可知，位移恒定时电磁力F_m与电流i成函数关系，即F与i也成一维函数关系。通过PID控制器计算输入F的调节量，并通过函数$f_{iF}(x(t),F_m(t))$求得所需调节的电流值。整体控制过程如图6-30所示。

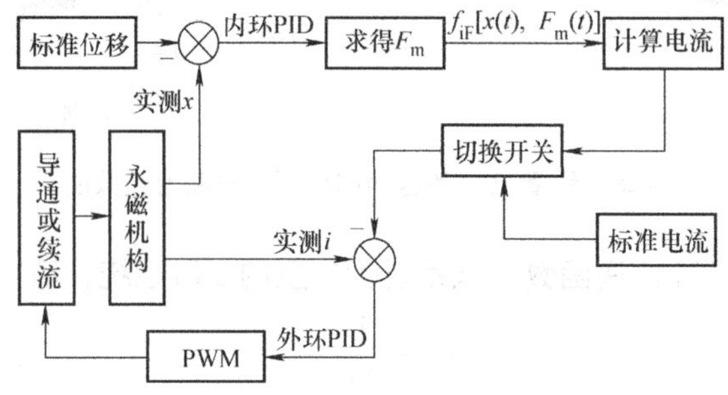

图6-30　双闭环控制系统

根据位移环计算出电磁力的调整，利用关系曲面计算出电流调整量，电流环则采取与触动阶段相同的策略，实时跟踪计算电流，实现系统的双闭环控制。

3. 调速试验测试

如图6-31所示，在动导杆上安装位移传感器，实时采集触头位移，同时测量线圈电流。

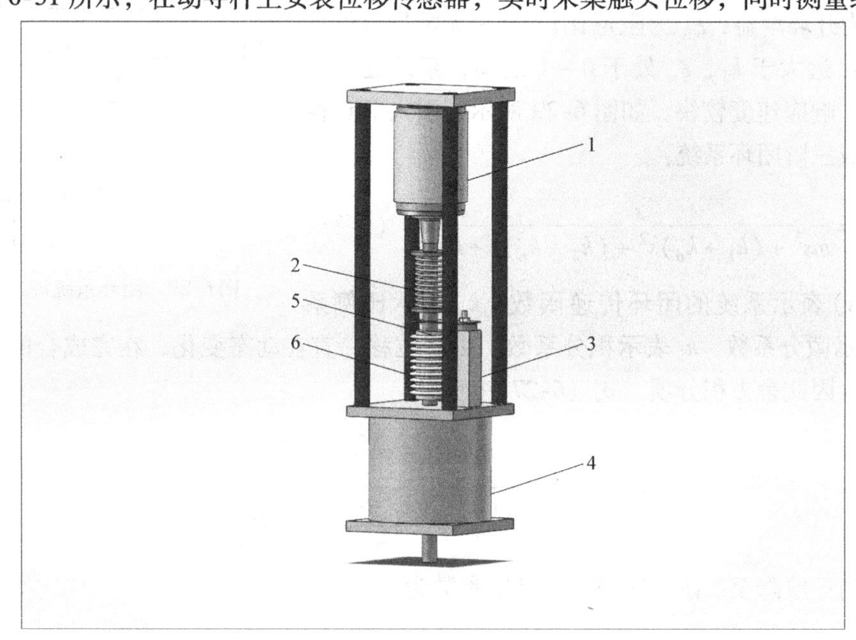

图6-31　调速真空断路器示意图

1—灭弧室　2—压缩弹簧　3—位移传感器　4—永磁机构　5—动导杆　6—绝缘子

二者作为控制系统的输入量，采用前述控制方法，在脉冲电容器的不同充电电压条件进行位移跟踪控制，结果如图6-32所示，可保证了合（分）闸时间测量的精准性。

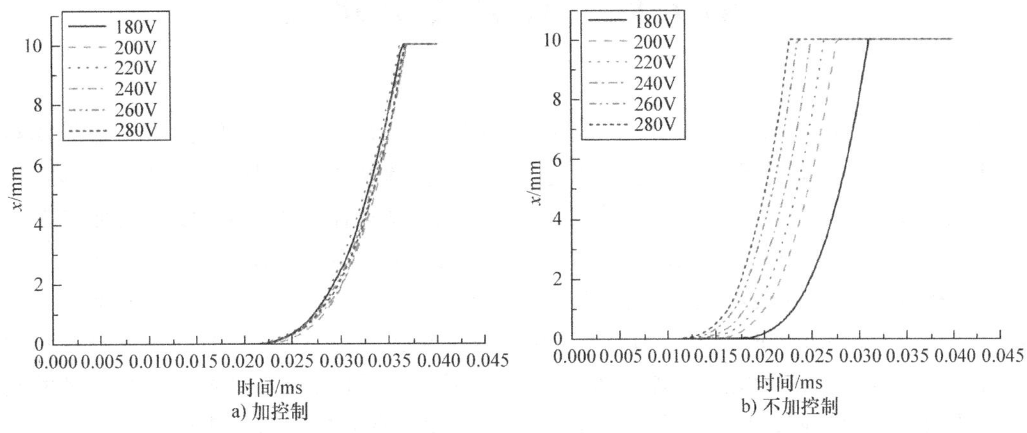

图6-32 双闭环控制下的位移曲线

参考文献

[1] 洪礼通，缪希仁. 操动机构研究现状与发展新趋势［J］. 电器与能效管理技术，2017（22）：1－7.

[2] SMEETS R，SLUIS L，KAPETANOVIC M，et al. Switching in Electrical Transmission and Distribution Systems［M］. West Sussex，United Kingdom：John Wiely &Sons，Ltd，2014：347－364.

[3] 王季梅. 真空开关理论及其应用［M］. 西安：西安交通大学出版社，1986.

[4] 田宇，许家源，王永兴，等. 配126kV单断口选相真空断路器长行程磁力机构设计及性能试验［J］. 电网技术，2020（网络首发）.

[5] 王章启，何俊佳，邹积岩. 电力开关技术原理与应用［M］. 武汉：华中科技大学出版社，2003.

[6] 张帆. 选相投切技术对特高压系统绝缘水平影响的研究［D］. 大连：大连理工大学，2020.

[7] RUBEN D. GARZON. High Voltage Circuit Breakers Design and Applications［M］. Second Edition，2002.

[8] 刘志远，纽春萍. 开关电器现代设计方法［M］. 北京：机械工业出版社，2018.

[9] 尚振球，郭文元. 高压电器［M］. 西安：西安交通大学出版社，1992.

[10] KANG J H，CHOI S M，ENYUAN D，et al. Development of Electromagnetic Actuator for Hybrid type Gas Insulated Switchgear［C］. International Conference on Power Engineering －Energy and Electrical Drives Proceedings. Setubal，Portugal 2007.

[11] 任耀先. 电磁铁优化设计［M］. 北京：机械工业出版社，1991.

[12] 董恩源，基于电子操动的快速直流断路器的研究［D］. 大连：大连理工大学，2004.

[13] 张振威. 磁力机构动态仿真研究及其用户界面设计［D］. 大连：大连理工大学，2012.

[14] 毛海涛，陆恒云. 快速电磁斥力机构的有限元分析［J］. 高电压技术，2009，6（35）.

[15] 陈宇硕. 10kV高速组合式开关设计与优化分析［D］. 大连：大连理工大学，2014.

[16] 赵子瑞. 真空开关触头位移跟踪控制研究［D］. 大连：大连理工大学，2020.

[17] 秦涛涛. 真空直流断路器循迹操动及开断动态影响因素研究［D］. 大连：大连理工大学，2017.

第7章　直流真空开关

随着清洁能源与可再生能源的推广应用、电网容量的逐年增加，以及大功率半导体器件的成熟与其直流调控难题的技术突破，各电压等级的直流系统以其固有的优点，成为新能源传输与交流并行的不二选择。近几年发展起来的电压源换流器技术，由于其具有独立控制有功功率与无功功率、无须滤波及无功补偿设备、可向孤岛供电、潮流翻转时电压极性不变等优势，使得基于电压源换流器的柔性高压直流输电技术（Voltage Source Converter - based High Voltage Direct Current，VSC - HVDC）得以快速发展。多端 VSC - HVDC 输电具有高传输节能、高可靠运行、窄线路走廊、远距离架构的特点，进而成为智能电网的重要组成部分。在中低压应用领域，与交流配（微）电网相比较，直流配（微）电网供电容量大、损耗小、可靠性高、电能质量高、可控性强、经济效益好，更适于各类分布式新能源电源和负荷的灵活互联组网。在轨道牵引、舰船综合电力系统、电动汽车及其充电桩等交通领域，直流系统也获得了大量的应用。此外，网络数据中心与通信基站等不间断供电系统，直流紧急备用电源的快速切换也呈剧增趋势。诸多直流电力系统应用均需有效与可靠地关合和开断电路，以改变系统的连接方式和拓扑结构。更重要的是直流系统发生短路时，保护装置要能可靠切除故障[1]。

短路故障电流的开断是开关电器的最高技术难点，直流系统的开断难度更大。直流开断与交流开断的主要区别在于前者不存在电流的自然过零点，该零点给交流开关提供了开断机会，即使故障后第一个零点开断失败，后续每隔 10ms 都会有这样一个电流过零的机会。机械式交流断路器发展了上百年，其成熟的灭弧技术却难以直接应用于直流系统。此外，直流系统自身结构致使短路故障时电流上升速度快，换流阀中的功率器件过载能力受到挑战。再则，直流系统中感性元件存储一定的能量，开断后消纳不及将转化成过电压，影响直流开断能力与设备安全[2]。

直流断路器按照关键开断元器件分为机械式、全固态式和混合式（机械开关和固态开关相结合）三种类别。目前，低压领域的直流开关大多采用电弧增压法熄灭电弧，即通过栅片切割或磁场吹弧的方式增加断口电弧电压，使之大于系统电压而熄弧。在中高压领域应用的机械式直流断路器，则采用换流法人为制造开关主断口电流的过零点。电弧电流过零开断就可借鉴成熟的交流断路器熄弧技术，系统开断可靠性较高。机械开关的响应滞后，开断时间较长，影响直流系统的安全运行指标。全固态式直流断路器可实现微秒级的快速开断，但由于半导体器件的开断能力与经济性，仅适用于中低压直流开断领域。混合式直流断路器基本保持了机械开关低导通损耗和半导体器件快速开断的两种优势特性。2012 年 ABB 公司研制出世界上首台混合式高压直流断路器样机，2013 年 Alstom 公司研制出超快速机械电子断路器（Ultra - Fast Mechatronic Circuit Breaker，UFMCB），均通过各项直流开断试验。在以上三种直流断路器研制的基础上，国内外针对开断特性的提升提出了多种优化拓扑结构，为后续直流工程的应用提供更可靠的快速直流断路器。

机械式高压直流开关的基本工作原理在于电流转移，即开断过程中电弧电流被调制成中高频振荡，强制过零，从而导致电流过零前的变化率 di/dt 和零点后恢复电压变化率 du/dt 较工频高得多，所以其主开断单元需要具有非常好的介质恢复特性，即耐受很高的 di/dt 以及 du/dt 才能完成开断。由于真空开关电弧等离子体在真空中的扩散速度快，对比其他介质的 di/dt 指标高；弧后介质强度恢复快，对比其他介质的 du/dt 指标也高，因此适用于机械式直流断路器的主开断单元，或混合式直流断路器的快速隔离开关。综上所述，直流真空开关具有以下良好特性：

1）开断时间短：真空间隙绝缘耐压高，所需真空开关触头开距小，在快速操作机构驱动下，换流开断时间可缩短至1ms以下。

2）开断能力强：真空的介质恢复速度快，相比其他介质具有更好的中高频电流开断能力。另外，真空电弧具有正伏安特性，在开断更大直流电流情况下可采用并联结构。

3）节约成本：相对大量串并联的半导体组件，机械式直流真空主开关成本大大降低。此外，真空开关具有优良的高频开断性能，可选用相对高的换流频率来减少换流电容和换流电感的容量，进一步节约成本和体积。

4）适于需要频繁操作的场合：真空电弧电压低、燃弧时间短、电侵蚀小，多次频繁操作对真空灭弧室的触头表面特性影响小，在磁场调控下将进一步提高直流开断能力，提高其电寿命。

5）无通态损耗：半导体器件导通时避免不了结压降，特高压应用时需要上百只器件串联，通态损耗需加装复杂的冷却系统，影响系统的效率与安全指标。真空开关闭合时的通态损耗可以忽略不计。

6）环境友好：真空开关的全密封灭弧室无电弧泄漏，无污染气体的生成与排放，在煤矿与交通设施等苛刻环境下安全可靠。

因此，直流真空开关成为直流电力系统开断元器件的首选[3]。

7.1 机械式直流真空断路器

机械式直流真空断路器相关理论与直流开断应用技术是直流电力系统的重点研究领域之一。与交流开关相似，短路开断能力是直流真空断路器最重要的指标，相对交流工频下决定其开断成功与否的零区现象，在直流开断下则是中高频的换流零区过程。在理论上建立中频真空电弧开断零区模型，通过零区电弧与介质恢复的精细仿真，可支持高压直流断路器相关理论向纵深发展。在技术应用层面，通过中频真空灭弧室的电弧磁场调控和系统换流参数的优化设计，可解决高压直流断路器的产品化的难题；通过基于等价性的直流开断试验，可检验产品设计指标并逐渐形成技术规范和标准。

7.1.1 基本原理

机械式直流真空断路器（以下简称直流断路器）的开断原理基于换流技术，即借助并联在主开关回路上的换流支路提供反向电流，使主开关的电流强迫过零、实现开断并消纳回路剩余能量。直流断路器主要包括主开关支路、换流支路和吸能支路，如图7-1所示。直流开断过程始于直流系统的短路故障，当系统检测到电流 i_s 快速增加、确定故障后开关控制系统发出分闸动作指令，首先令主开关支路的真空开关分闸，动、静触头分离而燃弧；当动、静触头燃弧并分离到可能承受 TRV 的安全开距时，令换流开关投入换流支路，向主开关支路注入换流支路电流 i_c，强迫真空开关电弧电流 i_v（主开关电流）过零和熄灭电弧，完成换流开断的第一阶段。直流系统电流 i_s转移至换流支路，换流支路电压持续升高，直至金属氧化物避雷器［一般采用氧化锌（ZnO）避雷器］的动作电压，吸能支路与换流支路间形成二次换流，是一个衰减振荡的过程。ZnO 避雷器为非线性电阻，导通电流 i_a 可耗散换流回路和系统的剩余能量，直至主开关断口承受直流系统的额定电压，至此为第二阶段换流；此后主开关支路的真空开关已开断、换流支路振荡完毕而开路、吸能支路的 ZnO 恢复绝缘，最终完成直流系统短路的完全开断。

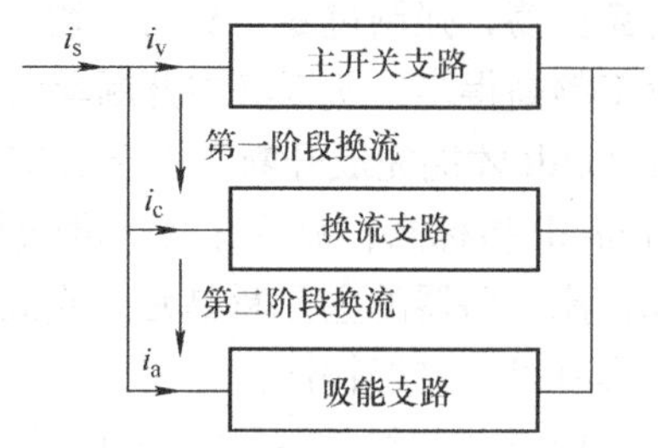

图 7-1　基于换流原理的直流开断原理框图

根据以上直流真空断路器的开断过程，建立高压直流电力系统等效模型，如图 7-2 所示。系统主要由等效直流电源 U_d、平波电抗器 L_d、隔离开关 Q_d、直流断路器 DCCB、等效负载/短路阻抗 R_d组成。正常运行时直流断路器主开关闭合，平波电抗器抑制直流系统电流波动。当短路发生时，负载电阻 R_d由额定值降至短路值，短路电流快速上升，设在短路发生 1ms 内驱动主开关 S_v 开始快速开断，5ms 时系统短路电流达到开断设计值，断路器的主开关达到安全开距、断口电流换流过零，灭弧室内电弧熄灭，剩余能量由 ZnO 避雷器消纳，直至直流系统开断成功。

图 7-2 中虚线框为直流断路器 DCCB，由主开关 S_v、缓冲支路、换流支路和 ZnO 避雷器吸能支路组成。其中，换流支路由预充电换流电容 C_c、换流电感 L_c、换流开关 S 组成，缓冲支路由缓冲电阻 R_0、缓冲电容 C_0 组成。

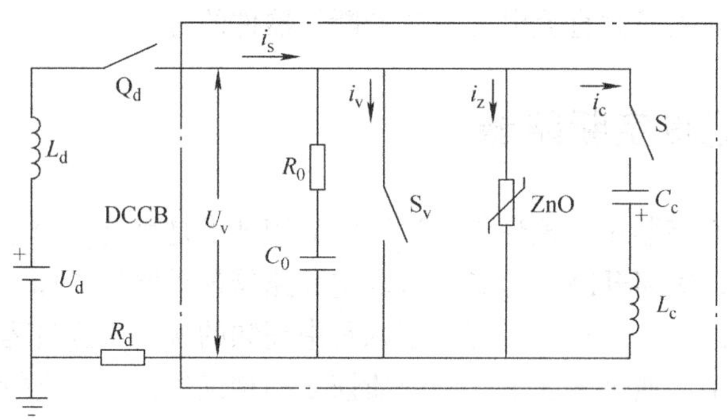

图 7-2　基于换流原理的机械式直流真空断路器等效电路

对直流系统等效电路进行计算分析，得到的系统开断波形如图 7-3 所示。其中，i_s 为直流系统电流，i_v 为主开关电流，i_c 为换流支路电流，i_a 为 ZnO 避雷器吸能支路电流，U_v 为主开关断口电压。

直流系统开断过程主要分为 3 个时间阶段：$t_0 \sim t_1$ 为短路电流上升阶段，直流系统电流 i_s 从开始上升到换流投入时刻；经过检测控制信号延时和机构励磁延时，t_{Sv}时刻主开关刚分，主开关触头分离并燃弧。$t_1 \sim t_3$ 为零区换流阶段，从 t_1 时刻 S 闭合，短路电流 i_s 转移至换流支路，t_2 时刻主开关电流 i_v 换流过零，TRV 在断口开始上升直至 t_3 时刻 U_v 达到 ZnO 避雷器阈值电压。$t_3 \sim t_4$ 为 TRV 持续作用阶段，ZnO 避雷器开始动作时直流系统转移至吸能

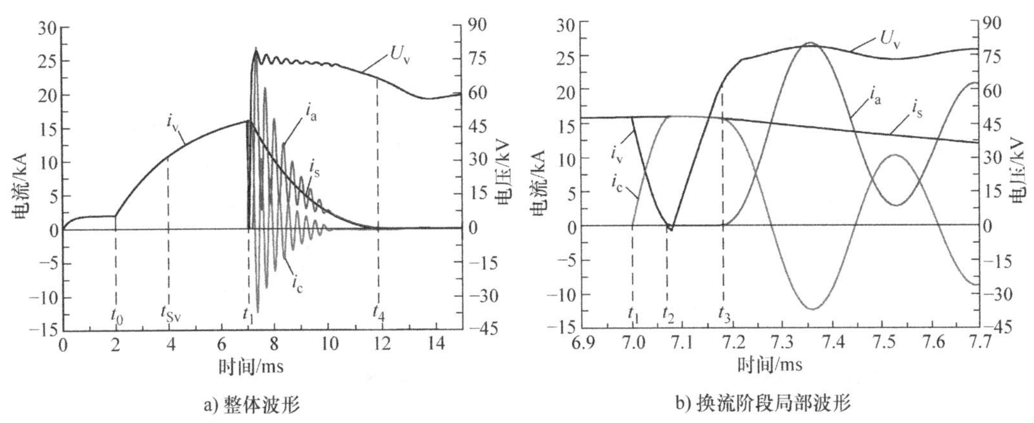

图7-3　等效直流系统开断曲线

支路，直至 t_4 时刻 ZnO 避雷器完成对平波电抗器能量的消纳，直流系统电压低于 ZnO 避雷器阈值电压，主开关断口承受直流系统额定电压，隔离开关 Q_d 隔离直流故障电路并完成直流开断。

7.1.2　拓扑电路分析

机械式直流真空断路器开断的动态电路分析重点是换流过程，主开断单元上电流过零前的下降率和过零后的恢复电压上升率是换流回路的特性指标，由系统状态和换流回路参数共同决定。图7-4所示为机械式直流真空断路器拓扑原理图。其中，断路器 CB 构成主回路；换流电容 C_c、换流电感 L_c、换流开关 S_1 构成换流支路；缓冲电阻 R_0、缓冲电容 C_0 构成缓冲支路；氧化锌避雷器构成吸能支路。图中的 i、i_1、i_2、i_3、i_4 分别表示直流断路器的总电流、主回路电流、换流支路电流、缓冲支路电流和吸能支路电流。图中的 u_{Cc}、u_{Lc}、u_{CB}、u_{R0}、u_{C0}、u_{ZnO} 分别表示换流电容电压、换流电感电压、主断路器电压、缓冲电阻电压、缓冲电容电压和氧化锌避雷器电压。上述器件的电压选取与对应通过电流 i_1、i_2、i_3、i_4 相关联的方向。其中，换流电容在换流前已按图中标识的正极预充至电压 U_0，所以 $u_{Cc}(0) = -U_0$。

图7-5所示为直流真空开关开断短路故障过程中主断口的电压电流波形。其中，t_0 为故障起始时刻，t_1 为触头打开时刻，t_2 为换流回路投入时刻，t_3 为主回路电流过零；I_m 为换流回路投入时刻的系统电流；U_{trv-} 为恢复电压的负向峰值；U_{trv+} 为恢复电压的正向峰值，即为氧化锌避雷器设定的残压值；T_0 为换流回路投入时刻到首个零点产生之间的时长；T_1 为电流过零时刻到负向恢复电压峰值时刻之间的时长；T_2 为负向恢复电压峰值时刻到避雷器导通时刻之间的时长。

从 t_1 起，随着电流的迅速增加，电极不断被加热，向真空间隙中喷射出越来越多的电子、离子、金属蒸气和金属液滴；到 t_2 时换流回路的投入使主电路电流被分流而急剧下降，系统向弧隙中输入的能量也迅速下降，主电路的电流最终过零而熄弧；到 t_3 熄弧后，虽然电流被切断，但是在高的电流下降率情况下，电极表面温度和剩余金属蒸气密度都很高，将使介质强度恢复进程受到较大影响；而直流回路中大量电感的存在，使电流急剧降为零的弧隙上会出现上升率很高的恢复电压，也将对弧后电流的产生和介质强度恢复进程产生影响。

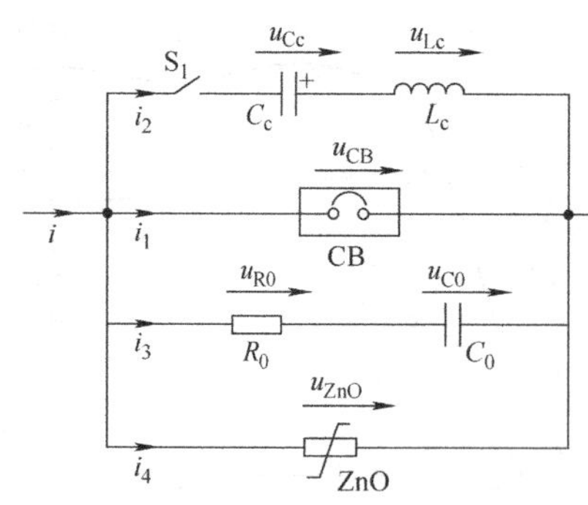

图 7-4　机械式直流真空断路器拓扑原理图

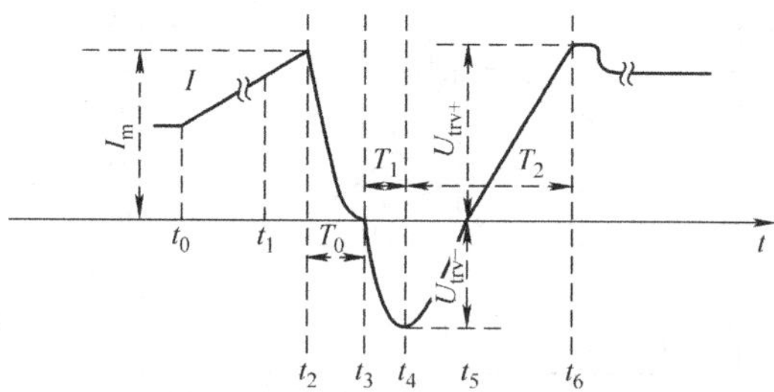

图 7-5　短路故障过程中主断口的电压电流波形

7.1.3　高压直流真空开关的典型结构

当图 7-4 所示的直流真空开关系统应用于高电压领域时，必须考虑断口串联以及模块化设计。图 7-6 所示为基于智能模块串联的 110kV/16kA 直流断路器模块接线拓扑。60kV/16kA 的基础模块为双断口模块，110kV 系统由两个基础模块串联组成。系统结构设计包括接线拓扑、绝缘设计、操动机构及其控制、换流电容和机构驱动电容器的供电等。图 7-6 中主开关 SV 和换流开关 VS 均用两个 24kV 交流真空灭弧室串联[4]。

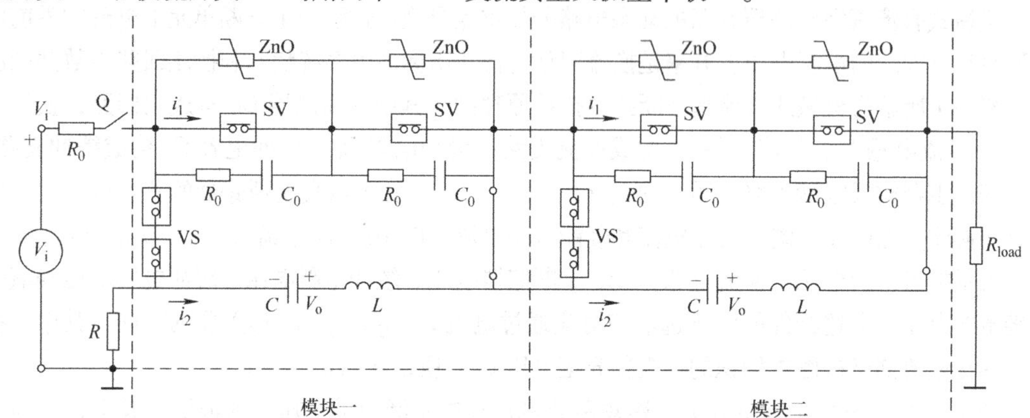

图 7-6　基于 60kV/16kA 模块串联的 110kV 高压直流断路器电路拓扑

图 7-6 中的开断模块采用的是基于换流的典型机械式直流断路器拓扑，可以直接用系统电压为换流电容器充电，充电电阻 R 限制充电电流在毫安级，主回路开断后 R 中的剩余电流由隔离开关 Q 切除。

多模块串联系统的操作是由控制光纤统一发指令，各 SV 断口的快速斥力机构开始分闸，VS 各断口在某一时刻开始合闸。暂不计各斥力机构的始动时间 T_i，当各灭弧室动、静触头达到安全开距时，换流开关完成闭合。经过换流时间 T 后各断口电流过零，电弧熄灭且开断完成。图 7-6 中主开关两个模块、四个断口，换流开关样机中也是四个断口，可见系统工作特性的关键是各开关、各断口动作的协调与同步，尤其是模块之间需同步换流以保证 TRV 的均衡。图 7-7 所示为 60kV 模块的主开关和换流开关样机结构，图 7-8 为模块实物。R_0 与 C_0 为缓冲网络，用以调节断口恢复电压的频率和幅值，ZnO 避雷器与断路器并联、并列放置，每组由两只 10kV 等级阀片组成。真空灭弧室呈 V 形布置，可缩小模块空间。

图 7-7b所示换流开关的理想设计为真空触发开关（TVS），考虑到样机成本，选用与主开关相同电压等级的交流真空开关，但结构为水平布置，可减少各运动部件的重力影响，提高合闸速度。图 7-6 中模块一采用两个换流投入开关串联是考虑到其双倍的电场应力负荷。操动机构均处于高电位，其驱动电容器组由蓄电池供电，蓄电池则由无线传能技术、PT 与 CT 结合的高电位取电或隔离变压器解决浮充电问题。控制系统采用光纤信号传输，可规避二次电路绝缘问题。

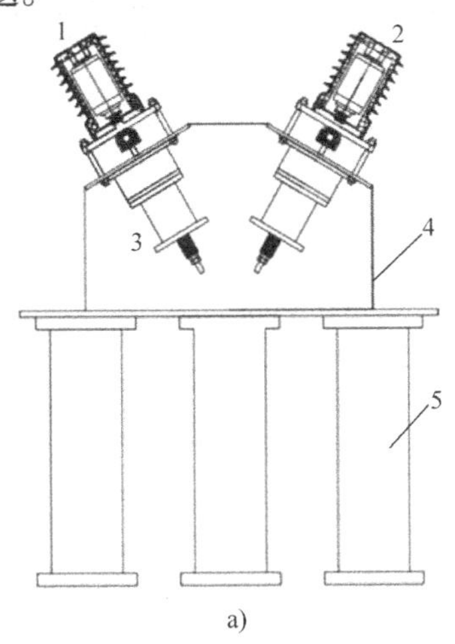

a)

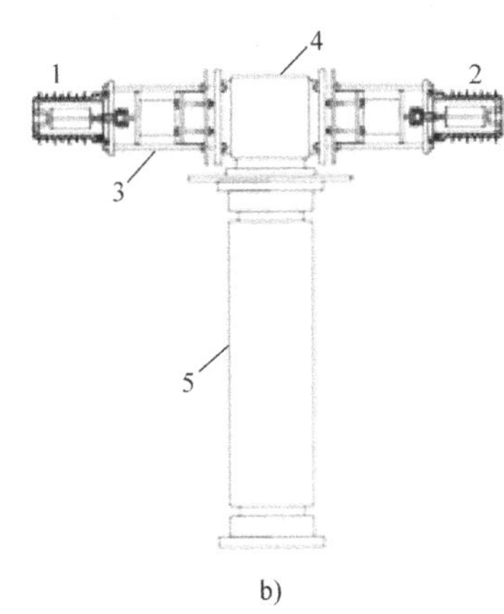

b)

图 7-7　60kV 模块的主开关和换流开关样机结构

1，2—主开关灭弧室　3—斥力操动机构　4—机箱　5—支撑绝缘子

对比交流应用的真空开关，直流真空开关灭弧室的特点是燃弧时间短、过零前电流变化率大、过零后的系统电压恢复快、要求操动机构快速分闸且动作时间精准控制。与中压应用的区别则是分闸速度要求更高，一般采用包括永磁部分和斥力部分的电磁斥力操动机构。永磁部分的永磁铁、永磁线圈和动铁心提供合闸运动和合闸保持，斥力部分的静斥力盘和动斥力盘提供分闸动作的驱动，超程碟簧为触头提供预压力以保障其良好的导通特性。斥力盘的工作行程较短，分闸起始后的运动由预压缩的分闸簧驱动。图 7-9 为高压直流真空开关的灭弧室与斥力机构示意图。

图 7-8　60kV/16kA 模块实物

7.1.4　高压直流真空开关的参数试验

直流断路器的性能参数试验是检验产品设计和加工水平的必要环节，相关的基础研究、产品的技术规范和标准均离不开以开断能力为代表的参数试验。

直流开断试验目前大多基于交流合成试验回路，用其电流源的低频振荡电流模拟处于上升阶段的直流短路电流，用其电压源模拟系统恢复电压。与交流开断试验相似：通过大电流燃弧阶段、换流与零区和高电压恢复阶段完成开断试验过程。作为等价性条件，要求交流合成试验满足短路电流幅值和频率、电流畸变、TRV 变化率、幅值与维持时间等参数要求。直流合成试验还未形成国内外标准，仅能参考交流开断的试验等价性条件，探讨试验方法与回路，分析试验开断过程与结果。

为改善直流开断合成试验对 TRV 考核不足的问题，可尝试由电流源、换流源、电压源三部分组成的三电源直流开断合成试验回路，如图 7-10 所示。新增的恢复电压源由电容器组 C_u、电阻 R_u 和触发球隙 G_u 组成，在短路电流过零后，换流源的 TRV 达到峰值时投入，提供补偿 TRV 幅值及其持续作用时间[5]。

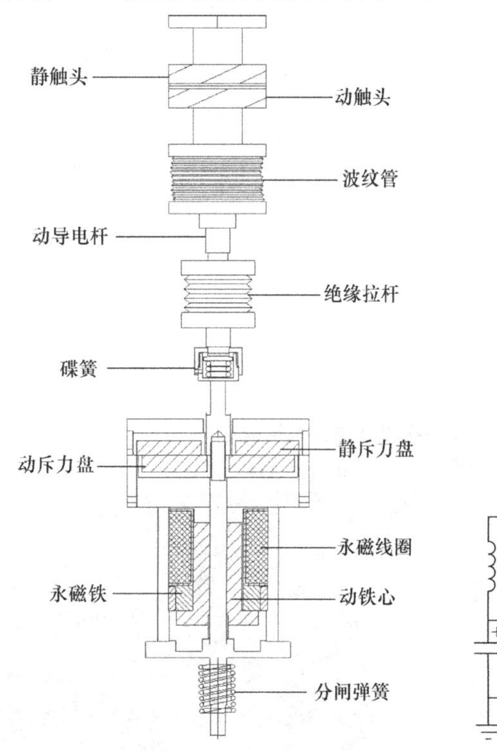

图 7-9　高压直流真空开关的灭弧室与斥力机构示意图

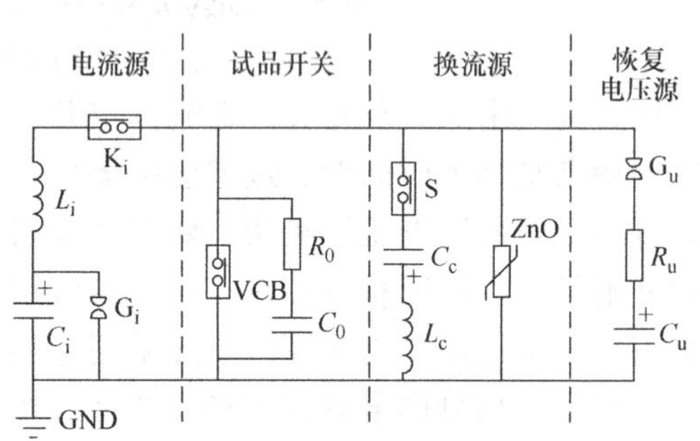

图 7-10　三电源合成试验等效电路

图 7-11 为直流系统、常规合成回路与三电源合成试验的波形比较，各量下角序号 1、

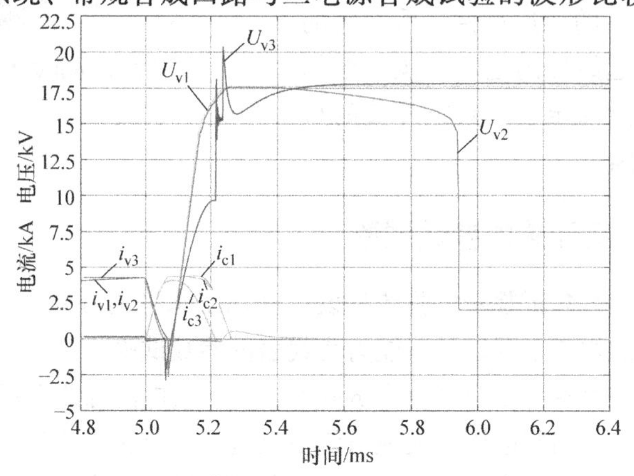

图 7-11　直流系统、常规合成回路与三电源合成试验的波形比较

2、3 分别代表相应的试验参数，其中三电源合成试验的恢复电压上升阶段波形相对直流系统的差异较大，但恢复电压上升时间及其峰值与直流系统仿真结果相似，恢复电压持续作用时间长，与直流系统开断的等价性相对好一些。

7.2　真空开关的中频开断

如前所述，直流真空开关实际上开断的是换流引入的中频电流，中频开断能力首先是由换流系统参数决定的，描述其开断过程的参数也与换流系统相关。与工频开断不同的要素是还要考虑直流系统特有的、以平波电抗器为特征的系统惯性，断路器要同时承担开断后剩余能量的消纳任务。

7.2.1　中频换流参数

直流真空开关的换流频率直接影响其开断能力。前人的研究表明：真空开关在一般情况下对 1kHz 的交变电流仍有较高的开断能力，综合考虑成本与可靠性，人们通常选择的换流频率为 1～10kHz。与 50Hz 的工频开断相比，中频电弧开断的燃弧时间短、电流过零时刻 $\mathrm{d}i/\mathrm{d}t$ 大、系统恢复电压上升率 $\mathrm{d}u_0/\mathrm{d}t$ 高。燃弧时间短对开断有利，而较大的 $\mathrm{d}i/\mathrm{d}t$、$\mathrm{d}u_0/\mathrm{d}t$ 将增加开断的难度。

为了描述直流真空开关的中频开断过程，除换流频率外可以再定义两个换流参数：换流电流幅值与开断电流幅值比（简称换流比）和换流时间。前者是要保证换流支路注入的电流幅值高于所开断电流幅值以制造电弧电流零点，后者是要保证电弧电流过零时灭弧室触头间开距大于等于最小安全开距（可以保证熄弧后能耐受 TRV 的最小真空间隙）。换流比是由换流支路的电感值、电容值及其预充电电压决定的，而换流时间则通过调整换流时刻、换流电流的幅值与频率动态地决定了电弧电流过零前电流变化率 $\mathrm{d}i/\mathrm{d}t$ 和过零后恢复电压变化率 $\mathrm{d}u/\mathrm{d}t$，并通过对换流时刻（进而决定燃弧时间）的控制影响整个熄弧过程。图 7-12 所示为换流时刻的换流时间与最小安全开距的示意图。

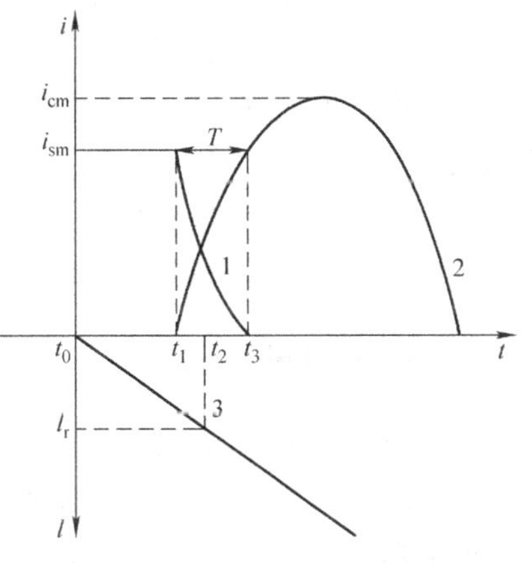

图 7-12　换流时间和最小安全开距示意图

图中，曲线 1 为断口电流，曲线 2 为换流电流，曲线 3 为灭弧室中动、静触头的开距；l_r 为最小安全开距；i_sm为所开断电流幅值；i_cm为换流电流幅值；t_0 时刻为断路器灭弧室触头分离的时刻，t_1 时刻为换流时刻，t_2 时刻达到最小安全开距，t_3 时刻断口电流过零（$t_3 > t_2$），换流时间 $T = t_3 - t_1$。

断口电弧成功熄灭后，是否会发生重燃取决于动、静触头此时是否达到了最小安全开距（即 t_3 是否大于 t_2）。最小安全开距定义为成功开断电流并且不发生电弧重燃时动、静触头之间的最小开距，其值取决于换流时间和时刻、开断电流幅值、换流频率以及熄弧后的恢复电压（TRV）等因素。如果换流时刻过早、换流时间过短或主开关分闸速度低，尽管在换流投入后电弧可能熄灭，但由于动、静触头间没有达到足够的开距，电弧便会重燃。最小安全开距和分闸速度等机械参数是机械式高压直流真空断路器基本的开断参数，分闸速度越快，动、静触头就越早达到最小安全开距，成功开断的几率越大；换流时间越短，电弧熄灭后电极间介质恢复强度越低而恢复电压越高[17]，对开关的速度要求以及触头间开距的要求也越高。

定义换流注入的电流幅值与开断电流幅值之比（换流比）K 为：

$$K=\frac{i_{\mathrm{cm}}}{i_{\mathrm{sm}}} \tag{7-1}$$

则换流时间可近似表示为

$$T=\frac{\arcsin\left(\frac{1}{K}\right)}{2\pi f_{\mathrm{c}}} \tag{7-2}$$

从式（7-2）可以看出，换流时间主要取决于换流频率 f_{c} 以及换流比 K。但对于换流电流来说，电弧电流的过零点可能在开断波形第一个二分之一周期的任一相位上，通过简单的二阶零输入响应电路分析难以确定，需要细致的分析和评估。

在一定范围内，随着开断电流幅值的增大，对最小安全开距的要求近似线性增加。这是由于电流幅值增加，在燃弧期间产生的离子、电子和金属蒸气也随之增多，在投入换流支路后，这些粒子开始消散。几种幅值的开断过程中，开断电流幅值越高，回路电压等级越高，而换流时间基本一致，换流结束后，断口间介质恢复强度越低，对最小安全开距的要求也随之增加。

综上所述，对于机械式高压直流真空断路器而言，与开关机械参数共同决定其能否成功开断的动态因素是换流频率、最小安全开距、换流时间和换流比等换流参数。

7.2.2 临界开断参数

就开断故障过程而言，直流系统与工频系统的开断参数差异较大。后者常以开断电流有效值和恢复电压有效值来描述，而前者则多以上述两个参数的时间变化率 di/dt、du/dt 来描述。当直流真空开关接到开断指令、开始换流、电流过零到完成介质恢复的过程中，主断口的电流电压变化如图 7-13 所示。其中，T_0 为转移电流投入到开断电流过零的时间；T_1 为负向恢复电压上升时间；T_2 为正向恢复电压上升时间；I_{m} 为转移电流投入时系统短路电流幅值；$U_{\mathrm{trv}-}$ 为负向恢复电压峰值；$U_{\mathrm{trv}+}$ 为正向恢复电压从负峰值到正峰值的峰 - 峰值，因此，换流各参数变化率可简易描述为

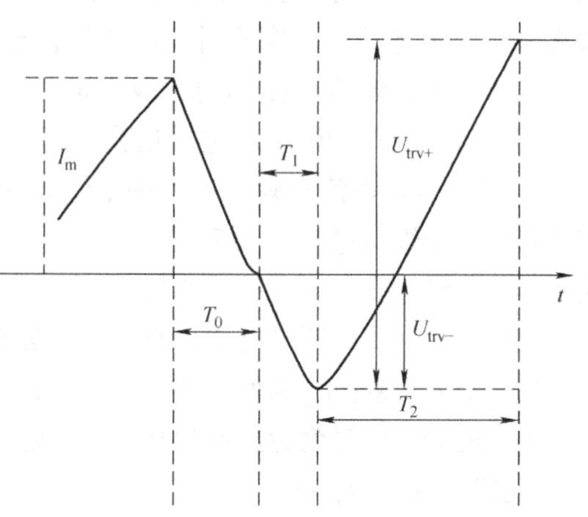

图 7-13　主断口电流电压示意图

$$\begin{cases} \dfrac{\mathrm{d}i}{\mathrm{d}t} = \dfrac{I_\mathrm{m}}{T_0} \\ \dfrac{\mathrm{d}u_-}{\mathrm{d}t} = \dfrac{U_{\mathrm{trv}-}}{T_1} \\ \dfrac{\mathrm{d}u_+}{\mathrm{d}t} = \dfrac{U_{\mathrm{trv}+}}{T_2} \end{cases} \tag{7-3}$$

1. di/dt 参数分析

电流过零前的下降率 di/dt，其物理意义是指主回路电流在换流到过零期间的平均变化率，此值可以通过理论计算得出。

$$I_\mathrm{m} + \Delta I_\mathrm{m} = I_\mathrm{c}\sin(2\pi f_\mathrm{c} T_0) \tag{7-4}$$

其中，I_c 和 f_c 分别为转移电流的峰值和频率。一般选转移电流频率在 1kHz 以上，从投入到过零均在 0.2ms 以内，故障电流的增加值较小，对零点产生时刻影响较小，故可忽略。因此，换流过程中可以认定 I_m 不变，取转移电流投入时刻故障电流的数值，式（7-4）可简化为

$$I_\mathrm{m} = I_\mathrm{c}\sin(2\pi f_\mathrm{c} T_0) \tag{7-5}$$

从式（7-5）可求出过零时间 T_0，代入可得

$$\frac{\mathrm{d}i}{\mathrm{d}t} = \frac{I_\mathrm{m}}{T_0} = \frac{2\pi f_\mathrm{c} I_\mathrm{m}}{\arcsin\left(\dfrac{I_\mathrm{m}}{I_\mathrm{c}}\right)} \tag{7-6}$$

可以看出，di/dt 是受转移电流频率 f_c、开断电流 I_m 和转移电流幅值 I_c 共同影响。转移电流幅值 I_c 决定了断路器的最大开断能力，即 $I_\mathrm{m} < I_\mathrm{c}$，所以可得

$$0 < \frac{I_\mathrm{m}}{I_\mathrm{c}} < 1 \Rightarrow 0 < \arcsin\frac{I_\mathrm{m}}{I_\mathrm{c}} < \frac{\pi}{2} \tag{7-7}$$

可以推导出，di/dt 的变化区间为（$4f_\mathrm{c}I_\mathrm{m}$，$2\pi f_\mathrm{c}I_\mathrm{c}$）。

2. du/dt 参数分析

主断口电流过零，换流过程中换流电容中的能量并未全部释放，仍存在一定的残余电压，此时会对线路中的缓冲电容和杂散电容放电，断口两端恢复电压很快达到负向峰值，同时，系统还会对换流电容进行反向充电，换流电容两端电压改变极性并迅速增长达到避雷器阈值电压，避雷器导通并吸收系统剩余能量。

忽略缓冲电阻时有：

$$\frac{\mathrm{d}u_-}{\mathrm{d}t} = -4\sqrt{1-\left(\frac{I_\mathrm{m}}{I_\mathrm{c}}\right)^2} I_\mathrm{c} f_\mathrm{c} \sqrt{\frac{L_\mathrm{c}}{C}} \tag{7-8}$$

$$U_- = \pi\sqrt{L_\mathrm{c}C}\frac{\mathrm{d}u_-}{\mathrm{d}t} = -2\sqrt{1-\left(\frac{I_\mathrm{m}}{I_\mathrm{c}}\right)^2} I_\mathrm{c} \sqrt{\frac{L_\mathrm{c}}{C_\mathrm{c}}} \tag{7-9}$$

上两式中，$C = C_\mathrm{c} /\!/ C_0$，$C_\mathrm{c} \gg C_0$，所以 $C \approx C_0$。换流支路参数确定后，du_-/dt 是指电流过零后的反向恢复电压变化率，主要由主断口电流幅值和缓冲电容决定。

di/dt、du/dt 虽然可以作为参数描述直流开断过程，但仍不能完全代表临界参数，因为

还缺少开关系统对系统开断后剩余能量的消纳能力，而这些能量仍可能以过电压的形式威胁系统的安全。

7.2.3　系统剩余能量的消纳

真空主开关开断直流后，ZnO 避雷器需要吸收的系统剩余能量主要由两部分组成：一部分是真空主开关开断后仍然存储在平波电抗器 L_s 中的磁场能量，该部分与系统的结构参数（如开断电流的幅值、平波电抗器电感值）紧密相关。开断的电流幅值越大，需要释放的能量越大，系统中平波电抗器的电感值越大，需要吸收的能量也越大。当然每个直流输电系统在设计初期该参数便已确定，但是在实际工况下，还要考虑各种误差及其他感性元件的影响因素。另一部分是在真空主开关熄弧后避雷器吸能过程中系统电源继续供给的能量，影响这部分能量大小的最关键因素为吸能限压时间的长短，时间越长需要吸收的能量越大。而该时间的确定与很多因素有关，比如 ZnO 避雷器的限压水平、主断路器的介质恢复强度等。实际上，还有一小部分能量来自系统中其他的储能元件，如换流支路、部分线路、滤波元器件，因为一般情况的直流输电系统中，每部分都会配备相应的限制过电压措施，因此本文中忽略了这些次要的影响因素。高压直流真空断路器开断过程中需要吸收的能量可以表达为

$$Q_{\mathrm{MOA}} \approx \frac{1}{2}L_s I_5^2 + \int_{t_5}^{t_7} Ei(t)\,\mathrm{d}t \tag{7-10}$$

式中，I_5 为达到避雷器动作阈值电压时流过平波电抗器的电流幅值。由上式可知，避雷器吸收的能量与开断的短路电流的二次方成正比，与平波电抗器的电感值成正比，且选择的避雷器残压越低，吸能时间越久，吸能值越大。残压水平越低，保护性能越好；残压水平越高，越有利于快速减小直流电流。然而过高的残压水平会增加避雷器本身和其他设备的绝缘成本。必要时要考虑至少有二次灭弧耗能的要求，吸能装置的放电负荷能力应大于直流系统中存储的能量。此外，避雷器应在主断口两端电压超过起始动作电压时导通，吸收系统电感存储的能量，并将主断口电压抑制在保护水平以内；避雷器的起始动作电压要高于系统额定电压峰值 U_d；而为了降低主断口的开断负荷和换流元器件的绝缘要求，应在保证上一条的基础上，尽量选用残压低的避雷器。

直流开断的吸能过程属于操作冲击过程，而且要经历一个可能长达几十毫秒的通流过程，所以避雷器的保护水平应该以长周期电流冲击下的残压为准。在确定了过电压保护水平和直流开关整体拓扑结构的情况下，吸能支路就要选定合适的避雷器，并计算需要并联的避雷器个数。最后根据最大系统能量工况的数据和单只避雷器的吸能能力并考虑适当裕量，根据系统平波电抗器的容量来选定吸能支路中并联避雷器的个数。

7.3　直流真空开关模块的串联

由于真空间隙的长度与介质强度关系的饱和效应，灭弧室串联是真空开关向特高压发展的必由之路。关于多模块串联技术在本书第 8 章有专题论述，这里主要讨论直流真空开关模块的串联问题。对于基于换流的直流真空开关而言，串联系统的各单元协调将更苛刻，同时还有整体换流还是单元模块换流的不同选项。如前所述，直流真空开断的是中频电流，如换流频率取 5kHz，燃弧半波时间将比工频压缩 100 倍，换流时间不大于 0. 1ms。这就意味着各

串联单元之间的动作误差一定要限制在微秒数量级。直流真空开关在向高电压等级发展中模块化是必经路径，这里以单元内换流的直流真空开断模块为例分析模块串联的相关问题。

7.3.1 模块结构设计案例

根据模块化的初衷，本案例按照单元换流的思想设计。与整体换流相比，单元换流可以利用换流电容器承担动态均压任务，缺点是对单元间同步误差的要求更加严格。案例主体为两个基础模块串联组成的110kV/16kA直流真空断路器，模块内部接线拓扑以及两个模块串联的原理接线如图7-6所示。

模块串联要解决的技术关键是系统动态绝缘设计，按功能表征则为多断口真空断路器在开断大电流情况下，各模块/串联断口的介质强度恢复过程和弧后重击穿特性。成功换流、开断电弧时各串联断口电极表面温度较高且真空间隙中存有剩余等离子体，动态过程中各模块开距可能有差距，对局部介质恢复强度影响极大，也影响了TRV的动态分布。

多断口真空断路器的静态绝缘特性是动态绝缘的基础与初始条件，动态绝缘特性主要研究电流开断后在静态特性上叠加TRV的作用，本书第5章中就真空开关整机给出了动态绝缘的相关描述。在多断口真空断路器静态绝缘特性分析中可知，由于各串联断口等效电容的差异，以及杂散电容和对地电容的存在，使得多断口真空断路器各串联断口的电压分配失衡。静态电压分布常采用其等效电路进行分析，以双断口真空断路器为例，其静态等效电路如图7-14实线部分所示。

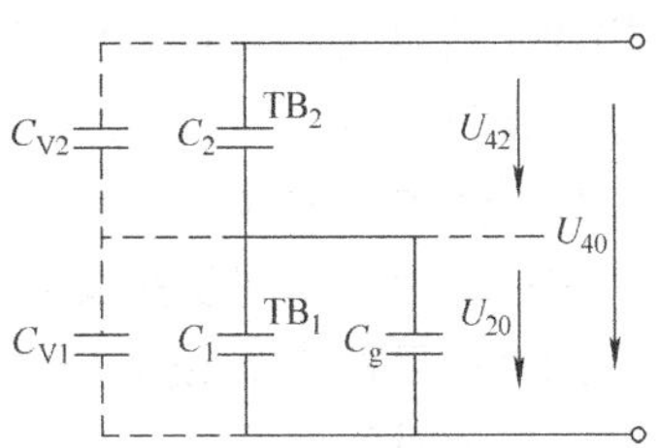

图7-14 双断口真空断路器静态等效电路

由于图中对地电容的影响，使得双断口真空断路器的电压分布变得不均匀，其电压分布关系如下式所示：

$$\begin{cases} U_{42} = \dfrac{C_1 + C_g}{C_1 + C_2 + C_g} U_{40} \\ U_{20} = \dfrac{C_2}{C_1 + C_2 + C_g} U_{40} \end{cases} \tag{7-11}$$

式中，U_{42}和U_{20}分别为双断口真空断路器高低侧断口所承担的电压；C_1和C_2分别代表低压侧断口TB_1和高压侧断口TB_2的等效电容；C_g为对地电容；U_{40}为双断口真空断路器的暂态恢复电压。由式（7-11）可知，双断口真空断路器在开断时，高压侧断口将承担更高的电压，甚至可以达到暂态恢复电压值的70%。

以基于光控模块串联的三断口真空断路器为例，通过仿真及试验得到其静态电压分布：近高压侧断口承担的暂态恢复电压最高，电压占比为77.97%，其次是中间断口，占比为19.36%，远高压侧断口承担的暂态恢复电压最低，只有12.67%。基于上述分析可以得到，多断口真空断路器在开断大电流时，越靠近高压侧的断口，承受的电压越高，因此多断口真空断路器高压侧断口更容易发生重击穿，进而导致其余断口相继发生重击穿，致使开断失败。目前多断口断路器的均压措施以并联均压电容为主，如图7-14虚线部分所示。但是加装均压电容也会给多断口真空断路器带来一些问题，如增加成本，影响弧后介质恢复，甚至造成安全隐患。因此，在满足均压效果的前提下尽量减小均压电容的容量。对于直流开断模块上述情况的改善，其原因是换流电容器具有很好的均压作用，这也是模块换流比整体换流优越的原因。

7.3.2　多断口直流真空断路器的同步控制

研究指出，多断口真空断路器在开断工频短路电流的条件下，两个串联断口的动作分散性达到毫秒级时，各串联断口燃弧时间的差异将导致开断电流过程中各断口的电压分布不均和弧后介质强度恢复不同的情况，影响其开断性能。对于直流开断模块来说，同步要求更高。由于受到材料、制造工艺等因素的影响，各模块机构之间的传动性能和机械特性存在差异，各机构的动作分散性是不可避免的。减小与控制各断口的不同步是多断口真空断路器的研究重点之一。

多模块串联系统的操作经光纤按统一控制时序发送指令。首先，断路器 CB 各断口的快速斥力机构开始分闸，换流开关 VS 各断口的快速斥力机构也随即开始合闸。暂不计各斥力机构的始动时间，当 CB 动、静触头接近安全开距时，VS 完成闭合。经过换流时间后，各 CB 断口间隙均达到或超过安全开距，电流过零，电弧熄灭，开断完成。

1. 模块内部的同步控制

多模块串联的同步性取决于模块的基本运动参数。参考国外产品参数以 5ms 为全开断时间的设计目标[1]，设定开关接到分闸指令后 $t_1=4\text{ms}$ 时换流，另有 1ms 为各机构的始动时间、换流时间和控制误差分散时间。模块内同步控制参数可分解为两部分：主开关同步误差为 δ_1，换流同步误差为 δ_2。

本案例 30kV 直流断口的安全开距 l_r 设为 6mm，对应用时为 T_a，以主开关各断口分闸速度 v 为变量，v 大于 l_r/T_a 即可。同步误差 δ_1 可与速度 v 相对应：

$$0 < \delta_1 \leqslant T_a - \frac{l_r}{v} \tag{7-12}$$

式（7-12）是一个开放不等式，只要各断口的最低分闸速度 v 足够大，即使 δ_1 设定得极小，代入实际参数后上述不等式总是成立的，即由于串联断口的电流是唯一的，各断口可在大于安全开距的条件下电弧电流同时过零。同步开断问题转化为保证各断口的分闸速度，并且给出一个半开放的速度误差空间。以上述模块为例，只要各断口分闸速度不小于 2.0m/s，换流后电弧电流过零就具备了开断条件。分闸速度稍高的断口对系统开断过程的影响不大。

对于换流开关的同步，若采用真空触发开关 TVS，可将 t_1 时刻的波动 δ_2 控制在数微秒的范围内。近年来最新研制的激光触发 TVS 的控制时间抖动已经压缩到纳秒数量级，对于几千赫兹换流，相对于数十微秒的换流时间，运行误差可以忽略不计。对于机械式换流开关关合速度最低的一个断口，由始动时刻至关合时刻的时长 T_1 应在如下区间：

$$T_a - T \geqslant T_1 \geqslant T_2 - T \tag{7-13}$$

式中，T_2 与 T_a 均为系统设定，与主开关分断控制基本没有纠缠。例如设 T_2 为 4.5ms，T 为 0.03ms，T_a 为 5ms，则 δ_2 为 0.5ms。归纳模块本体的同步参数控制：对于 CB 各断口，始动时间 δ_0 不大于 1ms，v 不小于额定值，允许 0.5m/s 的正差；对于 TVS 抖动时间为正差 0.2ms；对于机械式换流开关的各断口，关合速度最低的一个断口关合时的允许波动 δ_2 为 0.5ms。

2. 模块间的同步控制

模块间不同步问题主要反映在电流过零后各模块承受的 TRV 分布不均匀。仿真分析表明，当模块间不同步性较小，如模块 2 相对于模块 1 延时动作 0.2ms，但双断口 TRV 的起始点和上升速度基本一致，由于换流电容作用，TRV 差异不明显。但当延时增加到 0.5ms 时，延时断口开始承受 TRV 使双模块 TRV 重新分配，可能产生延迟断口电弧重燃，导致整个断路器重击穿，开断失败。

在基于 126kV 模块化三断口交流真空断路器的工程实践中，以多断口真空断路器动态 TRV 均匀分布为目标，对多断口真空断路器的 TRV 分布及同步控制进行了理论与试验研究，提出多断口断路器的有限异步开断和动态介质恢复主动补偿概念和基本思路，通过调整永磁操动机构励磁电流和始动时刻两种方式实施多断口真空断路器的有限异步开断。通过 126kV 模块化三断口真空断路器样机试验证明：有限异步开断参数调节及动态介质恢复主动补偿是可行的。

7.3.3　同步控制系统及冗余设计

本案例的 110kV/16kA 多断口高压直流真空断路器的同步控制系统基于 DSP 和 FPGA 架构，硬件结构设计如图 7-15 所示。图中，DSP 为数字信号处理模块，FPGA 为现场可编程门阵列模块，A/D 为数/模转换模块。电压电流互感器模块采集电网中的电压、电流等参数，将采集到的信号传送到信号调理模块进行信号放大、滤波及 A/D 转换，然后将调理后的信号送入主控板的 DSP 中。同时在主控板中 FPGA 的控制下对输入接口的输入信号和经光纤传送的各真空断路器状态进行采集，在 DSP 中进行分析和运算，最后将运算结果在 FPGA 控制下经由输出端口输出信号，通过光纤将信号传送到各个真空断路器的控制机箱，实现多断口真空断路器的同步通断控制。

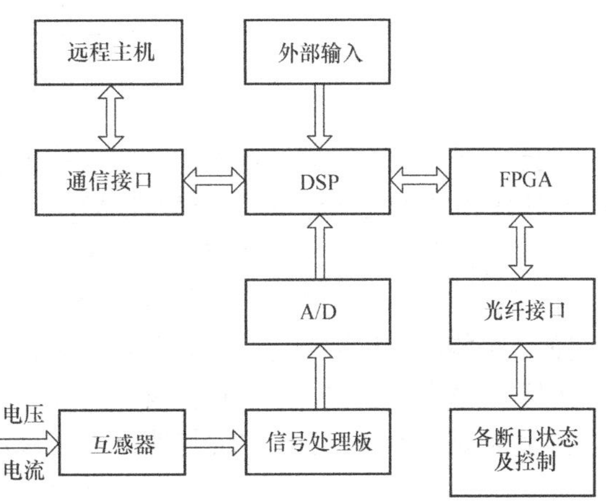

图 7-15　同步控制系统硬件结构

硬件电路是同步控制系统的基础，而软件则是同步控制系统的核心。多断口真空断路器同步控制系统的软件部分主要实现电网参数、外部输入信号和各真空开关状态采集信号的分析、处理以及各真空开关通断指令的输出等功能。

根据同步控制系统软件的功能，将其分为五个模块，分别是主程序模块、电网参数采集模块、数据分析处理模块、光纤通信模块以及远程通信模块。主程序模块负责整个软件程序的初始化和各子模块的调度执行；电网参数采集模块负责电网参数的周期性采集；数据分析处理模块负责数据的滤波处理、系统电压/电流的零点检测以及各真空开关分、合闸延时的计算等；光纤通信模块负责通过光纤读取各个真空开关的状态以及发送分、合闸指令等；远程通信模块则负责同步控制系统与远程上位机的通信，将同步控制系统的状态信息发送给上位机，同时接收上位机的指令。

基于同步控制系统软件的模块化设计，其软件系统的总流程如图 7-16 所示。

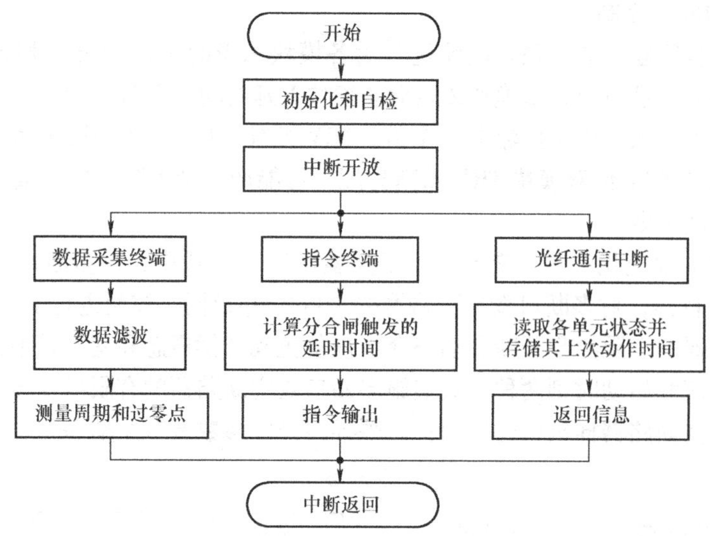

图 7-16　同步控制系统软件的模块化总流程

同步参数的冗余设计源自操动系统可能出现的误差。T_{01}为控制回路的触发时延，一般电子线路的水平为小于 10μs，分散性 ΔT_{01}小于 1/100。T_i为电磁线圈励磁或机构的始动时间，由机械负载和励磁电流确定。真空开关的机械载荷是恒定的，一般机械运动副不超过两个，可忽略运动副配合公差产生的时间分散性。因此，影响运动时间 T_i的负载可以看作是确定值。可能的变化量来自温度的变化，主要引起电路中电阻值和电容值的变化。电路元件的电阻温度系数一般在 10^{-5}/℃量级，其影响可忽略不计。ΔT_i为运动时间误差，影响 ΔT_i的主要因素是电容器的容量温度特性，可表示为

$$\Delta C/C = f_c \Delta T \tag{7-14}$$

式中，f_c 为电容温度系数；C 为给定温度下的标称电容；ΔC 为当温度变化 ΔT 时电容的变化值，ΔT 为温度的变化。f_c 也称为 TCC（10^{-6}/℃），与电介质相关，一般在 200 ~ 300，显然，如要求 10^{-3}以上的控制精度，就要依靠计算机软件或其他硬件方式进行温度补偿。由于电阻、电容的温度变化规律已知，通过附在控制电路板上的温度传感元件，应用计算机进行补偿是比较容易实现的。

电磁机构运动时间除了与电路参数及负载相关外，还与铁心运动阻尼相关。ΔT_r为温度变化引起阻尼系数的变化量，在开关动作若干次后，公差的增加及材料的磨损可能使阻尼系数有变，应在控制方面加以考虑定期校正，如采用自学习控制策略、动态修正阻尼参数。因此，总的动作时延可以在开关组装调试时通过实测存入计算机，并在软件中计入温度补偿功能。

模块控制系统同步参数还与系统冗余设计相关。若模块内有多断口，可用多断口绝缘增益系数得到足够的冗余。在模块间同步方面，上述双断口异步开断的仿真与试验说明，模块间 0.2ms 的同步误差是可以满足介质恢复强度的，它恰好是换流回路的一个频率周期。考虑到系统安全，额定需求模块数增加一组模块（$n+1$）是必要的，可以抵消多断口故障概率升高的消极影响。前面章节分析的 60kV/16kA 基础直流开断模块，其实际绝缘参数超过 72kV 等级，即三个模块串联即可满足 220kV 电压等级的要求。实际工程设计可以应用四个

模块串联，即有3+1的冗余。一般情况下，模块的短时过电压耐受高于2倍的额定电压值，即双断口的每个单体都能短时承担整体额定电压。根据可靠性理论，此时串联运行的模块整体故障率可按并联系统进行简单估算。定义单模块失效率为R，先设为千分之一（10^{-3}），则四个模块串联时有两个同时失效的概率为6×10^{-6}，三个断口同时失效的概率为4×10^{-9}，全部同时失效的概率是10^{-12}。现代加工技术和产品检验水平已经使成熟设计的产品失效率降到万分之一以下，上述冗余目标不难达到。

7.4 混合式直流断路器中的快速真空隔离开关

7.4.1 混合式直流断路器拓扑

混合式直流断路器结合了机械开关良好的静态特性与电力电子器件良好的动态特性，理论上具有开断时间短、通态损耗小、无须专用冷却设备等优点；但在实际中，以ABB公司的混合式直流断路器为例，主开关由大量IGBT器件串联，除了高昂的成本外，可靠性还需进一步验证。混合式直流断路器主通流支路由快速机械开关和主负荷阀组串联构成，用于导通直流系统电流；换流支路由多级换流支路子模块串联构成，用于短时承载直流系统短路电流，并通过换流将电容串入故障回路，建立暂态开断电压；耗能支路由多个避雷器组构成，用于抑制开断过电压和吸收输电线路与平波电抗器中的剩余能量。图7-17所示为混合式直流断路器的典型拓扑。

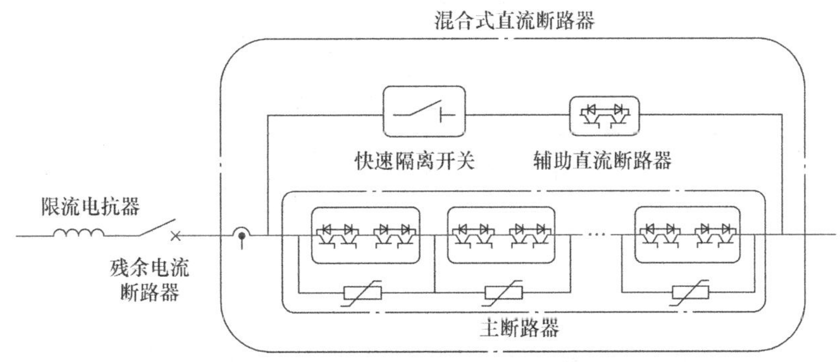

图7-17 混合式直流断路器的典型拓扑

当直流电路正常运行时，固态开关支路处于断开状态，快速机械隔离开关和负载转换开关导通并流过直流电流。当检测到直流电路发生短路时，首先导通电力电子器件，切断负载转换开关，电路上的电流转移到固态开关支路上，负载转换开关承受电力电子器件的导通电压。由于快速机械隔离开关此时流过的电流为零，快速机械隔离开关迅速打开，电力电子器件截止，直流电路上的能量通过与电力电子器件并联的氧化锌避雷器吸收，短路电流下降。该混合式高压直流断路器通过开断短路电流8.5kA的短路试验，其开断时间为5ms。阿尔斯通公司研制的混合式高压直流断路器原型产品的测试中，开断电流超过了5.2kA，开断时间为5.5ms。图7-18所示为试验测试曲线。

国网智能电网研究院研制的混合式高压直流断路器的基本拓扑结构如图7-19所示，主

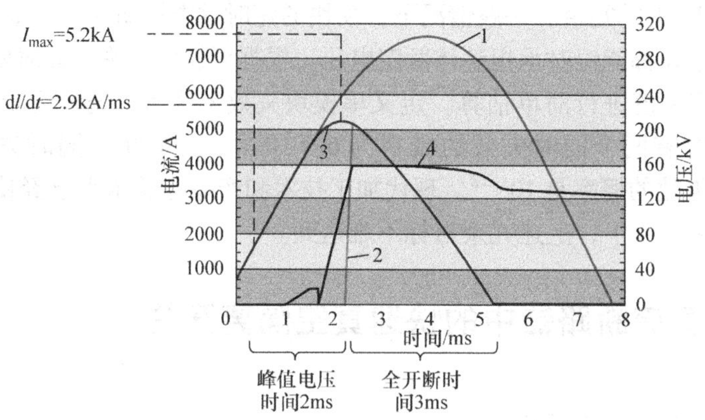

图 7-18　阿尔斯通混合式高压直流断路器试验测试曲线

1—预期电流　2—避雷器电流　3—开断电流　4—断路器端电压

要包括主开关支路（快速机械隔离开关 + H 桥负载转换开关）、换流支路（H 桥电力电子开断单元）和吸能支路（避雷器组）。该混合式高压直流开路器所开断的电流超过了 15kA，开断时间为 3ms。

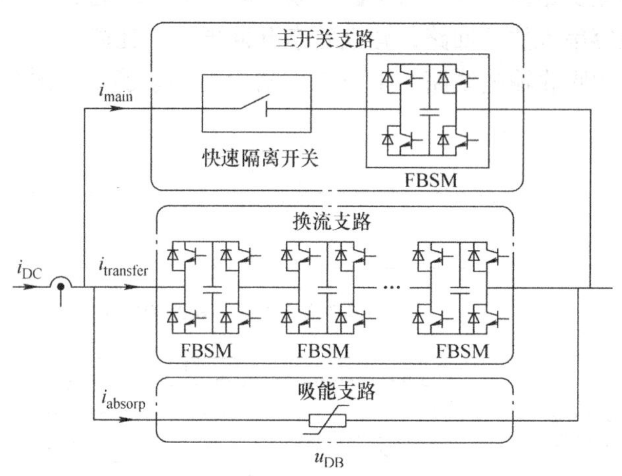

图 7-19　国网研制的混合式高压直流断路器的基本拓扑结构

混合式直流断路器原理简单直接，技术也相对成熟，提高机械开关的操作速度与可靠性是重点攻关的内容之一。快速机械隔离开关只需承担很小的直流剩余电流的开断任务，但要求快速响应以及足够高的分闸速度。为满足上述要求，快速隔离开关大都采用真空作为绝缘介质来减小开关尺寸和运动质量，采用电磁斥力操动机构来保证分闸速度，必要时还可利用多个断口串联的方式进一步缩短机构行程，压缩分闸时间。

近年投入运行的舟山 200kV 直流输电工程，配备的混合式直流断路器已经成功地应用高压真空断路器作为快速隔离开关。该开关由三组快速隔离开关模块串联组成。正常工作时快速隔离开关闭合导通，通态阻抗和损耗忽略不计。当故障发生时，快速隔离开关在毫秒级时间内完成分闸，承受系统暂态恢复电压及系统耐压。因快速隔离开关的分闸速度与绝缘耐压水平都较高，每组开关模块采用双真空断口的单元串联设计。图 7-20 所示为 200kV 快速隔离开关整体布置示意图。

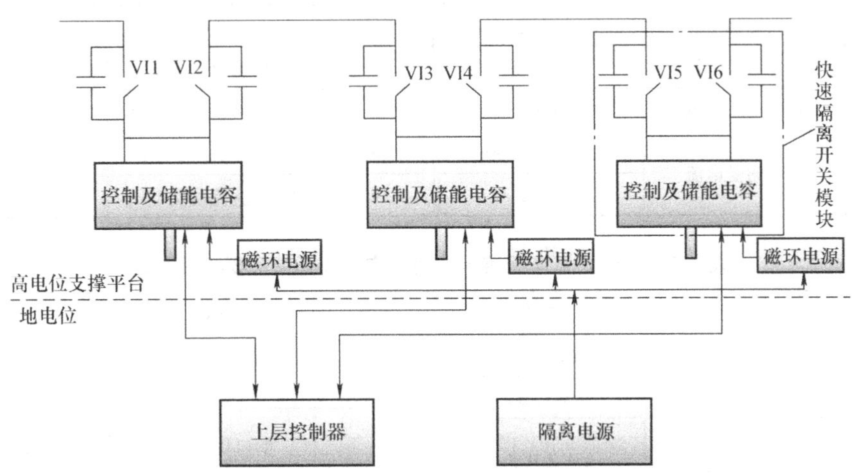

图 7-20 200kV 快速隔离开关整体布置示意图

快速隔离开关主要包括开关本体 VI1 ~ VI6 及驱动机构、电源、控制系统。控制系统与断路器的上层控制器通过光纤进行通讯连接，接收上层控制器的分、合闸命令，对断口单元驱动机构进行触发，完成开关的分、合闸。开关分、合闸所需能量由电源系统提供，包括电源模块、电容充电系统、储能电容及放电回路。图 7-21 所示为西华大学与旭光电子研制的 200kV 快速真空隔离开关样机实物照片。

图 7-21 200kV 快速真空隔离开关模块样机实物

对于混合式高压直流断路器的核心电力电子开关部件，目前参数最高的 4.5kV/3000A 的 IGBT 器件额定电流为 3000A，最大开断电流为 6kA/ms。直流系统要求故障情况下换流阀、直流断路器需耐受 6 ~ 8ms 的短路电流不闭锁，这对机械式开关提出了挑战，目前元器件参数与设备性能要求的匹配水平有待提高[6]。

7.4.2 快速开关的工作条件

如前所述，快速真空隔离开关是混合式直流断路器关键部件之一，在系统中受到电、磁、热、机械力等综合作用。仍以舟山工程应用的高压直流隔离开关为例，通过参数分析，讨论该开关的工作条件。该开关的电气参数如表 7-1 所示，机械参数如表 7-2 所示。

根据表中的参数可见：除了极快的动作参数要求外，对比普通隔离开关而言，电参数的要求还是比较低的，同时多断口串联新增了同步性要求。此外，快速操动引起的动量对触头的合闸反弹与分闸过冲的影响也是一个技术难点。

表 7-1　混合式直流断路器快速真空隔离开关主要电气参数

<table>
<tr><th>序号</th><th>名称</th><th>参数</th><th>序号</th><th>名称</th><th>参数</th></tr>
<tr><td>1</td><td>额定直流电压</td><td>100kV</td><td>4</td><td>故障耐受电流</td><td>20kA DC/1s</td></tr>
<tr><td>2</td><td>额定工作电流</td><td>1200A DC</td><td>5</td><td>断口单元回路电阻</td><td>≤30μΩ</td></tr>
<tr><td rowspan="2">3</td><td rowspan="2">短时耐受电流</td><td>1.5kA DC/60s</td><td>6</td><td>操作冲击耐受电压</td><td>端间：200kV</td></tr>
<tr><td>5kA DC/3s</td><td>7</td><td>5min 直流耐受电压</td><td>端间：150kV</td></tr>
</table>

表 7-2　混合式直流断路器快速真空隔离开关主要机械参数

<table>
<tr><th>序号</th><th colspan="2">名称</th><th>参数</th><th>序号</th><th>名称</th><th>参数</th></tr>
<tr><td>1</td><td colspan="2">快速/慢速分闸时间</td><td>≤2ms/5ms</td><td rowspan="2">5</td><td rowspan="2">合闸弹跳时间</td><td rowspan="2">≤4ms</td></tr>
<tr><td>2</td><td colspan="2">合闸时间</td><td>≤13ms</td></tr>
<tr><td rowspan="2">3</td><td rowspan="2">断口不同期性</td><td>快速/慢速分闸</td><td>≤0.2/0.5ms</td><td>6</td><td>断口均压电容</td><td>2000pF</td></tr>
<tr><td>合闸</td><td>22ms</td><td rowspan="2">7</td><td rowspan="2">机械寿命（快分连续操作不调整）</td><td rowspan="2">≥3000 次</td></tr>
<tr><td>4</td><td colspan="2">分闸反弹量</td><td>≤4mm</td></tr>
</table>

7.4.3　快速真空开关的运动参数

相对交流应用的真空开关，直流真空开关的最大特点是高分闸速度，即属于快速开关技术范畴。对于快速开关而言，其运动参数的重要性甚至高于电特性，本节围绕真空开关分合闸过程的动量分析，讨论运动参数对快速开关性能的影响。

真空开关分闸过程运动参数的确定主要依据是操动机构的出力特性与灭弧室活动密封和结构件的承受能力。快速开关合闸过程的操动一般与交流应用场景相同，运动参数反映的是灭弧室的耐冲击性能和耐受触头弹跳引起的烧蚀与熔焊，保证后续的分闸操作正常。本节基于动量分析，讨论合闸与分闸过程的运动参数，目的在于掌握运动参数与其他性能指标的关系，避免开关电气参数随寿命周期产生不可逆的变化，从而找到克服或补偿系统结构材料问题的措施，明晰真空开关动触头甚至整个可动部分的理想运动特性曲线。

1. 分闸过程的动端速度分析

图 7-22a 所示是简化的真空开关的运动相关部件图。当开关接到分闸指令时，动触头向下方加速运动，达到额定开距后被限位。对分闸过程中灭弧室动端的直观运动分析可知，若无有效的缓冲，可动部分在巨大的冲击动量下将引起运动副配合间隙增大、乃至传动误差增大，对灭弧室的动密封产生剪切力，危及波纹管的疲劳寿命甚至直接撕裂。图 7-22b 为真空灭弧室动触头、动导电杆、绝缘拉杆等形成的传动机构分析简图[7]。

操动机构的运动过程满足下列方程组：

$$\begin{cases} a_{\mathrm{CC}} = \dfrac{F}{m} \\ v = \displaystyle\int a_{\mathrm{CC}}\mathrm{d}t \\ s = \displaystyle\int v\mathrm{d}t \end{cases} \tag{7-15}$$

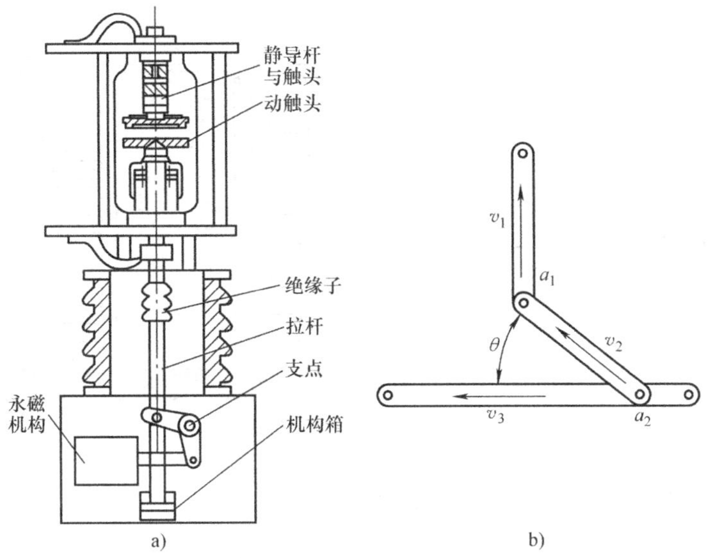

图 7-22　真空开关运动部件和传动机构示意图

式中，a_{CC}为机构加速度；v 为机构速度；F 为机构所受合力；m 为机构运动部件质量；s 为机构位移。其中力 F 与应力应变的关系为

$$F(t) = \delta(t)A = \varepsilon(t)EA \tag{7-16}$$

式中，$\delta(t)$ 为 t 时刻应力值；$\varepsilon(t)$为 t 时刻的应变值；E 为传动连杆弹性模量；A 为传动连杆横截面积，传动机构的运动过程满足下列方程组：

$$\begin{cases} v_1(t) = [\sin\theta(t)]v_2(t) \\ v_2(t) = [\cos\theta(t)]v_3(t) \\ \cos\theta(t) = \dfrac{x_0 - \int_0^t v_3(t)\mathrm{d}t}{L} \\ \gamma(t) = \int_0^t v_1(t)\mathrm{d}t \end{cases} \tag{7-17}$$

式中，v_1 为动触头运动速度；v_2 为拐臂运动速度；v_3 为横向拉杆运动速度；θ 为拐臂与横向拉杆初始角度；x_0 为起始位置拐臂的水平投影长度；L 为拐臂长度；γ 为绝缘拉杆运动位移。通过联立操动机构和传动机构的运动方程组，可以推算出动触头的运动特性。

运动副形变是多次冲击积累的结果，而快速真空开关分闸操作的最大威胁则来自活动密封波纹管的疲劳破坏。真空开关在静态保持位和动态分、合闸运动过程中，波纹管承担着动态真空密封的作用，外部大气压给予独立真空灭弧室内触头的自闭力约为 100N。波纹管的结构如图 7-23 所示。

首先定义分闸过程中应力集中、容易引起断裂的部位为撕裂弱点。由图 7-23 可见，波纹管的两端分别连接至动触头连杆和下端盖上，波纹管上端边与动触头连杆焊接至 I 处，波纹管起动力 F 在 I 点施加；波纹管下端边与灭弧室下端盖焊接，下端边固定不动。

通过真空开关中波纹管使用寿命试验结果简单分析可以得出波纹管的撕裂弱点在波谷内侧[8]，是需要关注的部位。根据国家标准 GB/T12777 – 2008 中给出的波纹管机械寿命经验

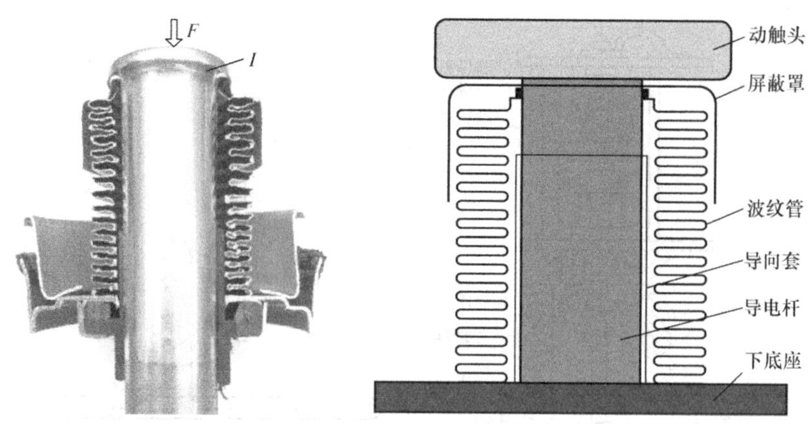

图 7-23　波纹管结构图

公式，无加强 U 形波纹管疲劳寿命计算公式为[9-10]

$$N_c = \left(\frac{12820}{\delta_t - 370}\right)^{3.4} / n_f \tag{7-18}$$

式中，N_c 为波纹管预测平均疲劳寿命，单位为额定行程动作魂环次数；n_f 为考虑到材料环境等因素的安全系数，一般情况下大于 10；δ_t 为波纹管总应力范围。波纹管材料一般为 1Cr18Ni9Ti 薄板，图 7-24 所示为材料的 S-N 疲劳寿命曲线[11]。横坐标中的 N 为疲劳断裂次数。

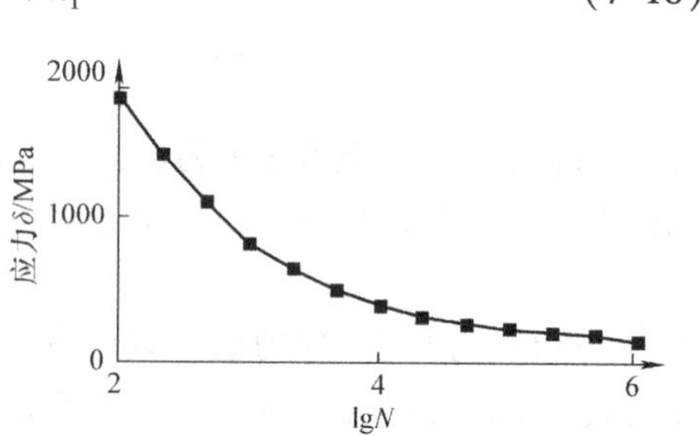

图 7-24　材料的 S-N 疲劳寿命曲线

波纹管所承受的应力来自载荷，而载荷又分静、动载荷，前者不随时间变化，后者随时间急剧变化，且速度有显著变化，此类载荷为动载荷。当构件各点的加速度为已知时，可以采用动静法求解构件的动应力问题，这类问题称为惯性力问题。动静法是将动载荷问题转化为静载荷问题的方法。首先计算运动构件的惯性力，构件可以看作在主动力、约束反力和惯性力作用下处于平衡状态。然后利用静力学的方法计算出构件的内力、应力及变形等，进而对构件的强度和刚度进行计算[12]。

常用的静力学方法为动静法，应用达朗贝尔原理，加入惯性力的作用，把动载荷问题转化为静载荷问题，二者由动载荷系数 k_d 关联。设构件运动加速度为 a，重力加速度为 g：

$$k_d = 1 + \frac{a}{g} \tag{7-19}$$

表 7-3 所示为典型真空开关动载荷系数 k_d 的估算结果。

表 7-3　典型真空开关的运动参数与动载荷系数 k_d

6mm 内平均速度/(m/s)	平均加速度/(m/s²)	动载荷系数
2	1333	134
3	3000	301
4	5333	534
5	8333	834

目前典型的永磁机构真空开关起始平均分闸速度为 2m/s 左右，真空灭弧室产品的机械寿命一般为 10^4 次，根据材料 S－N 曲线可以推导出最大应力值为 500MPa 左右。当平均速度加倍为 4m/s 时，应力值将升至 1800MPa，根据式（7-16），波纹管疲劳寿命将锐减至百余次。因此，高速真空开关设计要有针对性措施，限制分闸速度或改善波纹管的耐疲劳特性。此外，近年来发展的混合型气体绝缘开关装置（HGIS），其开断单元为真空开关，外绝缘为具有一定压强的气体介质。高气压环境对真空开关的分闸速度以及波纹管的疲劳寿命也有影响[13]，需进行补偿。

2. 合、分闸过程的动量分析

真空开关内部机械运动最大的操作功发生在合闸过程，其运动参数对开关性能的影响主要来自两个方面[14]：一是合闸冲击引起灭弧室结构件的形变，二是弹性碰撞引起动触头的反弹，带电弹跳将产生小间隙电弧，进而发生触头熔焊。

智能真空开关的典型特征是相位控制，而相位控制对操作时间尤其敏感。分析表明：分闸相位的控制以电磁参数为主导，分闸时刻一般相对稳定，而合闸过程经历了触头全开距运动，灭弧室动、静触头实际接触时刻增加了非电磁因素的影响。在第 8 章介绍相控开关时将主要讨论电磁回路产生的误差以及解决措施，这里讨论的是非电因素，即操作冲击力引起灭弧室元件的形变，进而加剧了接触时刻的分散性。前述的分闸冲击过程使运动副配合间隙变大，在后续的合闸过程中也会转变成分散性。真空灭弧室对接式触头结构以及足够的触头终压力都是良好电接触所必须的，厂家曾对新封接的通用灭弧室进行稳定性试验，发现灭弧室在 200 次额定参数合闸撞击后，静端纵向尺寸缩短约 2mm，根据材料力学的一般知识，其关键在于控制刚合速度。

合闸弹跳是真空开关对接式触头结构不可回避的问题[15]。合闸弹跳产生的电弧不但加剧了电侵蚀，缩短灭弧室的使用寿命，更严重的是一旦引起熔焊，使后续接到故障分闸指令拒动时将会危及整个电网的安全。此外，弹跳产生的电弧属于小间隙喷弧，对触头表面的烧蚀可能破坏局部形貌，产生的局部电场增强会影响后续开断的介质恢复强度。衡量合闸弹跳的参数除了刚合速度外，还要考核合闸弹跳时间。

动触头合闸弹跳时间 t 为

$$t = (2.4 \sim 2.6) m v_0 \sqrt{1 - K/F_0} \tag{7-20}$$

式中，m 为动触头端质量；v_0 为关合时刻速度；K 为碰撞损失系数；F_0 为触头初压力。通过公式可以看出，动触头合闸弹跳时间随 m、v_0 的减小及 F_0 的增大而缩短。

真空开关开距小，若要在半个电流周期完成合、分闸过程，必然伴随着极高的速度变化与动量变化。对于分闸过程，快速真空开关的高分闸速度易使动触头出现过冲与分闸弹振，容易使波纹管产生塑性变形，进而缩短波纹管的使用寿命。合闸过程由于对接型电接触决定了触头关合后剩余动量的消纳问题。这种动量的消纳主要是由缓冲环节完成。目前针对操动机构快速动作的缓冲措施主要包括：弹簧缓冲、电磁缓冲、气（油）缓冲、碰撞缓冲等多种缓冲方式。根据作用时刻的动能计算缓冲器所需吸收的能量值。以油缓冲器为例，其吸收的能量 A_w 为

$$A_w = \frac{1}{2}\left(1 - e^{-\frac{2A_0^3 x}{k^2 A^2 m}}\right) m v_0^2 \tag{7-21}$$

式中，A_0 为油缓冲器活塞截面积（m^2）；A 为油缓冲环形隙截面积（m^2）；k 为系数；x 为

油活塞的行程（m）；m 为运动部分归化到缓冲器活塞上的等效质量（kg）；v_0 为活塞向下运动的初始速度（m/s）。

3. 理想运动特性曲线

上述分析表明，快速真空开关的速度上限受整体性能参数的约束，但在矛盾的需求中仍可找寻相对理想的状态，即在运动过程的不同阶段，按理想运动曲线进行调控，缩短整体操动时间[16]。为了方便分析，把分、合闸过程都分成运动起始、中间过程和运动终了三个阶段，均以静态为位移起始零点。分闸运动的关键在于起始阶段，定义刚分速度为从触头分离到达到最小熄弧开距或 3 ~6mm 开距的平均速度；而合闸运动的关键在于终了阶段，定义刚合速度为动触头运动到开距余 3mm 时或发生预击穿到动、静触头闭合时的平均速度，这个时间不包括弹跳时间。

对于分闸过程的起始阶段，希望有足够高的起始分闸速度，尽早达到最小临界开距，为缩短燃弧时间提供更多机会。图 7-25 所示为理想分闸速度位移曲线，位移/时间曲线的斜率就是分闸速度。分闸功主要作用于起始分闸阶段的加速阶段，在 Δt 时间内达到最小开距 L_1，Δt 也称为最小燃弧时间。

分闸的中间过程应停止加速，理想状态是真空间隙到达安全开距后机构能立即投入阻尼，直到 t_1 时刻时开距达到 L_2，此时的动触头速度应尽快下降，为分闸终止做准备，对应的 t_1 时刻是最大燃弧时间，此时剩余动量越小，过冲与反弹越小。因此，分闸的中间过程也可称为阻尼阶段，这个阶段中，限制分闸速度还有降低燃弧输入能量的意义是：由于真空电弧的正伏安特性，弧隙瞬时长度与电弧电压相关，进而与电弧输入能量相关以及与弧后介质恢复相关。研究表明：间隙小的介质恢复时间比间隙大的快得多，而过大的开距将增大电弧能量，延长介质恢复时间，容易造成弧后重燃。分闸终了一般允许小幅度的过冲与反弹，在 t_2 时刻稳定于最终开距 L_W。

对于合闸过程，起始阶段关乎开关的关合响应特性，与中间阶段一起反映的是固有合闸时间，无特殊需求时，对普通操动机构而言容易满足。人们关注的是运动终了的状态，即尽量短的预击穿时间与尽量小的触头弹跳。后者往往需要缓冲与剩余能量吸收设计。图 7-26 所示为理想合闸速度位移曲线，时间点与对应的位移与分闸过程相同，但比分闸曲线增加了一段超行程（$L_C - L_W$），传动机构的输出行程略大于稳态开距。超行程弹簧的设置对合闸冲击动量具有一定的调节作用。减少动端质量则是从弹性碰撞原理中挖掘潜力。

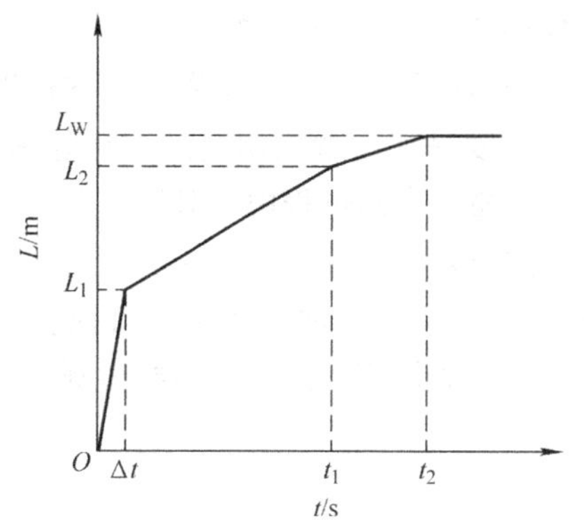

图 7-25　理想分闸速度位移曲线

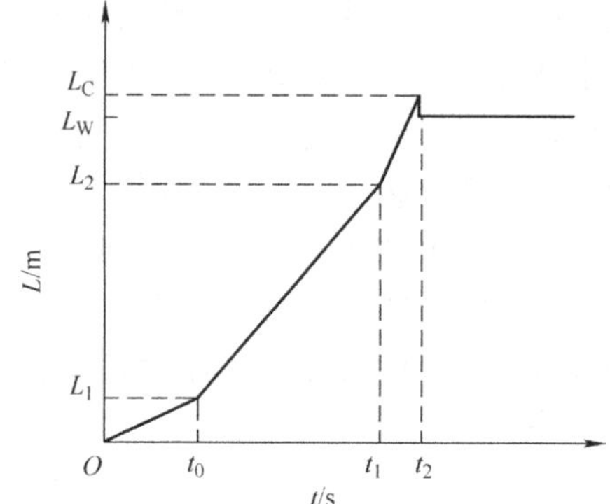

图 7-26　理想合闸速度位移曲线

合闸终了阶段的行程比较短，在尽量减少预击穿时间的需求下，一般缓冲器很难发挥作用，只能依靠超行程弹簧在速度与碰撞分析中寻求弹跳时间的最小平衡点。合闸过程还要计及触头终压力的因素，刚合速度越大，合闸弹跳时间越长，机械应力和冲击力就越大，增加触头终压力能够缩短弹跳时间，但代价是增加操作功。

7.5　中低压直流真空开关

在能源危机与环境危机的需求驱动下，通过电力能源生产消费的技术变革主要表现在分布式可再生能源规模的快速增长，终端用户负荷直流化趋势明显，能源与负荷“即插即用”需求的与日俱增催生出新一代低压直流（LVDC）供用电系统。直流配用电主要面临源荷不确定、资源空间分布不均、时间尺度多变和新技术驱动发展的挑战，由于直流配电形式具有在源端效率更高和接入灵活、在输配电网络损耗更低和可靠环保、在荷端能效更高和成本更低等优点，因此成为泛在电力能源物联网的新动力。从“提供优质、可靠用电”到实现安全、可靠、高效、经济、绿色、开放的指挥用电系统目标，泛在电力能源物联网在新能源直流发电、储能、特殊工业客户需求、数字和计算机中心、通信系统、智慧城市（建筑、市政及公共设施）、智能家居、交通领域（海陆空）、微电网等方面呈现典型的应用场景。

中低压直流配电系统在提高电网的可靠性、提升能源利用效率（输送功率密度大、线路损耗小）、改善电能质量（电能质量高、调节快速准确、无须无功补偿、多端灵活接入）、环境友好（对通信与生态环境干扰小）方面具有突出优势。同时，直流配电系统主接线结构和运行方式多样，导致其故障方式多、发展快、影响范围广，但中等电压等级的直流断路器的研究多年没有突破，缺少低成本、高可靠、实用化的直流断路器产品；用户端的低压直流开关仍为陈旧的空气断路器主导，数万安培的故障电流一旦开断失败，可能导致直流系统崩溃、设备烧毁。真空开关具有开断能力强、体积小、不污染环境等优势，开发基于电流转移原理（换流）的直流真空断路器具有很好的发展前景。目前直流配电技术在某些领域已获得应用，如轨道牵引系统、舰船系统、数据中心站、通信系统等。与交流配电系统相比，一般的直流供电规模和配电容量较小、供电对象单一，目前能快速更新换代的是轨道牵引、舰船和双电源切换等应用领域，直流真空断路器产品正在这些领域中推广应用。

7.5.1　直流配电断路器

低压直流供用电电压等级为：控制芯片5V以下，日常生活电器5~18V（DC375V和DC48V直流母线分级运行），通信设备48V左右，数据中心100~1000V（中国移动DC 336V，中国电信DC 240V），直流建筑48~400V（380V），电动汽车12~24~42V，航空航天270V，轨道交通600~750~1500V。

国际大电网会议（CIGRE）SC6.31《直流配电可行性研究》工作组给出的中压直流配电电压等级范围为1.5kV（±750V）~100kV（±50kV），低于1.5kV（±750V）的低压直流配电网和高于100kV（±50kV）的多端高压直流配电网络均有自己的特点。直流配电技术的应用场景[18]主要包括：电动汽车、地铁牵引负荷及舰船大功率直流电机或变频电源直接供电；光伏、风电等可再生能源以及储能装置，特别是大规模海上风电场的电能汇集；数据中心等对电能质量要求较高的直流负荷供电；交流配电增容受限的城市中心地区负荷供电；海底、岛礁以及海上作业平台等孤立大容量负荷的供电等。图 7-27 所示为目前广为应用的地铁配电网典型结构，分区段进行保护与故障隔离。

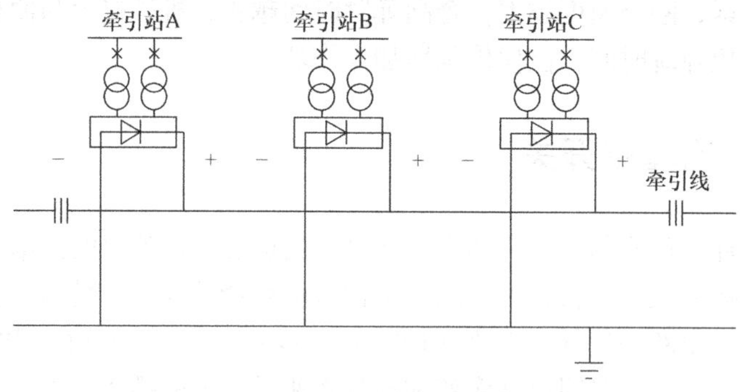

图 7-27　地铁配电网典型结构

在新能源背景下的直流配用电系统形成了两种运行模式：一是发储用一体化的全直流生态运行模式，如图 7-28 所示的母线馈出型结构；二是交流电源支撑的直流供用电运行模式，如图 7-29 所示的双电源并联结构。这两种直流电网结构有助于城市环网与农网的能源互联网方向的改造。

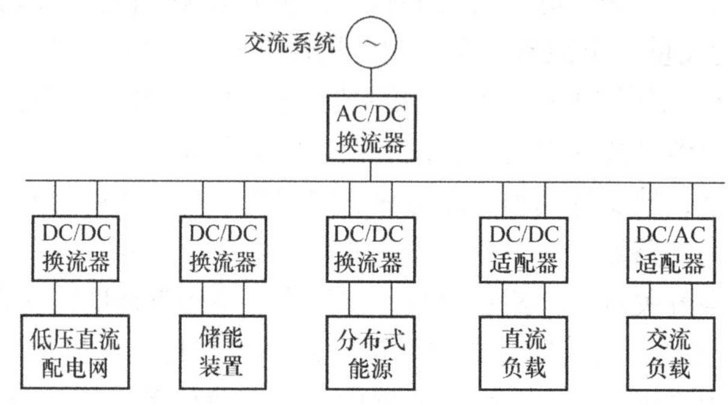

图 7-28　直流母线馈出型结构

在直流配电系统中，直流真空开关可充分发挥真空开断技术的特性，解决空气开关开断时电弧喷溅、开断寿命低、尺寸大等问题，也能克服电力电子开关的空载损耗、可靠性与成本问题，是新一代大功率直流开关的发展方向。

1. 低压直流真空开关

作者研究团队设计的低压直流真空断路器系统拓扑如图 7-30 所示。直流断路器的换流回路由电感 L、换流电容 C、限流接地电阻 R_1、均压电阻 R_2 组成，自充电设计可使在电力系统正常运行时的换流电容 C 保持充电状态。换流开关采用大功率晶闸管 VT 和大功率二极管 VD 完成换流支路反向电流的投切和持续振荡。低压直流真空断路器设计额定电压 $U=$ 1500V，短路开断能力 20kA（预期短路电流 80kA）。

主要设计技术参数如下表 7-4 所示。

其中，当额定发热电流（最大持续电流）环境温度为 40℃时，该电流为 800A，瞬时过载特性为承受 1min 的 1600 A 的涌流电流。

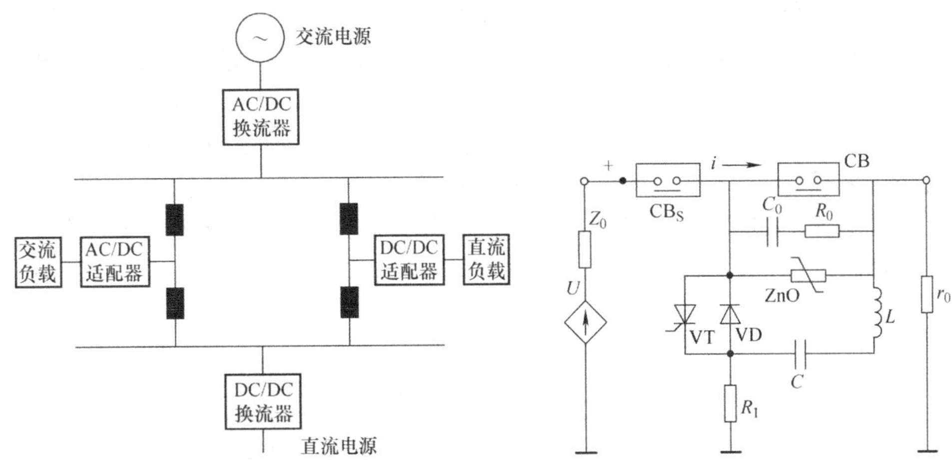

图7-29　直流配电双电源并联结构　　图7-30　低压直流真空断路器系统拓扑

表7-4　低压直流真空断路器主要设计技术参数

额定电流 I_n	800A（DC）
开断能力	20000A（DC）
额定电压 U_e	1500kV（DC）
绝缘水平 $\hat{U}_d$	2000kV（DC）
开断过电压 U_e	1.5～1.8kV
机械反应时间 T_m	5ms（其他由继保系统决定）
开断总时间 T_{tot}	15ms
实验电压 U_d	主触头之间8kV；主电路至接地10kV
机械寿命（动作）	大于200万次

图7-30的拓扑也可用于直流真空接触器，关键是换流参数的不同。换流幅值可选为1.5倍的额定电流值，换流频率也应根据可开断的最小电流设置，即保证小电流开断时较高的 di/dt 不超过开关的极限能力范围。

2. 中压直流真空开关

中压应用的直流开关也可以采用图7-2所示的基于换流原理的机械式直流真空断路器拓扑。早期的直流真空断路器转移回路一般由真空触发开关或球隙开关投入，换流电容的充电以及主回路的开断由各自独立的机构控制，通过控制电路的配合来实现各个开关的时序配合，这样就造成了开断速度慢、同步性较差等缺点，电路控制也极易受到外部电磁干扰以及各机构分散性的影响，可靠性较低。

图7-31所示为可应用于中压领域的机械联动式直流真空断路器拓扑。图中，CB1、CB2、CB3为三路真空灭弧室（可借用三相交流户外真空开关主体），其中CB1为主回路开关，CB2为换流回路投入开关，CB3为换流回路充电开关，R_c 为充电电阻。该电路拓扑的特点是带有换流电容器自充电功能，解决了换流电容的在线充电问题：当高压直流系统处于

正常状态时，CB1 和 CB3 为闭合状态，CB2 为开断状态，换流电容器 C 通过电感器 L、充电电阻 R_c 及 CB3 持续充电至系统电压，极性为右正。当系统出现短路故障时，操作机构得到分闸指令而动作，带动 CB1 开断，CB2 闭合投入换流回路，同时 CB3 实现联动开断，停止充电，与主回路和换流回路隔离。投入的反向电流在 CB1 中与故障电流反极性叠加，形成电流过零点，实现电流转移和故障电流开断。当故障排除后，若要恢复供电，则操作机构再次动作，CB1 闭合，CB2 断开和 CB3 闭合。换流电容器迅速自充电至额定值，为下一步故障电路的开断做准备。图 7-32 为开关样机主体结构示意图。

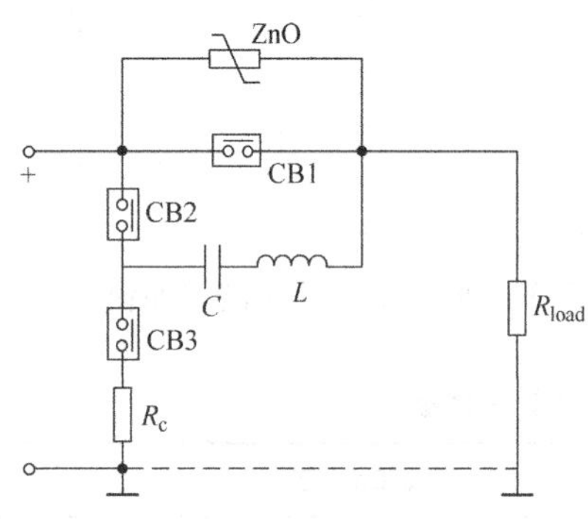

图 7-31　中压直流真空断路器拓扑

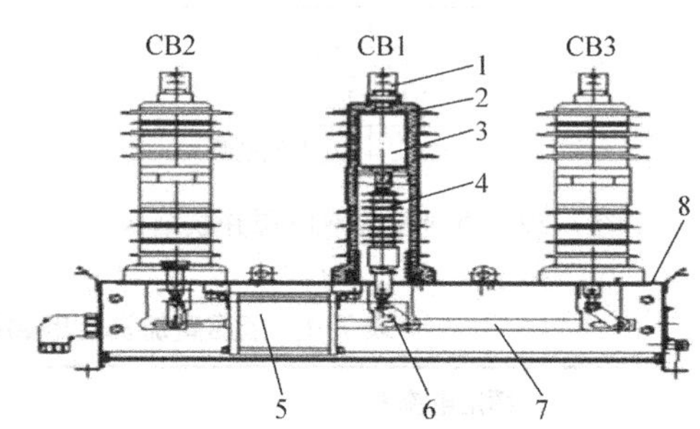

图 7-32　直流断路器主体结构图

1—引线　2—绝缘筒　3—主回路真空灭弧室　4—绝缘拉杆
5—快速斥力永磁机构　6—拐臂　7—横向拉杆　8—机箱

传统的机械式直流开断系统使用真空触发开关（TVS）作为换流投入开关，系统结构复杂，而图 7-31 中所示换流回路拓扑结构不仅可实现电容器自充电，有换流投入功能的真空灭弧室机械联动关合，还可以解决系统换流结构复杂、时序不易掌控、可靠性差等缺陷，易于实现换流过程中电参数的最佳配合。该拓扑结构简单、运行可靠、寿命长，且利于中压直流真空断路器的产品化发展。

应用上述设计在 ZW－32 型交流真空断路器基础上的改装样机如图 7-33 所示。采用行程为 26mm 的永磁机构，各真空灭弧室连接拉杆的垂直行程为 13mm。该样机在合成回路上用低频交变电流模拟直流进行了开断试验。转移电流峰值为 10kA/1kHz，在正弦电流达到峰

a)

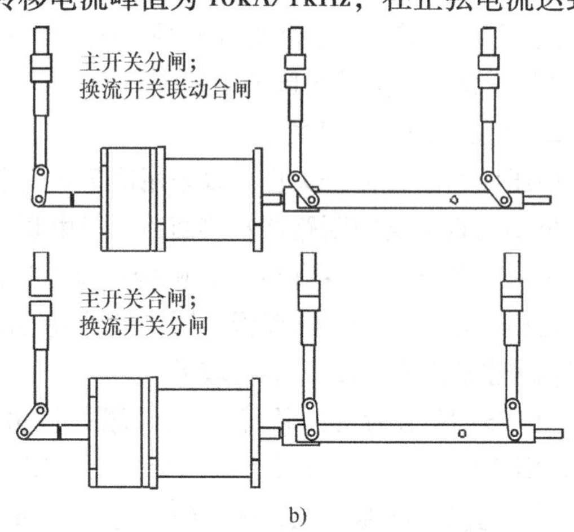

b)

图 7-33　联动关合开关样机照片以及传动系统示意图

值前投入，实际开断电流为 8.5kA。

7.5.2　轨道牵引与舰船直流真空开关

随着我国电力机车向客运高速、货运重载方向的发展，电力机车电器的更新换代、开发和研究日益紧迫，面临着改善产品性能和提高产品可靠性两大问题。我国电气化铁道变电站所用真空断路器的交流电压等级普遍为 27.5kV，其额定电流为 1250A。目前新建的城市轨道交通均采用直流牵引系统，作为轨道交通直流输电系统保护开关的直流断路器，担负着整车与接触网之间的电气引入、退出和保护作用。这就要求它不但具有较高的机械寿命，便于频繁操动，同时又具备机车一旦出现突发电气故障时能开断短路电流的功能。机车开关的工作条件有时非常恶劣，主要包括连续而强烈的机械振动和断续机械冲击、频繁操动、安装位置和尺寸受空间限制、温度和湿度变化大等。目前牵引系统中服役的大多为空气开关。从电力机务段反映的空气断路器的使用情况和电器可靠性数据库的统计资料表明，空气开关的故障率是相当高的，导致检修频繁，工作量大。真空开关同其他类型开关相比，具有开断性能好、安全可靠、寿命长、维修量少和适用于频繁操动等优点，无疑是一种非常适合电力机车使用的开关。

日本最先开发了用于铁路直流系统的低压真空断路器[19]，其额定值如表 7-5 所示。图 7-34所示为主回路拓扑，原理与前述基于电流转移原理的机械式高压直流断路器完全一致。该产品的换流回路直接由晶闸管投入，并增加一个辅助真空灭弧室以提高系统开断的可靠性。该断路器采用了两种操动机构：开断故障电流时采用高速斥力机构，当故障发生时高频电流源注入机构线圈，线圈与导电环间产生电磁斥力，拉开真空灭弧室动触头；当操作空载或额定电流时由磁力和弹簧驱动的磁力机构操动真空灭弧室。

表 7-5　日本低压直流真空断路器的额定值

名称	参数值
额定电压	1500V
额定电流	3kA/4kA
预期短路电流	100kA（上升率：10kA/ms）
开断能力	35kA
电寿命	30 次（故障电流）/2000 次（额定电流）
操动机构	磁力机构（空载、额定电流）斥力机构（短路开断）

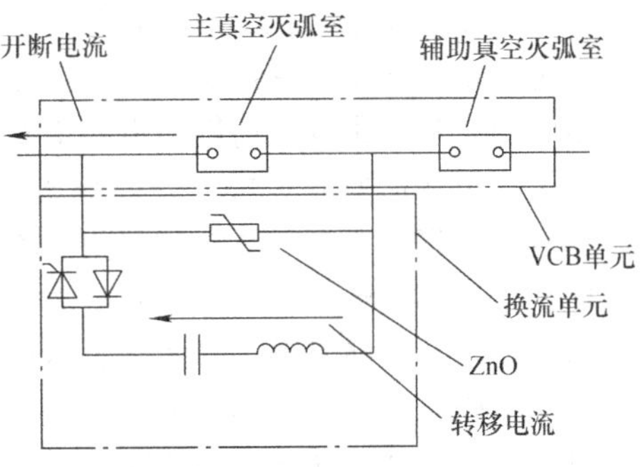

图 7-34　日本低压直流断路器主回路拓扑

图 7-35 所示为用于铁路直流系统的低压真空断路器柜，真空灭弧室和操动机构置于 VCB 单元中，高频电流源和避雷器置于换流单元中，两个单元由控制单元统一控制。该产品在日本、阿联酋等国的电气化铁路系统获得了一定的应用。

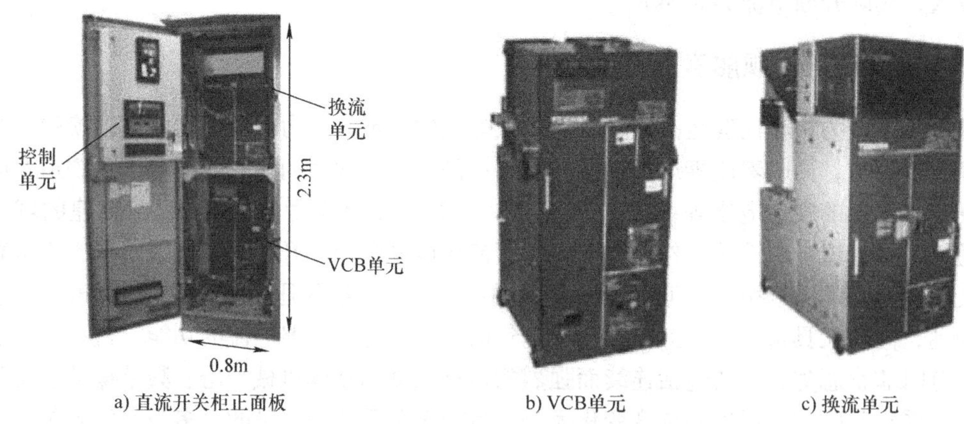

a) 直流开关柜正面板　　b) VCB单元　　c) 换流单元

图 7-35　用于铁路直流系统的低压真空断路器柜

随着现代舰船向大型化和全电力推进技术的发展，舰船电力系统的地位也从辅助系统变成主动力系统，尤其是综合电力系统（Integrated Power System，IPS）将发电、日常用电（通信系统、通风系统、导航系统、生活电器等）、推进供电、大功率探测等供电综合为一体。舰船供电系统功率的急剧增加，切除系统短路的保护设备极限通断能力成为一个技术瓶颈。以某船直流电力系统为例，包括两台多相整流发电机，当单机的直流侧短路电流最大值超过 80kA、全负荷工况时，需要 2 台同时工作。多数舰船系统采用冗余供电方案，通过限流装置和直流断路器以保证系统的动态稳定性和供电的连续性。图 7-36 所示为某舰船直流配电网络结构示意图。图中发电机和整流单元、能量储存转换单元等设置在机舱内，各电源单元输出的直流接在母线上，母线以母线槽的形式贯穿全船[20]。各交流负载、交流配电板电源通过逆变器接入直流母线。大功率变频调速负载（如推进器、装置的电源）直接插入母线槽。整个直流电网和负载的供电控制则设在驾驶室中。配置细节如图 7-37 所示。

舰船直流系统断路器目前仍以较为庞大的空气断路器为主，其燃弧介质难以密封在船舱有限的空间内；而舰船直流真空断路器仍在研发进程中。相信在不远的将来，船用直流真空开关将取代现有的空气断路器产品，并达到更高的性能参数指标。

7.5.3　双电源快速切换开关

现代大型数据中心站、通信系统等重要载荷的供电系统关系经济社会的命脉，一般由双电源供电，电源间采用快速切换开关。随着直流负荷在数据中心、通信和电动汽车等领域的大容量快速发展，重要负荷依然需要由双直流电源提高供电的可靠性。当发生直流短路故障时，直流主电源需要开关快速开断隔离，直流备用电源快速切入提供稳定供电。为保证医院、银行、机房、机场、消防和照明等不允许停电的重要场所提供持续性供电，一般配备独立发电机组或蓄电池室，当市电发生故障、突然停电时起动快速开关投入后备电源。

双电源快速切换开关一般由开关本体和控制器两部分组成。控制器对两路电压/电流同时检测与逻辑判断，处理结果通过电路驱动相应的指令向电动操动机构发出分闸或合闸指令。开关本体主要有切断短路线路和投切备用电源的功能，而两个直流电源在切换过程中没有电流自然过零点，两个直流电源同时供电会导致重要负荷过载，同时还要满足以主直流电源长时供电为主、备用直流电源短时补充供电为辅的原则，因此需要对切换开关进行频繁操作。

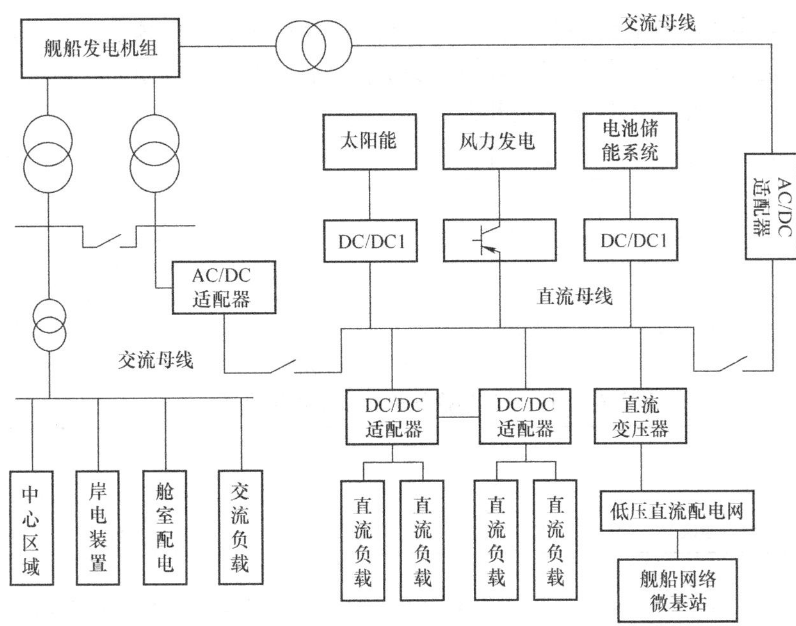

图 7-36　舰船直流配电网络结构示意图

图 7-37　船舶直流电网配置细节

双电源切换开关主要包括静态转换开关（Static Transfer Suitch，STS）和自动切换开关装置（Automatic Transfer Switching Equipment，ATSE），STS 需要同步装置以保证两个电源基本同步，标准切换时间≤8ms，不会造成 IT 类直流负荷断电。目前此类开关主要采用高速晶闸管完成导通与关闭，如图 7-38a 所示，配以先进的监测与控制算法，可以做到实际意义上的无暂降切换。随着社会用电量的持续增加，重要负荷的容量越来越大，切换过程的开断与投入电流的容量变大，导致电力电子器件难以承受负荷应力，并且导通损耗剧增，散热需求更严重，因此采用机械开关的 ATSE 逐渐成为主流。

ATSE 一般采用双列复合式操动系统，用两个灭弧室并列，动触头采用机械联锁和电气联锁的双联锁设计。图 7-38b 所示机械式双向切换开关，能够满足毫秒级的快速开断与投入电流，并且导通损耗小，具有较高的经济效益。根据使用类别所选择的产品型号如表 7-6 所示，表中 A 为频繁操作，B 为不频繁操作。真空灭弧室作为开关本体，以其固有优势满足小间隙介质恢复能力强和适用频繁操作环境的要求，结合现有直流开断方法和快速斥力操动机构，可以满足双直流电源的快速切换开断。

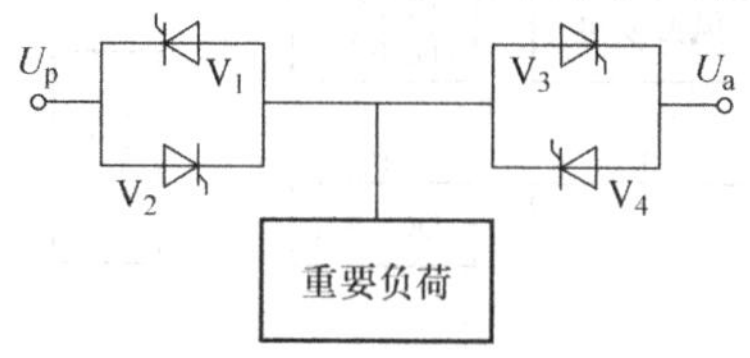

a) 基于电力电子器件的双电源切换开关

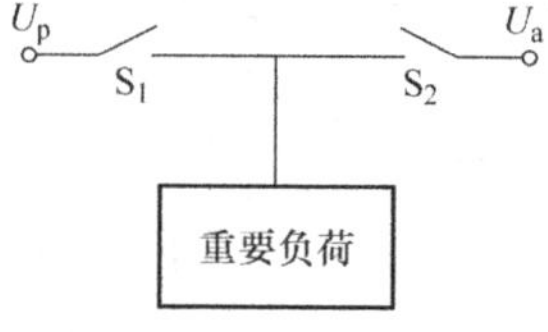

b) 机械式的双电源切换开关

图 7-38　双电源切换开关结构

表 7-6　直流快速切换开关产品型号及其应用负载

直流负荷	DC－31A	DC－31B	电阻负载
	DC－33A	DC－33B	电动机负载或包含电动机的混合负载
	DC－36A	DC－36B	白炽灯负载

ATSE 按照是否具备短路电流开断功能分为 PC 级和 CB 级，CB 级既可以完成双电源转换，又可以具有短路电流保护的功能。现有 ATSE 产品的接触器类、负荷隔离开关类和一体式自动转换开关电器类属于 PC 级，塑壳断路器类属于 CB 级。在 PC 级直流切换开关额定切换电流小于 300A 的条件下，一般选用真空直流接触器和电子控制元器件实现无断电切换时间的动作，可以采用 DC－DC 隔离技术来保证切换输出电压的恒定、负载的不失电、两路直流完全的电气隔离，如表 7-7 所示，可满足两个直流电源无延时的切换时间。相比交流 ATSE 断电的自动切换时间（总动作时间 <50ms），具备更快速的操作能力，满足真空开关设计的性能要求。

表 7-7　双电源直流真空快速切换开关技术指标

项目名称		技术指标
开关额定切换电流		10～300A
切换时间	优先级切换	≤0.1ms
	断电切换	≤0.1ms
直流输入	额定电压	220/110/48V
	额定电流	10～300A
	使用类别	DC－3
	功率因数	1
	自动转换阈值电压	U±20.0%，回差±5V（DC）
	自动转换波纹系数	≤0.01%
	超限保护关机阈值电压	≤20.0%U 或≥120%U，回差±5V（DC）
	超限保护关机阈值电流	10Ie，1s
	过载能力	负载电流 <105%，连续工作 负载电流 105%～125%，连续 10min 负载电流 125%～150%，连续 1min

重要负荷双直流电源快速切换开关如图 7-39 和图 7-40 所示，系统具有换流电容自充电和直流开断的能力。

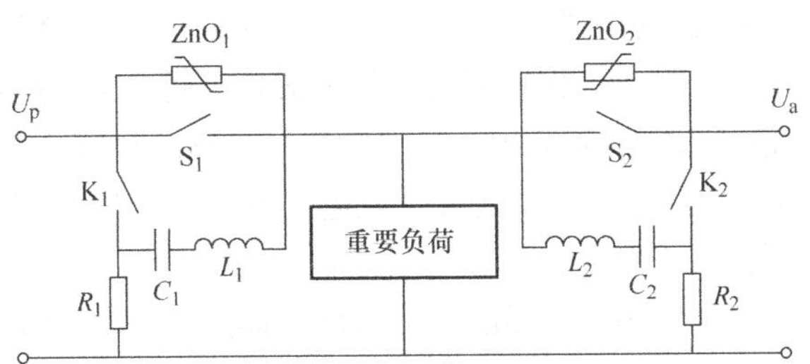

图 7-39　双直流电源快速切换开关结构（备用电源短时供电）

常规三相交流高压双电源真空开关相对容易实现，图 7-41a 所示为国产 HZW10－12Q 型交流高压双电源真空切换开关产品照片，其全开断时间 < 12.5ms，三相分闸同期性≤2ms。图 7-41b 为日本共立公司真空切换开关产品，采用先通后断方式，实现同步运行时的不间断转换，电流容量为 100 ~ 5000A。

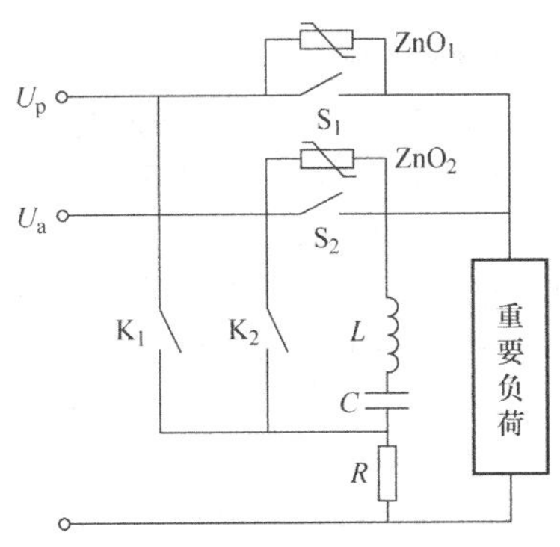

图 7-40　双直流电源快速切换开关结构（备用电源长时供电）

直流输、配电技术具有广泛的应用前景，然而受限于换流阀过流能力，作为直流输、配电系统枢纽的换流站在故障电流大于额定电流一定值时即锁闭，导致直流系统短时停止运行。因此，多端直流输电和直流配电网中需要直流断路器来开断故障电流，避免因单条线路的故障导致全系统停止运行。

a) 国产HZW10–12Q型

b) 日本共立公司的SSK–LE型

图 7-41　双电源切换开关产品

直流系统故障隔离技术是制约直流电网发展的关键技术问题之一，其包含故障检测与识别和直流开断两个方面的问题。直流配电网发生故障以后，故障电流快速上升，将严重危及系统中的相关电气设备，为了保证系统的安全可靠运行，必须快速切除故障。同时考虑直流电容向故障点放电后需要比较长的充电时间，多端柔性直流系统一般允许的故障隔离时间仅仅为几毫秒（目前一般的要求是小于等于 3ms），这一时间既包含继电保护的动作时间，也包含直流断路器的动作时间。考虑工程实际情况，一般情况对继电保护系统正确识别故障的时间要求为 1ms 左右。在此情况下，就继电保护而言，目前成功应用于交流和高压直流输电系统的保护原理在应用于多端直流系统时都面临巨大的挑战。一方面，无论是电流/电压保护，还是电流/电压变化率保护，其都需要数据窗对电气量或电气变化量的幅值进行甄别。实际应用中，在存在暂态过程的情况下，1ms 的数据无法保证可靠识别电气量或电气变化量的幅值。另外，基于多端数据的保护原理高度依赖于可靠的通信系统，其在保护原理构建的过程中必然考虑通信延时，一旦通信延时侵占了大量的保护动作时间，其实际应用必然受到制约。

参 考 文 献

[1] 王章启，何俊佳，邹积岩，等．电力开关技术［M］．武汉：华中科技大学出版社，2003.

[2] 郑占峰．基于换流技术的快速直流真空开关理论与应用研究［D］．大连：大连理工大学，2013.

[3] 邹积岩，刘晓明，于德恩．基于智能模块的高压直流真空断路器研究［J］．电工技术学报，2015，30（13）：47－55.

[4] 董文亮，郭兴宇，梁德世，等．基于电磁斥力机构的直流真空断路器模块［J］．电工技术学报，2018，33（05）：1068－1075.

[5] 梁德世，黄智慧，郭兴宇，等．高压直流开断的三电源合成试验方法［J］．高电压技术，2019，45（8）：2465－2471.

[6] 汤广福，罗湘，魏晓光．多端直流输电与直流电网技术［J］．中国电机工程学报，2013，33（10）：8－17.

[7] 郭兴宇．基于联动关合的直流真空断路器动态特性分析［D］．大连：大连理工大学，2016.

[8] 孙国玉．真空开关管中波纹管使用寿命影响因数的分析［J］．真空电器技术，1992，（2）：15－16.

[9] 金属波纹管膨胀节通用技术条件：GB/T 12777—2008［S］. 2008.

[10] 金属波纹管：JB/T 6169—2006［S］. 2006.

[11] 徐中华，买买提明·艾尼，程伟．S 型焊接金属波纹管疲劳寿命的有限元分析［J］．压力容器，2009，26（02）：21－25.

[12] 罗迎社，喻小明．工程力学［M］. 2 版．北京：北京大学出版社，2014.

[13] 宁占虎，姚晓飞，刘学，等．高气压环境真空开关分闸速度对波纹管疲劳寿命影响［J］．高压电器，2019，55（12）：46－53.

[14] 周印政，庄火庚，陆旻，等．基于 ADAMS 的真空断路器合闸弹跳分析［J］．低压电器，2014，（04）：13－15.

[15] 吴伟光，马履中．真空断路器触头合闸弹跳特性的研究［J］．江苏理工大学学报（自然科学版），2000，（03）：58－61.

[16] 王季梅，苑舜．大容量真空开关理论及其产品开发［M］．西安：西安交通大学出版社，2001.

[17] 马钊．直流断路器的研发现状及展望［J］．智能电网，2013，1（1）：12－16.

[18] 曾嵘，赵宇明，赵彪，等．直流配用电关键技术研究与应用展望［J］．中国电机工程学报，2018，38（23）：6791－6801.

[19] NIWA Y，MATSUZAKI J，YOKOKURA K. The basic investigation of the high－speed VCB and its application for the DC power system［C］. 23rd International Symposium on Discharges and Electrical Insulation in Vacuum，Bucharest，2008.

[20] 乐春阳．直流电网在大型船舶中的发展趋势［J］．造船技术，2019（4）：5－10.

第 8 章　真空开关的智能化

随着智能电网的完善，包括开关电器的电力设备智能化成为发展趋势。伴随着电子计算机及信息技术的飞速发展，开关电器领域正经历新一轮的更新换代，各种智能电器层出不穷。经过近年来业内厂家与用户的不懈努力，智能化真空开关产品也逐渐得到了市场的认同，真空开关技术也在不断增加智能化的内涵。

首先从电器智能化的内涵来看智能电器的定义。所谓电器的智能化主要是指开关电器实现人工智能（Artificial Intelligence，AI）的过程。按人工智能的定义，智能化是指使对象具备灵敏准确的感知功能、正确的思维与判断功能以及行之有效的执行功能而进行的工作，即可归纳为三个方面的功能：感知功能包括设备的自诊断、各种运行参数和系统参数的检测；思维和判断功能也就是控制，可依靠计算机或数字信号处理器（DSP）来完成；执行功能就是对一次设备的操动。因此可以这样定义智能电器：在某一方面或整体上具有人工智能的电器元器件或系统。作为典型的开关电器，真空开关的智能化一般伴随着模块化，智能真空开关模块的功能可以归纳到 AI 的这三方面：开关具有正确的思维与判断功能主要体现在真空开关选相功能；灵敏准确的感知功能反映在开关模块内集成的、可以在线监测各种参数的传感器；行之有效的执行功能则是具有电子操动功能的模块驱动系统。从功能的角度，也可把智能真空开关模块分成三个核心单元：检测单元、控制单元与操动/执行单元。

早在 20 世纪 70 年代人们就开始在配电系统中实践真空开关的智能化，即在配电系统的柱上真空开关中加装智能控制器，用以自动判别线路故障、切除与隔离故障并恢复健康区段的供电，人们称之为自动重合器与自动分段器。随着计算机技术的发展，越来越多的电站实现了微机化控制与管理，这使得开关智能化沿两条路线发展：路线之一是以电力系统的需求为主，基于开关的“四遥”，把设备状态反映到电站主控计算机，由它实现开关乃至整个系统的智能控制；而另一条发展路线是分步实施：首先是开关本体智能化，类似自动重合器与自动分段器，然后逐步实现整个系统的智能化与网络化，强调元器件智能化才是最根本和最可靠的智能化。

近年来，国内外已有很多智能化开关投入市场，它们的特点都是采用先进的传感器技术和微计算机信号处理与控制技术，使整个组合电器的在线监测与二次系统在一个计算机控制平台上。国家电网推广的开关设备的“一二次融合”反映了我国电力设备的智能化进程。本章从真空开关的智能检测入手，通过电子操动实现智能化相控功能的案例，逐步展现一个完整 AI 概念的智能真空开关系统。

8.1　智能真空开关的信号检测系统

智能真空开关是一个具有人工智能（AI）的系统，根据电器智能化的定义，智能真空开关首先必须具备灵敏准确的感知功能。智能真空开关需要在运行现场通过传感器对各种参量进行实时测量和数字化处理，可把这部分称之为检测单元。检测单元的测量结果提供给开关控制单元，可由真空开关自身执行正确的操作，完成本地智能化过程；同时通过光纤通信到系统上级计算机，也可接受系统控制，实现智能化功能。本节主要讨论智能真空开关的信号检测单元/系统，控制单元将在后续的相控以及模块化内容中讨论。由于现场需要测量的参量类型很多，物理属性不同，所用传感器也不同。包括各类传感器及其通信接口的检测单元实际上已经形成相对独立的智能真空开关信号检测系统。由于可单独与外界通信，此时的信号检测系统可作为智能电网的智能组件（Intelligent Electronic Device，IED）独立运行。

8.1.1 现场参量及植入传感器

智能电器信号检测系统的核心是传感器，由系统完成现场参量的转换与调理、数据采集和信号处理、输出与上传。真空开关所需要采集的现场参量可以分为两大类：模拟型现场参量和开关型现场参量，如图 8-1 所示。

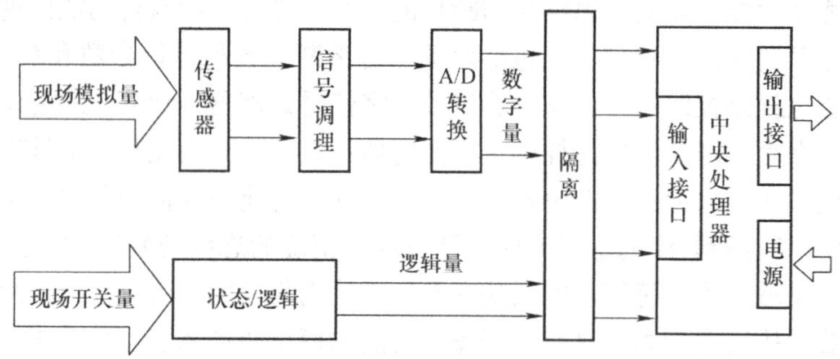

图 8-1　智能电器现场参量的采集、调理和转换过程示意图

模拟型现场参量包括电量和非电量。电量信号是指电量形式的原始信号，如电压、电流以及可以计算出来的频率、相位，可由电量传感器直接得到所需信号。非电量信号则为其他原始信号，即不是电量形式的物理信号，主要包括运行现场需要检测的温度、湿度、压力、位置、速度、加速度等，需要通过与被测物理量相对应的传感器将其变换为电量信号。

开关型现场参量本身只存在两种状态，如断路器触点的分与合、辅助继电器的开与闭、脉冲式电表的输出脉冲的有和无等。这些信号需要通过信号的变换、隔离成为逻辑变量后经 I/O 通道由 CPU 处理。为了提高检测单元的抗干扰能力，现场参量传感器输出的数字量和逻辑量要经信号调理和变换以及良好的电隔离后才能提供给控制单元。

智能真空开关的传感器一般以植入的方式参与到系统之中，如下文将介绍的电流传感器/罗氏线圈、温度传感器等可以密封浇筑在灭弧室极柱的一端出口上，引出母线穿过线圈。传感器植入的优点是可以基本固定传感器与测量对象之间的几何位置，消除安装位置误差。

非植入型传感器安装灵活，可布置在对象附近，但应用过程要有环境校正措施，以真实反映所测参量。非植入型传感器的电磁兼容问题需额外关注，因为信号引出时容易串入电磁干扰信号，影响传感器的精度。

8.1.2 电量传感器

电参数是智能真空开关的主要现场参量，包括供电电压、线路电流、实时相角等，开关上游的系统电能质量、下游的智能电表、开关自身的相控都依赖这些电参量，智能电器中最重要的电量传感器就是电压传感器和电流传感器。

传统的电器设备二次测量和保护电路中，采用了各种电磁系或电动系仪表及电磁继电器，它们的线圈都需要从互感器中汲取能量，所以传统电磁式互感器都必须有相应的负载能力，其输出功率比较高，输出信号也比较强，电压互感器额定输出一般为 100V，电流互感器额定输出一般为 5A 或 1A。对于智能电器而言，其智能检测单元所需要的信号传输功率可降低几个数量级。这里介绍几种近年来发展比较快、在智能真空开关中应用得越来越多的新型电量传感器。

1. Rogowski 电流传感器

将测量导线均匀地环绕在一个截面均匀的非磁性材料的骨架上，即可构成一个罗戈夫斯基线圈（Rogowski coil），又称罗氏线圈或磁位计，图 8-2 所示为矩形截面和圆形截面的罗氏线圈结构图。当载流导体穿过线圈时，线圈两端感应出电动势 $e(t)$：

$$e(t) = -\mathrm{d}\psi/\mathrm{d}t = -\frac{\mu_0 Nh}{2\pi}\ln\frac{R_2}{R_1}\frac{\mathrm{d}i}{\mathrm{d}t} = -M\frac{\mathrm{d}i}{\mathrm{d}t} \tag{8-1}$$

式中，i 为导体中流过的瞬时电流（A）；μ_0 为真空磁导率，$\mu_0 = 4\pi \times 10^{-7}$ H/m；N 为罗氏线圈匝数；h 为骨架高度；R_2、R_1 为骨架外径、内径（m）；M 为绕组互感。

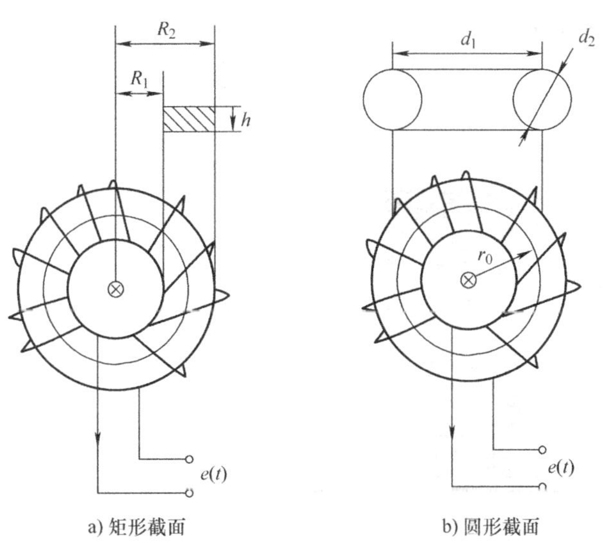

图 8-2　截面为矩形和圆形的罗氏线圈结构图

由式（8-1）可以看出：线圈的感应电动势正比于电流的变化率，比例系数是线圈的互感。如果被测电流是工频正弦电流，即 $i(t) = I_m \sin(\omega t + \varphi)$，则输出电压 $e(t) = MI_m \omega\cos(\omega t + \varphi)$，输出电压与被测交流电流均可用有效值表示。对圆形截面线圈，同样有式（8-1）成立，此时线圈互感 M 为

$$M = \frac{\mu_0 N}{2}\frac{d_2^2}{(d_1 + \sqrt{d_1^2 - d_2^2})} \tag{8-2}$$

式中，d_1 为线圈的平均大直径；d_2 为线圈截面的直径。

罗戈夫斯基线圈用于电流测量时，具有许多优点，主要表现在：

1）测量线圈本身与被测电流回路没有电路的联系，而是通过电磁场耦合，因此与主回

路有着良好的电气绝缘。

2）由于没有铁心饱和问题，测量范围宽，同样的绕组电流测量范围可以从几安培到数百千安，并且可以测量含有大的直流分量的瞬态电流。

3）频率范围宽，一般可设计到0.1Hz～1MHz，特殊的可设计到200MHz的带通，线圈自身的上升时间可做得很小（纳秒数量级）。

4）结构简单，生产制造成本低。

图8-3所示为ABB公司开发的罗氏线圈电流传感器KECA 250B1，主要参数为：额定一次电流250A，额定一次电流最高可达2000A，额定输出电压50Hz下150mV或60Hz下180mV，准确度0.5/5P125。

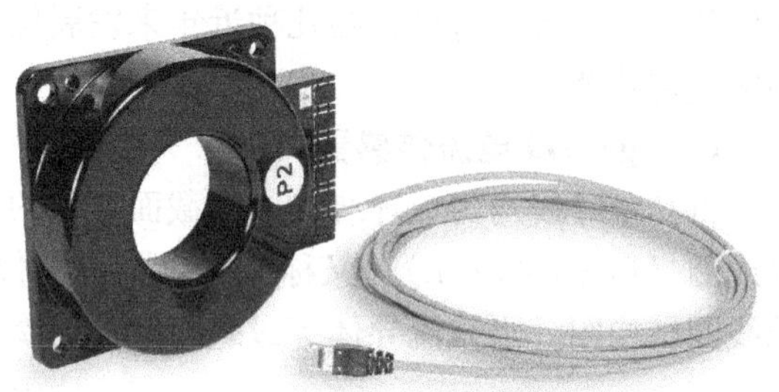

图8-3　ABB公司的罗氏线圈电流传感器

2. 电阻分压器和电容分压器

电阻分压器测量电压的原理是按照所要求的电压比K设定R_1和R_2两个电阻，组成电阻分压器。图8-4所示为新近研发的厚膜电阻分压器及其等效电路。

对于空载的分压器，则

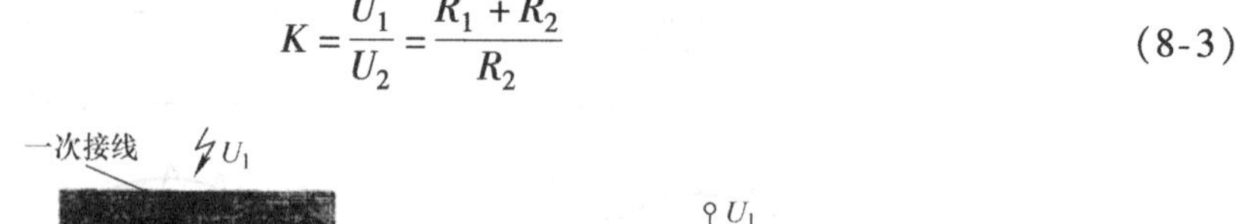

$$K=\frac{U_1}{U_2}=\frac{R_1+R_2}{R_2} \tag{8-3}$$

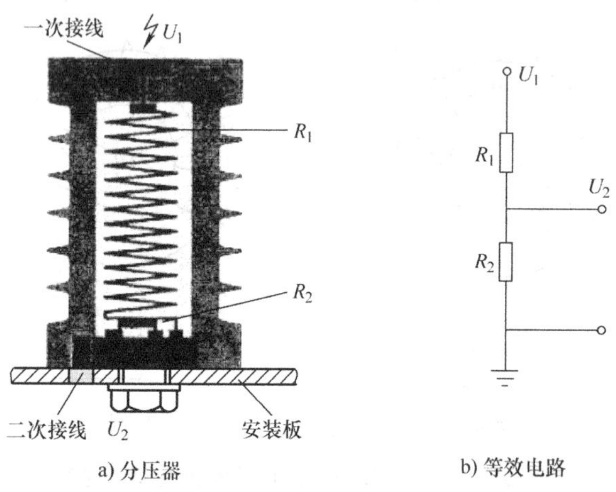

a) 分压器　　　　b) 等效电路

图8-4　厚膜电阻分压器

一般来说，高压侧的电阻R_1应该尽量大，以降低分压器的损耗；低压侧的电阻R_2应该尽量小，测量回路阻抗基本不影响分压器电压比的设定。实际应用时，R_1的值为100MΩ左右，R_2的值为10kΩ左右。可以将此分压器做在支撑绝缘子内并安装在中压真空开关出线端。

对于高电压等级应用的真空开关，如混合式GIS（也称为插接式组合电器）中的真空开关，电流与电压传感器可复合在一起，如图8-5所示。

图8-5a中沿母线管内壁粘敷一层薄膜电极，该电极与母线之间形成同轴电容C，与母线管形成同轴电容C_E（与C的值几乎相等），C和C_E可由下式计算得到

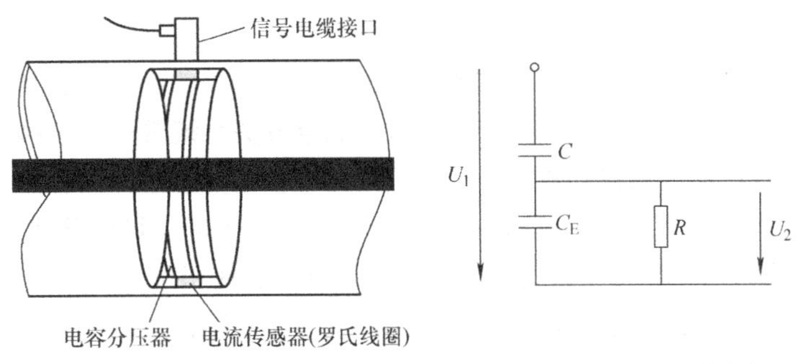

a) 组合式电流、电压传感器　　b) 电容分压器等效电路

图 8-5　混合式 GIS 中的传感器及等效电路

$$C = \frac{2\pi\varepsilon_0 L}{\ln(R_2/R_1)} \tag{8-4}$$

式中，R_1、R_2 分别为同轴导体小圆半径和大圆半径，$\ln(R_2/R_1)$ 可近似于 $\ln\delta$，δ 为薄膜厚度。

图 8-5b 所示电容分压器等效电路中，R 是考虑到接地电容 C_E 将会因温度等因素的影响而变得不稳定所选取的一个小电阻，以屏蔽 C_E 的影响，电阻 R 上的电压 $U_2(t)$ 为

$$U_2(t) = RC \cdot \mathrm{d}U_1(t)/\mathrm{d}t \tag{8-5}$$

由式（8-5）可见，$U_2(t)$ 与系统电压 $U_1(t)$ 的时间导数成正比，此后可以在信号过程处理单元（Process Interface for Sensors and Acuators，PISA）中利用微处理器对 A/D转换后的 $U_2(t)$ 进行数字积分以实现信号解调。近年来，国外有将电流测量与电压测量组合到一起的组合传感器，可以大大缩小传感器尺寸，在中压开关柜和组合电器中具有很好的应用前景。图 8-6 所示为 ABB 公司开发的中压电流、电压组合传感器 KEVCD 24AE3。

图 8-6　ABB 公司开发的中压电流、电压组合传感器

当前在高压电力系统中人们还在尝试光学电流、电压传感器。光学电流互感器（Optical Current Transformer，OCT）和光学电压互感器（Optical Potential Transformer，OPT）已经接近产品化。

8.1.3　非电量传感器

某些非电参数（如开关外绝缘材料的老化、导电系统的温升、开关的机械特性等）以及对智能真空开关本身工作的环境和状态进行的监测，都要求智能开关的监控单元具有同时监控各种相关非电量（如温度、湿度、气体密度、压力、速度、加速度、绝缘强度等）的功能。这些参数本身都不是电信号，不能直接检测，必须通过相应的传感器将它们变成电压信号后才能输入监控单元进行处理和显示，并根据结果输出不同的信息。常用的非电量传感器包括：机械/位移传感器、温度检测传感器以及湿度传感器。

1. 位移传感器

位移的测量可推导出物体的速度与加速度，因此涉及开关的机械特性测量。位移传感器又称为线性传感器，可分为模拟式和数字式两种。真空开关系统常用的位移传感器包括模拟信号输出的电位器式位移传感器和数字信号输出的光栅位移传感器，后者的一个重要优点是便于将信号直接送入计算机系统，具有易实现数字化、精度高（目前分辨率最高的可达到纳米级）、抗干扰能力强、没有人为读数误差、安装方便、使用可靠等优点。电位器式位移传感器由于近年来解决了滑动电接触寿命问题和测量精度问题，发展极为迅速，已成为真空开关机械特性测量的首选。

电位器式位移传感器的可动电刷与被测物体相连，通过电位器将机械位移转换成与之呈线性或任意函数关系的电阻或电压输出。物体的位移引起电位器移动端的电阻变化，阻值的变化量反映了位移的量值，阻值的增加还是减小则表明了位移的方向。通常在电位器上通以电源电压，把电阻的变化值转换为电压输出。

真空开关用的直线位移传感器将可变电阻的滑轨定置在传感器的固定部位，滑片在滑轨上的位移由测量的不同阻值求出。传感器滑轨连接稳态直流电压，允许流过微安级的小电流，滑片和始端之间的电压与滑片移动的长度成正比。将传感器用作分压器可最大限度地降低对滑轨总阻值精确性的要求，因为由温度变化引起的阻值变化不会影响到测量结果。常用的位移传感器由导电塑料制成，耐高温，抗老化，其表面防静电和防辐射，具有高耐磨工程滑环和良好的密封。传感分压器具有自动电气接地功能，接触电刷为三元合金制材料，并用计算机线性电阻修刻系统，不仅可以满足更高的线性度要求，还可以根据客户的要求修刻电阻值的大小。图 8-7 所示为目前流行的真空开关位移传感器实物图。

此类传感器的行程可做到 $5\sim2.5\times10^{3}$mm，两端均有 3.5mm 缓冲行程，电阻修刻精度可达 0.08% ~0.03% FS。拉杆球头具有 0.5mm 自动对中功能，允许的极限运动速度为 10m/s。传感器输出直流电压信号，也可以通过 V/A 转换信号转换成标准的 4 ~20mA 直流电流信号，满足远距离控制要求。

位移传感器相关参数如图 8-1 所示。

表 8-1　位移传感器相关参数

通用拉杆参数	参数数值	通用拉杆参数	参数数值
独立线性精度（±%FS）	0.1	拉杆最大承载拉力	50kg
电阻（允许偏差±10%）	5.0kΩ	外壳长度	量程+81mm
可重复性精度	0.01mm	工作受力	水平方向<10N
建议工作电流	≤10μA		竖直方向≤10N
故障时滑刷的最大电流	10mA	抗振动标准（5~2000Hz）	$A_{max}=0.8$mm，$a_{max}=20g$
最大允许工作电压	42V	抗冲击标准	50g，11ms
输出与输入电压的有效温度系数比	通常 5×10^{-6}/K	工作温度范围	-60~150℃
绝缘电阻（500V DC）	≥10MΩ	寿命	$>1\times10^{8}$ 次
绝缘强度（500V AC，50Hz）	漏电流≤100μA	最大运行速度	10m/s，最大加速度 200m/s^2
机械行程	量程+8mm	防护等级	最高 IP67

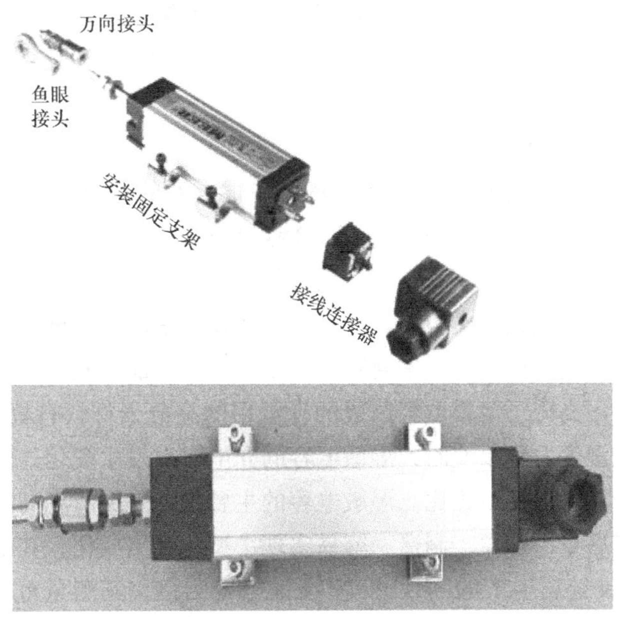

图 8-7　位移传感器实物图

2. 温度检测传感器

在输配电设备的运行中，变压器、开关柜、母线、电机等因发热引起的故障是很常见的，因此温度是智能电器需要监测的一个重要参数。应用传统的热电阻、热电偶做成的温度传感器局限性较大，常用的可嵌入智能真空开关的新型测温传感器包括热敏电阻温度传感器和红外温度传感器。

热敏电阻是利用半导体的电阻值随温度显著变化这一特性制成的一种热敏元件。它是由某些金属氧化物（主要用钴、锰、镍等的氧化物）根据产品性能不同，采用不同比例配方，经高温烧结而成的。大多数半导体热敏电阻具有负温度系数，称为 NTC（Negative Temperature Coefficient）型热敏电阻。其阻值与温度的关系可表示为

$$R = R_0 e^{B(1/T - 1/T_0)} \tag{8-6}$$

式中，R_0 是环境温度为 T_0 时的电阻值；B 为热敏电阻的材料常数，一般在 1500 ~ 6000K 之间。

半导体热敏电阻与金属热电阻相比较，具有灵敏度高、体积小、热惯性小、响应速度快等优点，存在的主要缺点是非线性严重、稳定性稍差，主要用于检测电器设备的环境温度。

红外温度传感器属于非接触式温度测量，可以对高电压、大电流工作条件下的部件进行测量。红外测温仪有高精度、非接触、无须电源的特点，其信号输出有热电偶和各种标准模拟信号；有各种距离系数，最小到 300: 1；发射率有可调和固定两种类型。如 IR_t/c. 01 型红外温度传感器，测温范围为 −45 ~ 290℃，最小探点尺寸为 8mm，光谱响应为 6.5 ~ 14μs，输出阻抗为 3kΩ，信号输出可对应热电偶的毫伏信号。

此外，利用在一定电流条件下 PN 结的正向电压与温度有关这一特性制成的 PN 结型集成温度传感器，其体积小、反应快，而且线性比热敏电阻好很多。把感温晶体管和其外围电

路（放大电路，线性化电路等）一起集成在同一芯片上制成的传感器线性好，灵敏度高，性能比较一致，使用方便，典型工作温度范围是 -50 ~ 150℃，目前已广泛应用于温度测量、控制和温度补偿等方面。

3. 湿度传感器

环境湿度直接与绝缘配合相关，湿度传感器占很重要的地位。传感器的核心为湿敏元件，有湿敏电阻和湿敏电容两类。湿敏电阻的特点是在基片上覆盖一层用感湿材料制成的膜，当空气中的水蒸气吸附在感湿膜上时，元件的电阻率和电阻值都发生变化，利用这一特性即可测量湿度。湿敏电阻的种类很多，如金属氧化物湿敏电阻、硅湿敏电阻、陶瓷湿敏电阻等。湿敏电阻的优点是灵敏度高，主要缺点是线性度和产品的互换性差。

湿敏电容一般是用高分子薄膜电容制成的，常用的高分子材料有聚苯乙烯、聚酰亚胺、醋酸纤维等。当环境湿度发生改变时，湿敏电容的介电常数发生变化，使其电容量也发生变化，其电容变化量与相对湿度成正比。湿敏电容的主要优点是灵敏度高、产品互换性好、响应速度快、湿度的滞后量小、便于制造、容易实现小型化和集成化，其精度一般比湿敏电阻要低一些。以 Humirel 公司生产的 SH1100 型湿敏电容为例，其测量范围是 1% ~99% RH，在 55% RH 时的电容量为 180pF（典型值）。当相对湿度从 0% 变化到 100% 时，电容量的变化范围是 163 ~202pF，温度系数为 0.04pF/℃，湿度滞后量为 ±1.5%，响应时间为 5s。

实际应用中已有集成湿度传感器的产品可用，包括线性电压/频率输出式集成湿度传感器。前者的主要特点是采用恒压供电，内置放大电路，能输出与相对湿度呈比例关系的伏特级电压信号，响应速度快，重复性好，抗污染能力强。频率输出式集成湿度传感器，在 55% RH 时的输出频率为 8750Hz（典型值），当相对湿度从 10% 变化到 95% 时，输出频率从 9560Hz 减小到 8030Hz。这种传感器具有线性度好、抗干扰能力强、便于配数字电路或单片机、价格低等优点。

有的集成湿度传感器还增加了温度信号输出端，利用负温度系数（NTC）热敏电阻作为温度传感器。当环境温度变化时，其电阻值也相应改变并且从 NTC 端引出，配上二次仪表即可测量出温度值。

8.1.4　开关量检测方法

在电力设备，尤其是开关电器设备运行中，必须采集许多位置信号以保证机械和电气性能的安全性，这些位置信号被用来控制设备、指示位置状态以及用于开关装置之间的联锁。位置信号的到位或未到位，是一种开关量。在传统开关电器中，这种位置信号是通过辅助开关来获得的。在智能电器中越来越多地采用接近传感器（或称接近开关）替代辅助开关获得位置信号，根据其工作原理，常见的有电容式、电感式、光电式和超声波式几种。

1. 电容式接近开关

电容式接近开关也属于一种具有开关量输出的位置传感器，它的测量头通常是构成电容器的一个极板，而另一个极板是物体的本身，当物体移向接近开关时，物体和接近开关的介电常数发生变化，使得和测量头相连的电路状态也随之发生变化，由此便可控制开关的接通和关断。这种接近开关的工作流程如图 8-8 所示。这种传感器结构简单，但抗干扰能力与精度都比较差。

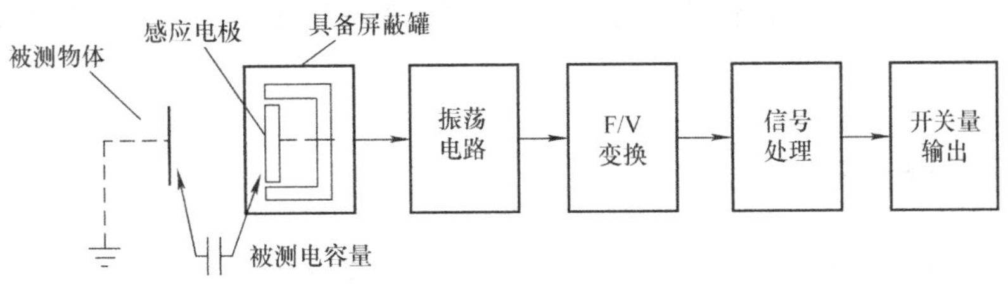

图 8-8　电容式接近开关工作流程图

2. 电感式接近开关

电感式接近开关是基于金属性物体对传感器的高频振荡器产生的非接触式感应作用，通过传感器的感应面，在其前方产生一个高频交变的电磁场。当外界的金属性导电物体接近这一磁场并到达感应区时，在金属物体内产生涡流效应，从而导致 *LC* 振荡电路振荡减弱，振幅变小，即称之为阻尼现象。这一振荡的变化，被开关的后置电路放大处理并转换为一确定的输出信号，触发开关并驱动控制器件，从而达到非接触式目标检测的目的。图 8-9 所示为西门子公司以 BERO 产品名称闻名的电感式接近开关工作原理图。这种接近开关的灵敏度和可靠性都有很大的提高，因而得到了广泛的应用。

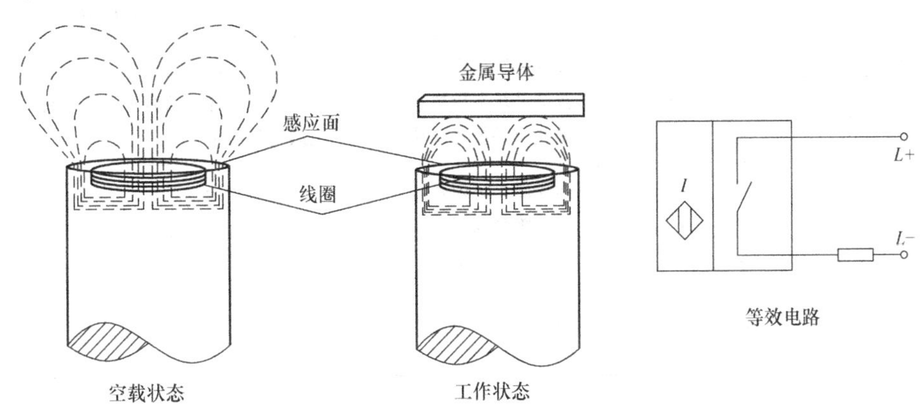

图 8-9　电感式接近开关工作原理图

3. 光电式接近开关

光电式接近开关利用被检测物体对红外光束的遮光或反射，由同步回路选通而检测物体的有无，其物体不限于金属，对所有能反射光线的物体均可检测。根据检测方式的不同，红外线光电开关可分为漫反射式光电开关、镜反射式光电开关和对射式光电开关。常见的漫反射光电开关是一种集发射器和接收器于一体的传感器，当有被检测物体经过时，将光电开关发射器发射的足够量的光线反射到接收器，于是光电开关就产生了开关信号，如图 8-10 所示。当被检测物体的表面光亮或其反光率极高时，漫反射式的光电开关是首选的检测模式。

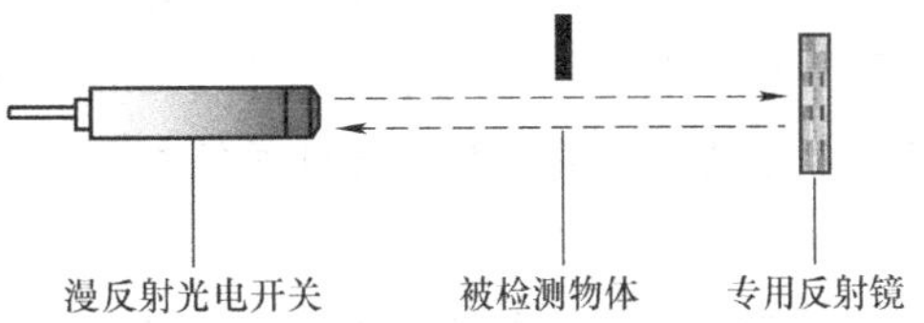

图 8-10　漫反射光电开关工作原理图

上述传感器仅是智能检测系统对现场参量的感知，完整的检测系统的输出还需要对传感器信号进行分析与处理，包括传感器与信号处理系统的转换接口技术，具体可参见智能电器相关教材与文献。

8.2　相控真空开关

设计具有与交流零点同步开断且具有选相合闸功能的断路器（称之为相控开关或同步开关）是开关电器设计者一个久远的梦。同步开断即在电流过零点附近使触头分离熄弧，极短的燃弧时间使开断容量增加若干倍。选相合闸可以避免系统的暂态过程，克服容性负载的合闸涌流与过电压，从根本上解决过电压的问题。电力电子领域的软开关技术与断路器的同步开断和选相合闸的场景是一致的。电力开关的选相投切要根据不同的负载特性，控制开关在参考信号最佳相角处关合或开断，以大幅度降低断路器动作时引起的电磁暂态现象，实现无冲击的平滑过渡。相控真空开关的最大优势在于其相比其他介质开关的较小开距，更容易控制开关触头的位置。选相控制开关基于选相投切技术，其在不同工况下的使用目的、优点及最佳投切相位，如表 8-2 所示。

表 8-2　选相控制开关的使用目的、优点及最佳投切相位

工况	使用目的	优点	最佳投切相位
空载变压器合闸	抑制励磁涌流	无需合闸电阻 提高系统电压稳定性 防止继保装置误动	中性点接地：各相相电压峰值 中性点绝缘：首合相的电压峰值，后两相的线电压峰值
并联电抗器合闸			
电容器组合闸	抑制涌流	减少触头烧蚀磨损 降低维修成本	中性点接地：各相电压零点 中性点绝缘：首合相和次合相线电压零点，第三相相电压零点
	抑制过电压	降低绝缘水平	
空载输电线合闸	抑制过电压	无需合闸电阻 降低绝缘水平	各相相电压零点
并联电抗器开断	防止重燃	减少触头烧蚀磨损 降低绝缘水平	无重燃的燃弧时间
空载输电线与电容器组开断	防止重击穿	提高容性小电流开断性能及可靠性	无重击穿的燃弧时间
短路电流开断	防止重燃 提高开断能力	减少触头烧蚀磨损 提高系统稳定性	无重燃的燃弧时间

开关的选相控制除了可以提高短路开断能力外，从理论上讲还可以克服操作过程的电磁暂态现象，杜绝系统过电压和过电流的产生。如果电力系统所有开关都能实现相控，基本克服操作过电压，将大大降低对绝缘系统的要求，减小绝缘配合尺寸，这将给系统带来革命性的进步。

到目前为止，选相控制开关已应用于电容器组、电抗器组、空载线路和空载变压器的投切等多个方面。CIGRE 下设的研究委员会 WGA3. 07 定期调研审议相控开关的研究现状，其中对 1984—2001 年相控开关应用情况的调查报告显示：相控开关主要分布在 26. 4 ~ 800kV

电压等级，其中 64% 用于电容器组投切，17% 用于电抗器组投切，17% 用于变压器的投入，其余 2% 用于空载架空线关合与自动重合闸。输电线路自动重合闸以及短路故障电流开断的选相投切技术目前还处于试验研究阶段。

对于参考信号具有周期性的常规领域，如电容器组、电抗器、变压器、空载线路等的投切，已有成熟的相位预测算法及投切策略，而短路故障电流由于其中存在的直流衰减分量，过零点比较复杂，零点预测算法是关键技术之一，短路故障的相控开断（Controlled Fault Interruption，CFI）是当前研究的热点。

8.2.1　相控开关的基本结构

相控是开关智能化的主要任务之一，相控开关包括信号检测、同步控制器、电子操动三部分。相控要有精确的系统实时相角信息/同步信号。现代传感器技术使交流零点信号的拾取变得非常可靠和方便。同步控制器则根据设定的选相规则和算法为机构发出精度在微秒级的动作指令；操动机构与普通真空开关不同的是分相操动，保证各相灭弧室在电压或电流零点以前或它们的变化率零点（正弦信号的峰值）以后的特定时刻动作。图 8-11 所示为相控开关的基本工作原理框图。

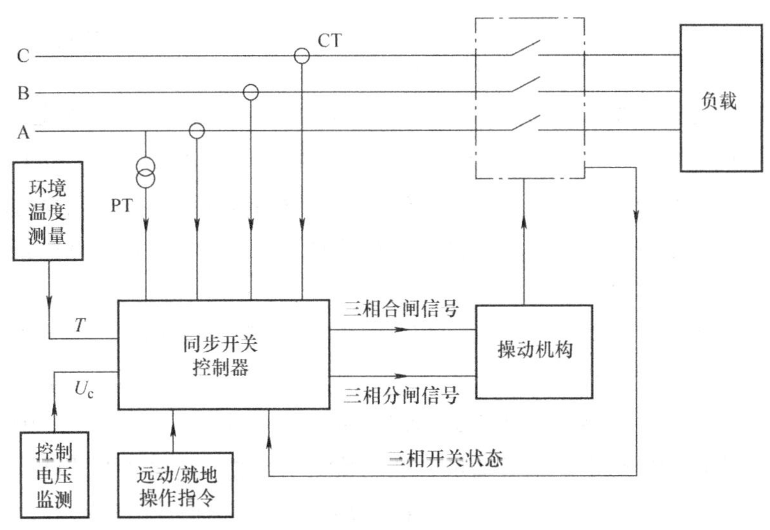

图 8-11　相控真空开关的基本工作原理框图

相控真空开关从操作上可分为相控/同步分闸和选相合闸，应用场景分为轻负荷（容性或感性负载）与短路电流的合分。

真空开关的同步分闸应满足以下几个条件：

1）稳定的起始分闸速度和能可靠熄灭电弧的最小安全开距的经验数据。

2）触头分离时间点应大于过零前 ΔT，对应原开关型式试验的首开相最小燃弧时间。

3）过零点的可靠检测、计算及触发信号的适时给出。开断短路电流时，首开相开断后余两相延时 5ms 后同时开断（针对中性点不接地系统）。

同步关合操作就是控制高压开关的触头在电网电压的特定相位关合，以减少投入操作产生的涌流和过电压的幅值，提高电能质量和系统稳定性，延长断路器的使用寿命和检修周期。同步关合操作技术主要应用于容性负载（无功补偿电容器组、空载线路）和感性负载（空载变压器、电抗器）的投入。

8.2.2　短路故障的相控开断

随着工业及居民用电量的增加，电力系统的短路容量越来越大，相应的最大短路电流也越来越大，在大容量的系统中短路电流可达几十甚至几百千安，如三峡电站的近区电网短路电流逐年增加，2015 年超过 300kA。短路故障引起的后果都是破坏性的。

真空开关的短路故障的相控开断（CFI）就是控制其触头刚分时刻的相位，在电流过零，电弧熄灭时，使触头达到满足介质恢复强度要求的最小开距，此时会得到最小的燃弧时间，可以有效提高真空开关的开断能力。CFI 可以减小真空灭弧室输入的电弧能量，减少触头的烧损，延长开关的寿命，提高开关的短路电流开断容量。CFI 原理如图 8-12 所示。图中，i_f为短路电流，t_1为触头刚分时刻，t_2为电流过零时刻，l_c为电弧熄灭后不发生重燃或重击穿的临界触头开距，l为真空开关的开距。CFI 的目的就是保证在电流过零时，触头开距不小于 l_c。CFI 需依靠算法在故障发生后预测出短路电流过零点 t_2，并根据触头的运动特性确定最小燃弧时间，计算出触发真空开关的时刻。短路故障电流由于其中存在的直流衰减分量，过零点比较复杂，零点预测算法是 CFI 的关键技术之一。

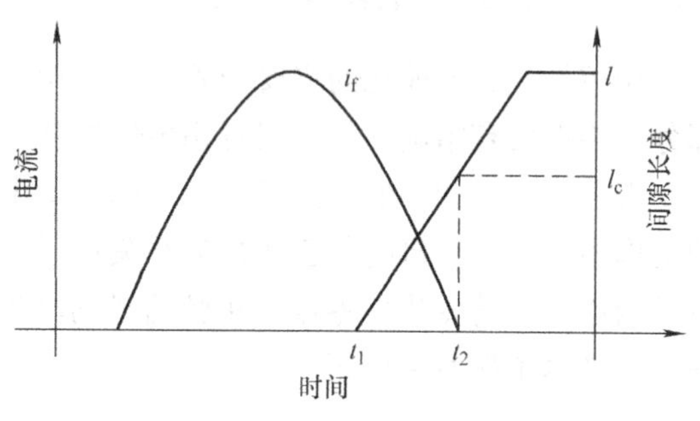

图 8-12　CFI 原理

CFI 的零点预测包括：①在继电保护动作之间，快速辨识出短路电流参数，准确预测出下一次电流过零点；②确定临界触头开距，保证电弧过零熄灭之后不发生重燃，在恢复电压作用下不发生重击穿，并在零点前确定最小燃弧时间和分闸指令到达时间。触头临界开距和最小燃弧时间可在试验中确定，为已知量，准确预测电流过零是 CFI 的关键。

CFI 的控制过程为：①检测到有故障发生；②由采样数据估计电流参数；③判断故障类型；④预测电流的下一个过零点；⑤选择开断策略；⑥接收到继电保护命令，计算等待时间；⑦控制器适时发出分闸指令。作为比对，图 8-13 所示为继电保护命令到达并触发断路器分闸之后，相位的随机开断过程。图 8-14 所示则为加入 CFI 算法时的时序图及有关的参数定义。

图 8-13 与图 8-14 中，$I(t)$为电流；t_{prot}为短路故障时继电保护响应时间；t_{CBO}为断路器分闸时间（即从断路器接收到分闸命令到触头刚分）；t_{arc}为最小燃弧时间；t_{arc_dx}为随机开断时 x 相的燃弧时间（x 为相标，代表 A、B、C 三相，下同）；t_{dclr_x}为随机开断时 x 相的故障清除时间；t_{mg}为 CFI 算法的时间裕量；t_{wait_x}为 CFI 时 x 相触发命令的等待时间；t_{arc_cx}为 CFI 时 x 相的燃弧时间；t_f为故障发生时刻；t_{Ne}为继电保护命令到达时刻；t_{dkh}为随机开断时断路器触头刚分时刻，即燃弧开始时刻；t_{dk}为随机开断时最早熄弧时刻；t_{dkc}为 CFI 时

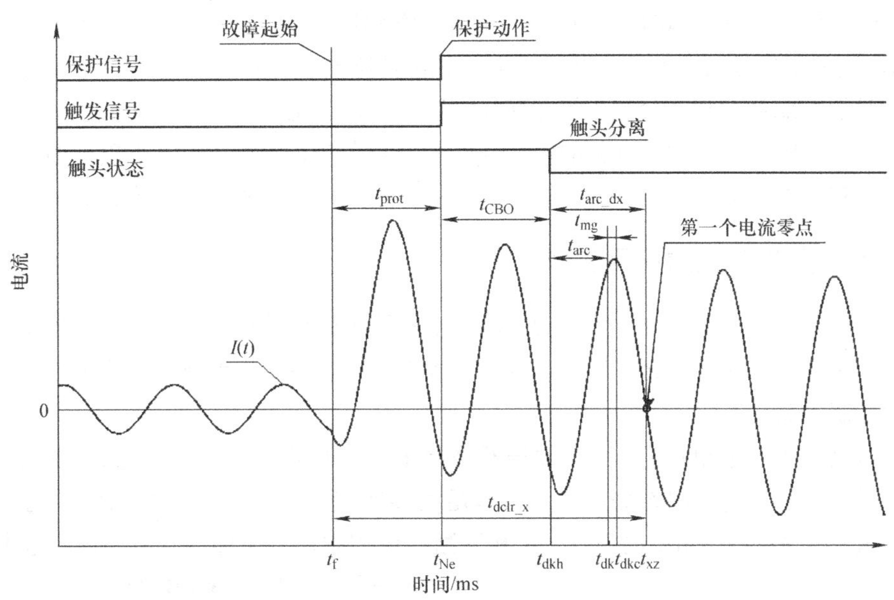

图 8-13　随机开断时序

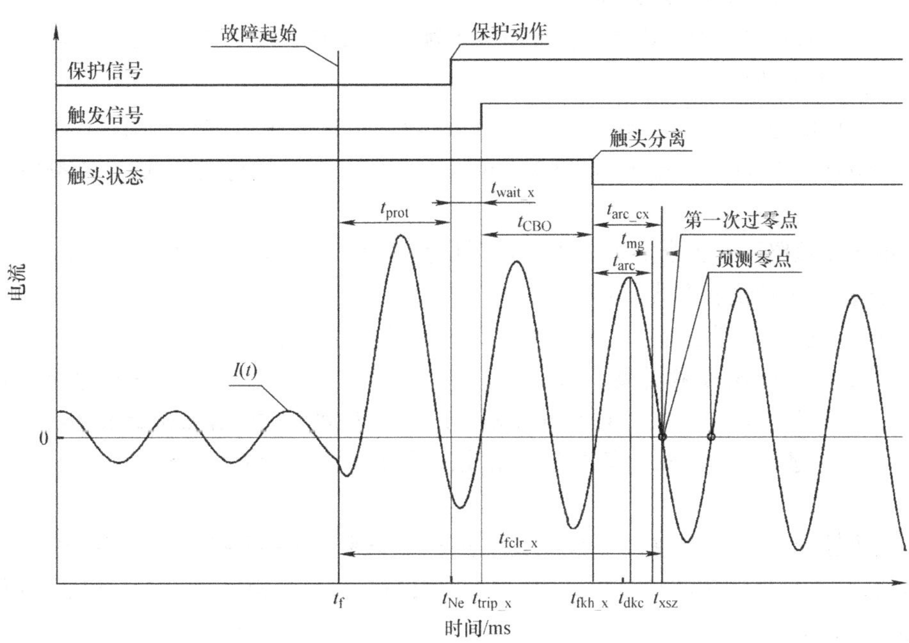

图 8-14　基于 CFI 算法的开断过程

最早熄弧时刻，即从此时刻开始有 CFI 可用的过零点；t_{xz}为随机开断时 x 相熄弧时刻，即第一过零点时刻；t_{trip_x}为 CFI 时 x 相触发命令时刻；t_{fkh_x}为 CFI 时 x 相断路器触头刚分时刻，即 x 相燃弧开始时刻；t_{xsz}为 CFI 时 x 相熄弧时刻，即第一过零点时刻。

在 CFI 时序，第一过零点为 t_{dkc}之后的第一个电流过零点，当 $t_{xz} < t_{dkc}$时，CFI 将失去随机开断时的第一过零点，定义此时为 CFI 算法的失效区间。由此可知，随机开断可能达到最

小燃弧时间，而 CFI 的燃弧时间总是不小于目标燃弧时间 $t_{target} < t_{dkc} + t_{mg}$。由时序图可知，CFI 的故障清除时间总是不小于随机开断时的故障清除时间。但在实际运行中，由于随机开断时燃弧时间可能会很长，会造成绝缘恢复强度下降，以至于开断失败，大大延长了故障清除时间，所以在随机开断时，开关的短路开断容量是在较长的燃弧时间下确定的。而 CFI 算法则避免了较长的燃弧时间，提高了短路电流的开断成功率和短路开断容量。

8.2.3　相控真空开关的应用实例

基于光纤通信具有选相分、合闸功能的真空断路器模块结构与样机实物如图 8-15 所示。选相误差采用自适应控制，断路器分、合闸过程采用闭环控制，形成了适应不同常规负载选相投切的控制策略。

对于短路故障的选相开断，首先根据断路器在各种短路工况下的系统数学模型，找到故障电流目标零点的快速预测方法。该方法满足大多数快速继电保护系统响应时间（通常为 20ms）的要求；按照 CIGRE 的推荐，选相开断相位控制误差不能大于 0.5ms，考虑到比较苛刻的噪声背景以及较大的谐波分量，本案例的预测算法在噪声 30dB 的情况下零点预测误差绝对值不超过 0.25ms。三相短路故障选相开断的完整控制方案还包括故障发生起始时刻检测、故障类型判别和相应的开断策略等。

图 8-15 中的光控选相模块尚无标准与技术规范，以基本额定参数 40.5kV/40kA 的主要试验项目响应系统的需求：

1）基本性能包括：工频 95kV/1min 和 185kV/雷电冲击耐压试验；回路电阻小于50μΩ 时的温升试验；三模块串联形态的 40kA/2min 和 100kA/4s 动热稳定性试验；6000 次机械寿命试验。

2）出线端短路开断关合能力试验，包括试验方式 T10，T30，T60 和 T100s；近区故障开断关合试验，包括试验方式 L90 和 L75。

3）故障相控开断算法：在故障发生后 3ms 内检测出大部分故障，并在 20ms 内估计出故障电流参数，判断出故障类型，给出相应的开断策略，过零点预测精度达到 ±0.25ms；永磁机构动作时间自适应控制使真空开关模块的动作时间分散性在 ±0.25ms 内，智能断路器整机的相控分散性小于 1ms，其中合闸相控误差范围为 ±0.5ms，分闸相控误差分散性范围为 ±0.75ms。

4）模块控制器和电源通过了静电放电抗扰度试验（Level 4），工频磁场抗扰度试验（Level 4），脉冲群抗干扰试验（Level 4），雷击浪涌抗扰度试验（Level 4）和衰减振荡波抗扰度试验（Level 4）。

图 8-16 所示为以 40.5kV 并联均压电容的光控模块为基础，通过 U 形串联组成的 126kV 三断口选相真空断路器单相结构。各串联断口/模块的分闸误差小于 0.6ms。光控模块（Fiber－Controlled Vacuum Interrupter Modul，FCVIM）主要技术参数见表 8-3，机械特性参数见表 8-4。图 8-17 所示为基于光控模块串联的 126kV 真空断路器样机照片，其主要技术参数见表 8-5。

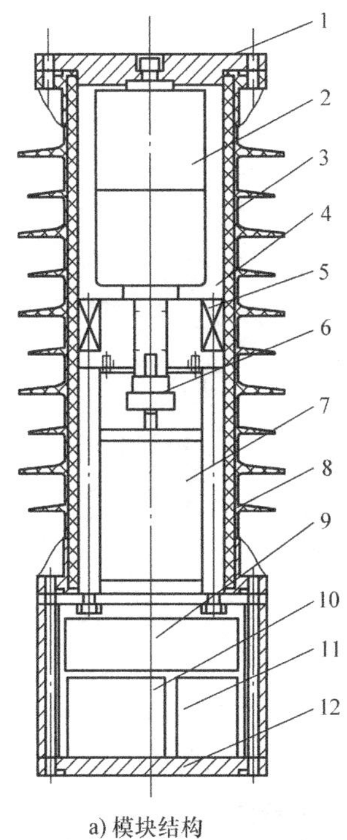

a) 模块结构

b) 样机实物

图 8-15　光控选相模块的结构与样机实物

1—上出线法兰　2—真空灭弧室　3—外绝缘筒　4—内部复合绝缘　5—电源 CT
6—触头弹簧　7—永磁机构　8—硅橡胶伞裙　9—控制板　10—电容器组　11—蓄电池　12—下出线法兰

表 8-3　光控模块主要技术参数

序号	主要技术参数	额定值	序号	主要技术参数	额定值
1	额定电压	40.5kV	7	额定动稳定电流（峰值）	100kA
2	额定电流	2500A	8	4s 热稳定电流（有效值）	40kA
3	工频耐压（1min）	95kV	9	回路直流电阻	≤50μΩ
4	雷电冲击耐压	185kV	10	动静触头允许磨损厚度	3mm
5	额定短路开断电流（有效值）	40kA	11	总重量	≤100kg
6	额定短路关合电流（峰值）	100kA			

表 8-4　光控模块机械特性参数

序号	机械特性参数	数据	序号	机械特性参数	数据
1	触头开距	(20±2)mm	6	合闸时间	(45±10)ms
2	触头超程	(4±1)mm	7	分闸时间	(50±10)ms
3	平均合闸速度	(1.3±0.2)m/s	8	合闸弹跳时间	≤5ms
4	平均分闸速度	(1.2±0.2)m/s	9	合闸保持力	(4000±300)N
5	刚分速度	(1.1±0.2)m/s			

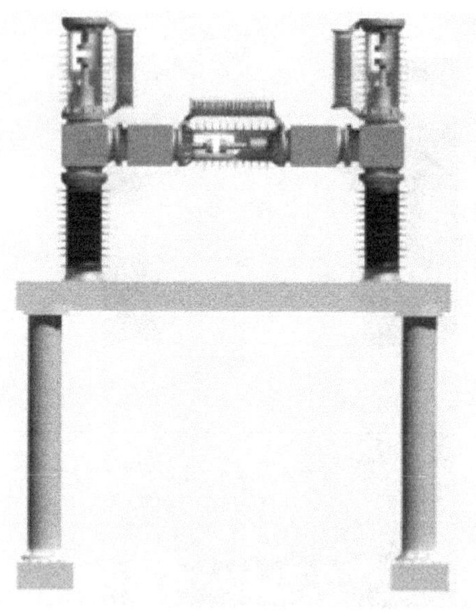

图 8-16　基于光控模块串联的 126kV 真空断路器单相结构

图 8-17　基于光控模块串联的 126kV 真空断路器样机照片

表 8-5　三断口真空断路器主要技术参数

序号	三断口真空断路器技术参数	额定值	序号	三断口真空断路器技术参数	额定值
1	额定电压	126kV	7	额定动稳定电流（峰值）	100kA
2	额定电流	2500A	8	4s 热稳定电流（有效值）	40kA
3	工频耐压（1min）	185kV	9	回路直流电阻	≤150μΩ
4	雷电冲击耐压	450kV	10	动静触头允许磨损厚度	3mm
5	额定短路开断电流（有效值）	40kA	11	总重量	≤300kg
6	额定短路关合电流（峰值）	100kA			

8.3　多断口真空开关的同步补偿

在真空开关采用多断口串联的工程实践中，人们最大的顾虑在于多断口的同步控制。解决同步问题的根本出路在于应用智能算法的同步补偿。同步控制的基础是真空开关的操动控制。为降低机构动作时间的分散性，采用 PWM 技术和循迹控制策略，可实现不同驱动电压、温度、运动周期等外界因素变化下分、合闸参考轨迹的跟踪，提高开关动作的稳定性[11]。多断口真空开关整机则可采用主动异步和动态补偿原理，以智能化技术解决多断口串联的关键技术[12]。

8.3.1　多断口真空断路器的基本操作控制

多断口真空断路器驱动控制系统的基本任务是保证各串联断口分、合闸时间的稳定性，这也是多断口操动同步性的基本保障。永磁操动机构的基本驱动控制原理框图如图 8-18 所示。

图中的控制器模块需要实时采集断路器的位移、电容器电压、环境温度及励磁线圈中的电流等数据，同时运行控制算法进行计算，通过调整PWM输出占空比，实现对电容器的放电控制，进而控制真空断路器的分、合闸时间。永磁操动机构与驱动控制系统共同位于高电位侧，一般多断口真空断路器的同步控制器位于低电位侧，通过光纤传输信号与指令。分、合闸控制信号将由低电位侧的控制器发出，通过光纤实现真空断路器的分、合闸动作。真空断路器的驱动控制系统典型结构如图8-19所示。

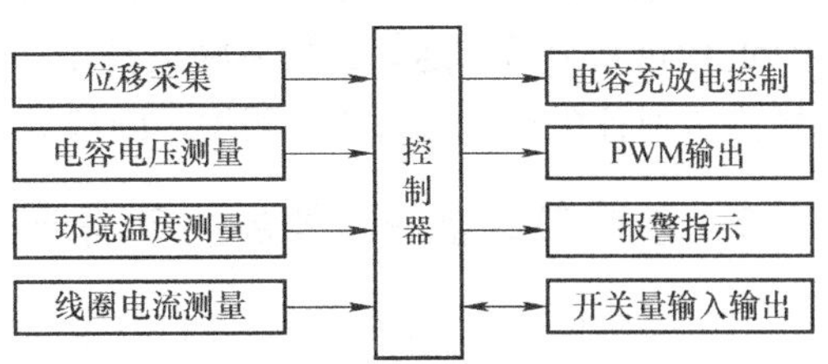

图8-18　永磁操动机构控制原理框图

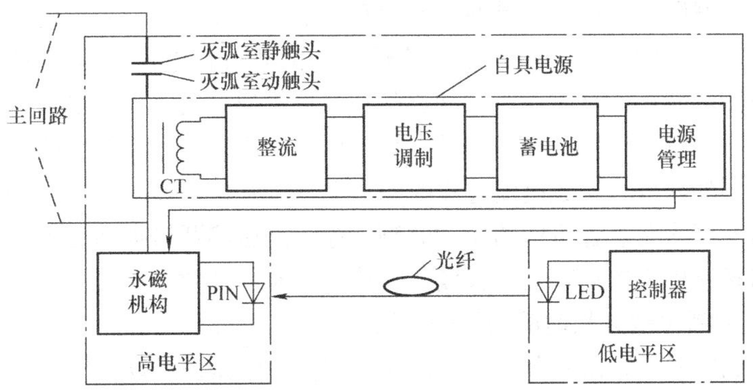

图8-19　真空断路器驱动控制系统典型结构图

驱动控制系统对算法运算速度、响应速度和控制精度都有较高要求，此处采用基于DSP+FPGA的架构设计。数字信号处理器DSP具有运算速度快、数据处理能力强以及运算精度高等优点，非常适合于控制系统中对数据的分析和处理，而FPGA具有外围接口丰富、运算速度快以及易于编程等优点，DSP+FPGA架构既能满足算法运算需求，又能够实现控制系统的高速、高精度控制，非常适用于多断口真空断路器的同步控制。基于DSP+FPGA架构的多断口真空断路器驱动控制系统硬件结构如图8-20所示。

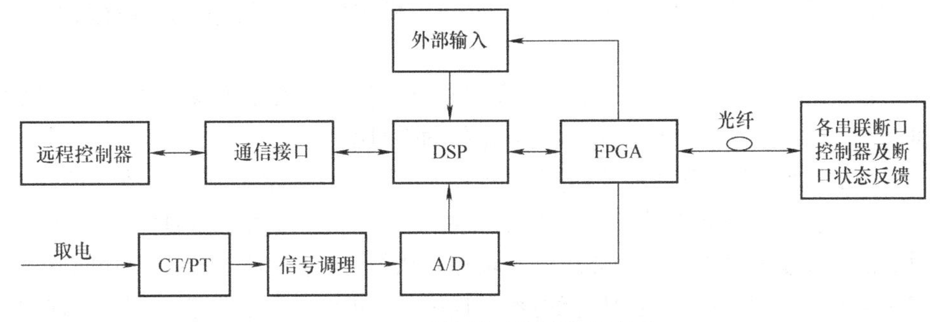

图8-20　驱动控制系统硬件结构图

图中CT/PT板采集电网中的电压、电流等参数，将采集到的信号传送到信号调理板进行信号的放大、滤波及 A/D 转换，并将调理后的信号送入主控板的 DSP 中，同时在主控板中 FPGA 的控制下对输入接口的输入信号和经光纤传送的各真空断路器状态进行采集，然后在 DSP 中进行分析和运算，最后将运算结果在 FPGA 控制下经由输出端口输出并通过光纤将信号传送到各个真空断路器，实现多断口真空断路器的基础分、合控制。

8.3.2　多断口真空断路器的主动异步开断

由于安装位置的不同，串联断口各节点对地电容也不同，整机电场的动态分布乃至各个断口恢复电压分布的不均匀是绝对存在的。串联断口的主动异步开断是指在开断过程中人为地进行异步设计，使各个断口在电流过零时的瞬时间隙长度产生差异，分担恢复电压相对高的断口瞬时间隙长度相对大一些。操动机构的发展使实现这一概念成为可能。主动异步开断是借助算法，以主动调节的方式补偿机械误差，体现了电子操动的智能化优势。

实施主动异步开断从机理上就是对多断口存在的动态差异进行主动的异步补偿，调整各个断口在电流过零时刻的瞬时间隙长度，使近高压侧断口在电流过零时拥有更大的间隙长度，进而耐受较高的暂态恢复电压。主动异步补偿可以通过两方面实现：一种是在各断口同步分闸的基础上，通过调整各机构的驱动电容电压大小来控制永磁机构励磁电流大小，使各操作机构拥有不同的速度，完成电流过零时的主动异步补偿；另一种是在励磁电压一致的情况下，通过控制程序来调整各机构的始动时刻，令近高压侧断口提前分闸，使得在电流过零时近高压侧断口拥有更大的瞬时间隙长度，完成主动异步补偿。

1. 多断口真空断路器分闸时间的影响因素

真空断路器的瞬时开距由其分闸特性决定，主要参数是由始动时间与分闸运动时间组成的分闸时间。多断口真空断路器各断口分闸时间的影响因素主要包括环境温度和控制电压两方面。

温度对真空断路器分闸时间的影响是指外界环境温度对真空断路器永磁操动机构的运动特性的影响，总趋势是外界环境温度越低，永磁操动机构的动作时间越长。环境温度的影响可以由以下几个方面体现：

1）真空断路器永磁操作机构由储能电容器提供驱动电源，而储能电容器的容量会随着温度的变化而变化。

2）温度的变化会引起永磁操动机构分、合闸线圈的电阻值变化，进而影响线圈电流。由于电阻的温度系数一般较小（10^{-5}/℃数量级），机构分、合闸线圈电阻对励磁电流的影响可以忽略不计。

3）温度的变化会引起真空断路器可动部件的运动阻尼参数的变化，导致真空断路器的分闸速度特性发生变化，从而影响真空断路器的动作时间。

4）温度的变化会对永磁体的性能产生影响。随着温度的增加，永磁体的矫顽力下降，永磁操动机构的分、合闸保持力下降，合成磁场发生改变，进而缩短真空断路器的动作时间。相反，随着温度的降低，永磁体矫顽力增加，从而延长真空断路器的动作时间。

真空断路器永磁操动机构是由储能电容器提供工作电源。通过储能电容放电向永磁操动机构的分、合闸线圈提供电流，进而控制永磁操动机构的分、合闸动作。控制电容器的放电电压可改变励磁电流，从而影响真空断路器的分闸时间以及断口瞬时开距。当对永磁操动机构的分、合闸线圈励磁时，储能电容放电，则永磁操动机构分、合闸线圈电流的上升阶段可

以近似为

$$\begin{cases} i = I_{\mathrm{m}} \sin\omega t \\ I_{\mathrm{m}} = \dfrac{U}{\omega L} \\ \omega^2 = \dfrac{1}{LC} - \dfrac{R^2}{4L^2} \end{cases} \tag{8-7}$$

式中，U 是储能电容电压，即控制电压；L 是永磁操作机构分、合闸线圈电感；R 为分、合闸线圈电阻；C 是储能电容的容量。由式（8-7）可以看出，在永磁操作机构和储能电容确定后，永磁操作机构的分、合闸线圈电流大小只受控制电压的影响，因此真空断路器的分、合闸时间必须考虑储能电容电压的影响。

2. 多断口真空断路器同步参数

多断口真空断路器的关键问题之一是各个断口的同步性，在理想均压效果下，且不考虑各个断口之间协同作用的影响，多断口真空断路器的最好效果是各个断口开断能力的叠加。而非同步情况下最恶劣的情况是某一个断口的开距最小或承受恢复电压的份额最大首先击穿，进而引发其他断口陆续击穿。理想状态下各个断口的击穿电压可以表示为

$$\begin{cases} U_1 = U_2 = \cdots = U_{n-1} = k(d - dis)^{\alpha} \\ U_n = kd^{\alpha} \end{cases} \tag{8-8}$$

式中，开距分散性由 dis 表示，断口 1 到 $n-1$ 的开距为 $d-dis$，第 n 个断口的开距为 d。根据各个断口同步情况下击穿电压之比可以得到分散性对多断口真空断路器的影响，其影响系数如下式所示：

$$C_n = \frac{(n-1)(d-dis)^{\alpha} + d^{\alpha}}{nd^{\alpha}} \tag{8-9}$$

式中，分散性影响系数 C_n 在 0 ~ 1 之间变化，分散性对多断口真空断路器的影响如图 8-21 所示，随着分散性的增加，其开断能力降低，考虑到实际应用，串联多断口的个数不会超过 9 个。仅仅考虑分散性的影响，当开距分散性小于 2mm 时，9 个断口串联的真空断路器开断能力可以发挥到同步操动的 95%。为此需要控制此分散性小于 ±1mm，假如真空断路器的分闸速度为 1m/s，多断口真空断路器的分闸时间分散性应小于 ±1ms。

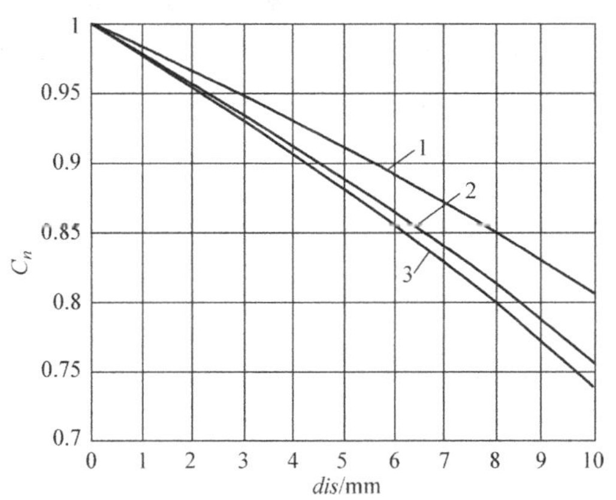

图 8-21　分散性对多断口真空断路器的影响

1—三断口　2—六断口　3—九断口

在实际的开断过程中，即使存在均压电容的情况下，各断口承受的电压也不可能按照理想情况均匀分布。由于杂散电容的影响，高压侧承受的电压要更高。应用主动异步开断概念，即通过主动异步开断设计，可实现对电压分布的差异和动态介质恢复的主动补偿。多断口主动异步开断一方面可以使高压侧断口获得更大的开距以便承受更高的电压，另一方面调整低压侧断口的均压电容，控制不平衡弧后电荷的注入，使得电压分布更加均匀，降低高压侧承担的电压。通过调整永磁操动机构的励

磁电流和始动时间两种方法实现对多断口真空断路器动态介质恢复的主动异步补偿。

3. 基于调整始动时刻实现主动异步补偿

调整操动机构的始动时刻实现主动异步补偿就是通过程序令近高压侧断口先动作，使其在电流过零时刻拥有更大的瞬时间隙，实现主动异步补偿，相比调整永磁操动机构的励磁电流更容易实现。对三断口真空断路器，此时的工况仿真是通过 ATPDraw 软件实现的，其仿真结构如图 8-22 所示。

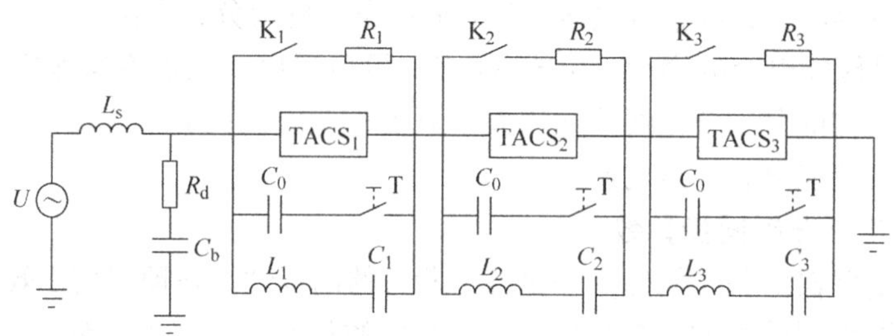

图 8-22　三断口真空断路器仿真结构

图中，以控制系统模型 TACS 作为真空断路器的弧后电阻模型，C_1、C_2、C_3为三断口真空断路器各断口的均压电容，由图中理想开关 T 投入；L_1、L_2、L_3为均压电容的寄生电感，虽然寄生电感在工频下的影响很小，但在真空断路器开断时刻，由于 TRV 的频率较高，此时在高频下，寄生电感将对各断口的 TRV 产生较大影响。通过设置不同的仿真电路参数，可以获得电弧模型的相关参数，将这些参数输入 TACS 信号控制开关来计算电磁暂态模型，进而获得电弧的等效电阻。仿真结果如图 8-23 ~ 图 8-25 所示。

图 8-23 所示为三断口真空断路器同步开断的动态介质强度恢复过程，各断口始动时刻为电流过零前 4ms，其结果显示近高压侧先被击穿，由另外两个断口承担暂态 TRV，但另外两个断口无法承受增加的 TRV，也先后被击穿，开断失败。

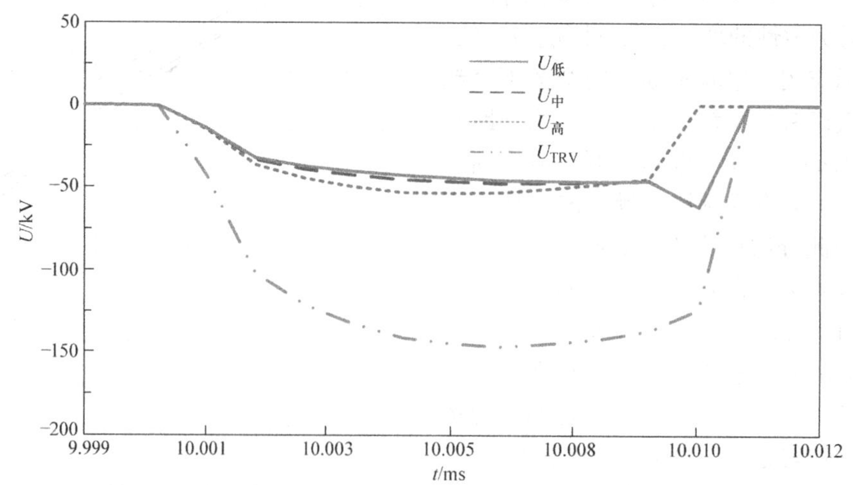

图 8-23　同步开断动态介质强度恢复过程

图 8-24 所示为异步开断的动态介质恢复过程，其开断时序为近高压侧断口先开断，中间断口次之，远高压侧断口最后开断，时间差 Δt 设为 1ms，远高压侧断口的始动时刻为电

流过零前4ms，其结果显示远高压侧断口先被击穿，由近高压侧和中间断口共同承担暂态TRV，之后中间断口被击穿，由近高压侧单独承担暂态TRV直至远高压侧及中间断口介质恢复，共同承担暂态TRV，完成开断。

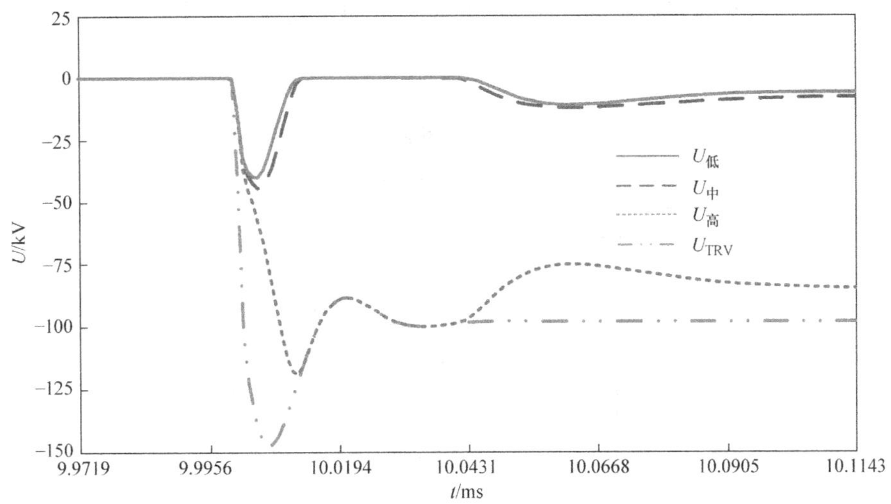

图8-24 Δt=1ms时异步开断动态介质恢复过程

图8-25为三断口真空断路器异步开断动态介质恢复过程，其开断时序为近高压侧先开断，中间断口次之，远高压侧最后开断，时间差Δt设为2ms，远高压侧断口的始动时刻为电流过零前4ms，其结果显示远高压侧断口先被击穿，由近高压侧和中间断口共同承担暂态TRV直至远高压侧介质恢复，共同承担暂态TRV，开断成功。

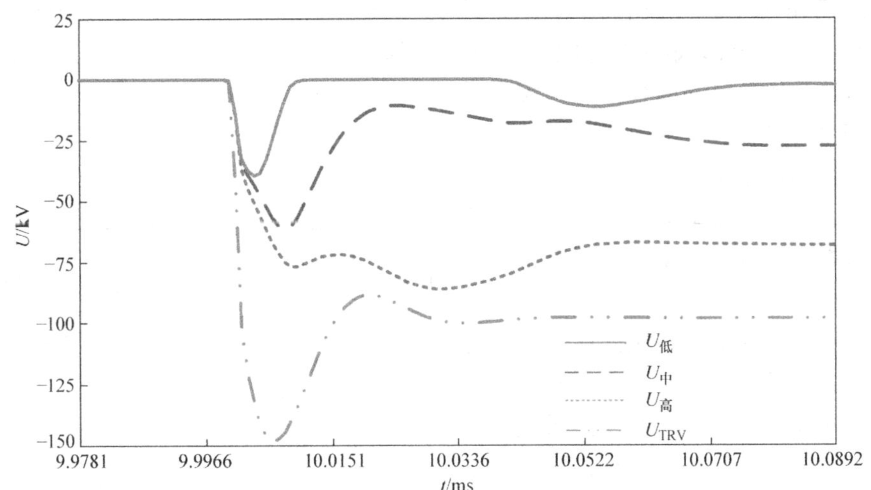

图8-25 Δt=2ms时异步开断动态介质恢复过程

从3个仿真结果可以看出，在三断口真空断路器的主动异步开断中，随着开断时间差Δt的增加，各串联断口的TRV分布得到补偿，提高了开断成功率。

8.3.3 实施案例

以8.2节126kV模块化三断口真空断路器为试验样机，通过调整动触头的运动速度和操作时间测量三断口真空断路器主动异步开断的固有介质恢复强度，验证主动异步开断及动态介质恢复主动补偿的效果。

1. 控制系统

三断口真空断路器控制系统硬件原理图如图8-26所示，主要包括各种传感器、A/D转换器、主控CPU处理器（MCU）、电源系统、与低电位控制系统联系的高低电位光电隔离单元。模块控制系统发送操作指令并返回模块的各个状态参数。

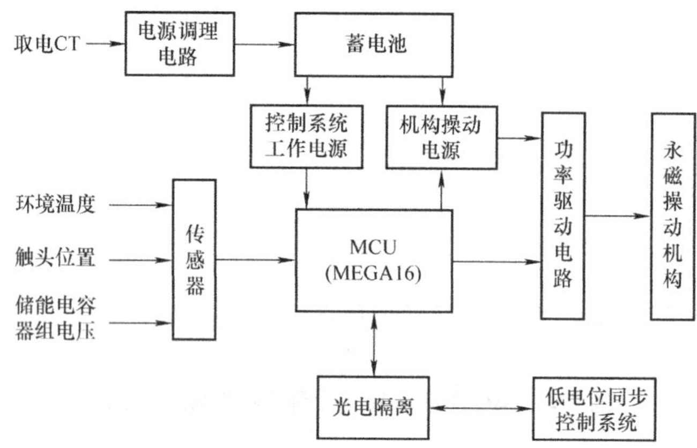

图8-26 三断口真空断路器控制系统硬件原理图

模块控制系统主程序流程图如图8-27所示，主控CPU系统初始化后就进入无限循环，等待位于低电位的同步控制系统发送分、合闸信号。当有分、合闸信号时，执行中断子程序。确定指令后发送控制信号到功率驱动单元，操动灭弧室动作。动作完成后记录相关数据并通过光纤发送到低电位的同步控制系统。

模块控制系统的主要功能是在接收外部控制信号后，通过逻辑判断向真空断路器操动机构发出操作指令。此处的控制系统采用电子元器件和电力电子开关代替传统机构中的继电器和辅助触点开关，使得控制系统具有工作寿命长、响应时间快等特点。

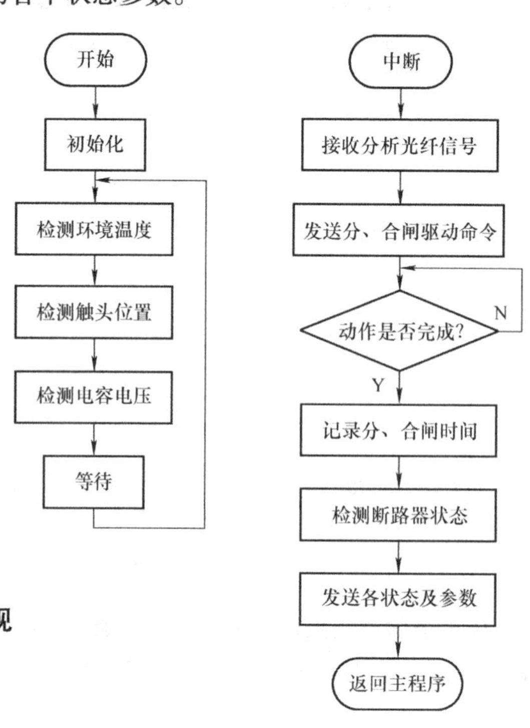

图8-27 模块控制系统主程序流程图

2. 基于调整励磁电流主动异步补偿的实现

调整分闸线圈励磁电流可以改变永磁机构动铁心的速度，直接影响真空断路器触头电极的间距，实现多断口真空断路器的主动异步补偿。

通过测量不同触头电极间距的固有介质恢复强度来验证补偿效果。试验条件为电流源的主电路电流为4kA，暂态TRV为22kV，测试真空断路器分闸的始动时刻为电流过零前3ms。改变测试真空断路器的平均分闸速度，使电流过零时获得不同的触头电极间距。真空断路器的平均分闸速度分别为1.1m/s、1.3m/s、1.5m/s和1.7m/s，对应的电流过零时的触头电极间距分别为3mm、4mm、5mm和7mm，不同励磁电流下的固有介质强度恢复曲线如图8-28所示。

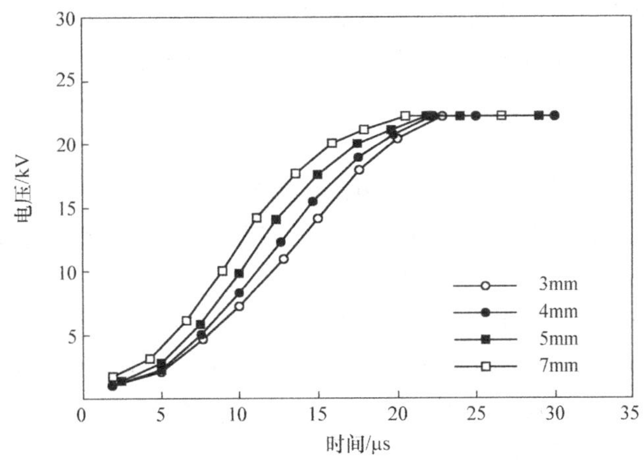

图8-28　不同励磁电流下的固有介质强度恢复曲线

图中可见，在真空断路器过零后到5μs之间，不同触头电极间距的击穿电压相差不大，在5~15μs内，真空断路器触头电极间距的击穿电压随着时间的增大呈指数增长，当恢复时间超过15μs后，真空断路器触头电极间距的击穿电压变化率逐渐变小并最终达到静态击穿电压值。由此可以看出，随着真空断路器触头电极间距的增加，电极间隙的击穿电压不断增大，介质恢复时间也逐渐变小。这是由于随着触头电极间距的增加，电极间隙中的等离子体更容易向外扩散，进而提高了电极间隙的击穿电压。因此，提高励磁电容电压，增大励磁电流，提高真空断路器动触头的运动速度，增加电流过零时触头电极间距，均能够有效提高电流过零后电极间隙的介质强度。

8.4　真空开关的电磁兼容与可靠性

真空开关智能化对开关系统的电磁兼容和可靠性提出了更高的要求。智能真空开关是传统电器与计算机技术、数据处理技术、控制理论、传感器技术、网络通信技术以及电力电子技术等相结合的产物，从本质上说是一种机电一体化设备，是一个“弱电”（信息流）和“强电”（能量流）相混合的系统。如果不能很好地解决电磁兼容问题，就不能保证智能真空开关的可靠工作。

根据国家标准GB/T 17626.1，电磁兼容（Electro－Magnetic Compatibility，EMC）的定义是：装置能在规定的电磁环境中正常工作而不对该环境或其他设备造成不允许的扰动的能力。它包括两方面的含义：①设备或系统应具有抵抗给定的外部电磁干扰的能力，并且有一定的安全余量，即不会因为受到处于同一电磁环境中的其他设备或系统产生的电磁场或发射的电磁辐射所干扰而产生不允许的工作性能降低；②设备或系统不产生超过规定限度的电磁干扰，即不会产生使处于同一电磁环境中的其他设备或系统出现超过规定限度的工作性能降级的电磁干扰。简而言之，就是设备对象对外部一定强度的电磁干扰具有足够强的抵抗能力，同时不会产生超出其他设备承受能力的对外电磁干扰。

因此，对智能真空开关来说，电磁兼容设计的任务就是采取适当的措施保证系统中的“信号”不会因干扰而“淹没”。这就依赖于对发生在开关系统中的干扰源的类型和性质、干扰传播的途径和耦合方式、接收装置的敏感性等进行分析，采取综合的措施，使整个智能电器系统的信息流传输和能量流传输之间处于相互协调的状态。

8.4.1　电磁干扰源

电力系统本身是一个强大的电磁干扰源，在正常和异常状态下都会产生多种形式的电磁干扰。如开关操作、短路故障等产生的电磁暂态过程，高电压、大电流设备周围的电场和磁场，射频电磁辐射，雷电，人体与物体的静电放电，供电网的电压波动、电压突降和中断，电力系统谐波，电子设备的工作信号和噪声等。智能真空开关的电子控制部分在整机中安装紧凑，弱电部分可能直接处于强电系统形成的电磁场中，从而使电磁兼容问题显得更为突出。此外，较高电压等级的真空灭弧室还伴有 X 射线辐射，也应纳入电磁兼容的监控范畴。威胁智能真空开关的电磁干扰源主要有以下几种。

1）雷击。雷击引起的干扰侵入二次控制系统的途径有三条：一是直击，瞬时注入大电流，通过布线传播，形成干扰；二是雷击其他设备，引起地电位升高，然后反击进入二次控制系统；三是击中二次设备附近的其他元器件，在二次系统周围造成剧烈的磁通变化，通过电磁耦合，在二次系统中形成干扰。

2）开关操作过电压。真空开关在切换感性负荷时，可能产生操作过电压，在切换容性负荷时，可能产生幅度很高的高频电流振荡，也会转变为过电压，借助线间耦合和接地耦合的方式串入二次系统中，影响二次系统的正常工作。

3）真空开关在带负荷合分时的电弧放电中引起的高频电磁辐射。辐射电磁波可能通过连接导线、机壳和屏蔽层之间的分布电容耦合进入二次系统。

此外还有静电放电干扰与开关电源的干扰。带静电的导体（如操作人员和其他物体）可以对二次控制系统产生直接放电干扰。静电带电体形成的高阻电场通过静电放电耦合会形成对系统的干扰。这种静电放电的持续时间短，脉冲功率密度高，严重时会烧毁二次控制系统中的弱电器件。真空开关的驱动系统以及上述测控单元中往往应用开关电源，其中的大功率电力电子器件工作频率在 20kHz 以上，且电流/电压的波形边沿陡峭，du/dt 和 di/dt 变化剧烈，是一个很强的噪声源，很容易干扰其他电子线路。

8.4.2　电磁干扰的抑制

根据电磁干扰耦合理论可知，提高智能电器电磁兼容水平可以从三方面着手：降低干扰源的电磁辐射水平；切断干扰的传输和耦合途径；降低弱电元件的电磁敏感性。具体的抗干扰措施设计可以从硬件和软件两方面入手来实施。硬件抗干扰设计包括如下方面：

（1）消除电源噪声

断路器在切换大容量负载时，会造成交流电网瞬时欠电压、过载和产生尖峰、浪涌干扰，所以在智能电器的控制设备中应采用有滤波网络的隔离变压器，使串入电网的噪声经滤波电容在机架接地处引入大地，从而抑制高频干扰。隔离变压器的二次侧连接线要采用双绞线，以减少电源线之间的干扰。

直流供电电压会随交流电压、负载电流、环境温度、元器件老化等因素而变化，引起电源发生脉冲波动，出现噪声。选用开关电源时，要使其容量和稳定度在保证二次控制设备可靠工作的基础上有一定余量。此外，对印制电路板上耗电量大的集成电路芯片，如CPU、RAM、ROM等，在其电源和地线之间加接芯片高频滤波电容，使芯片通断瞬间所需的尖峰电流可以从高频滤波电容上获得，避免引起电源干扰。此外，在进行智能电器设计时，应将开关电器的分/合闸电路、驱动电路、I/O通道的模拟、数字电路分别供电，有助于阻断电网干扰。

（2）接地技术

接地是抑制电磁干扰的主要措施。接地技术应遵循的基本原则是：数字地、模拟地、电源地和屏蔽地应分别接地，避免混用。要尽量使接地电路自成回路，减少电路与地线之间的电流耦合。合理布置地线使电流局限在尽可能小的范围内，并根据地电流的大小和频率设计相应宽度的印制电路和接地方式。

（3）合理的元部件布局

一般来说，按系统的各部分功能将其分成相应的功能模块，如电源模块、CPU控制模块和输入/输出模块等。如果机箱内布置不合理，则各功能模块之间容易形成较大的串扰。如果两个模块的输入、输出口相距太远，会增加两者的电缆连接线，从而引入较大的共模干扰。

妥善考虑每一个元器件的位置和布线，通过合理布局可以尽可能地降低传输通道间的干扰耦合。遵循的基本原则是：把相互有关的元器件尽量布置在一起，发热大的器件置于印制电路板的顶部，输入/输出接口电路置于印制电路板边沿靠插头处，开关及模拟电路的采样部分置于最外层，电感部件要尽可能远离可能引起干扰的元器件，易产生电磁干扰的元器件、大功率元器件应远离数字逻辑电路。

（4）传输线技术

传输线包括屏蔽线、双绞线、扁平电缆和同轴电缆等，正确地使用传输线可以有效地减少干扰。实际中还要考虑传输线的阻抗匹配。印制电路板设计中，当信号线长度大于0.3m时，可视为长线传输。当用长线从一个印制电路板到另一个印制电路板或其他外部设备传输时，应采用阻抗匹配方法，能起到改善波形、减少或消除长线传输对信号的反射等作用。外部配线长度小于30m时，直流输入/输出信号与交流输入/输出信号应分别使用各自的电缆；长度在30～300m时，除上述要求外，输入信号要用屏蔽线；长度大于300m时，应用中间继电器转换信号，或用I/O远程通道。

软件抗干扰设计包括如下方面：

（1）软件陷阱法

由于干扰会破坏程序寄存器的内容，导致程序跑飞或系统锁死。在软件设计中，通常在各子程序之间、各功能模块之间所有空白处，都写上连续三个空操作指令，后接一个无条件转移指令，一旦程序跑飞到这些区域，就会自动返回执行正常程序。

（2）数据和程序的冗余设计

在 EPROM 的空白区域写入一些重要的数据表和程序作为备份，以便系统程序被破坏时仍有备份的参数和程序维持系统的正常工作。

（3）软件滤波

在数据采集时采用去最大和最小值后取平均值算法、加权算法等数字滤波方法，用以消除因干扰引起的数据差错。另外，当信号宽度远远大于干扰脉冲宽度时，采用宽度判别法去掉干扰；对于数字开关信号可以采用判别法剔除干扰信号；对于变化很缓慢的信号采用幅度判别法判断信号是真实信号还是干扰。这些方法的使用，可以很好地排除干扰信号的影响。

（4）软件和硬件程序运行监视器（WATCH DOG）

在程序中的适当位置设置状态标志，当程序运行到这些标志处时即进行判断，看这些标志是否正常，若不正常便进入事故处理程序，这就是所谓"软件看门狗"。同时，也可以采用"硬件看门狗"，它独立于单片机，作为系统的最后一道防线。当干扰侵入 CPU、其他软件抗干扰措施无能为力时，系统将瘫痪，此时"硬件看门狗"将使系统复位，恢复正常工作。

8.4.3 电磁兼容试验

智能真空开关在应用前必须完成电磁兼容试验。根据国际电工委员会（IEC）的规定，所谓电磁兼容试验就是设备在进入现场之前经受在线和模拟其工作环境可能遇到的电磁干扰以及它在工作中产生的电磁兼容发射（包括辐射的发射和传导的发射）的各种试验。电磁兼容试验一般包括电磁敏感度试验和电磁抗扰度试验两方面。电磁敏感度试验是指在规定的条件下，对电力电子设备发出的有害电磁干扰进行测量，确定其是否超过了规定限值的试验。电磁抗扰度试验是指装置、系统必须经受在工作场所可能遇到的各种电磁干扰的试验。前者主要是测量电磁干扰辐射水平，一般分不同频段进行测量和评价。后者实际上是设备对电磁干扰耐受能力的考核，为了保证考核的全面性和准确性，相关国家标准规定了八种类型的电磁干扰。用户可以对全部干扰类型进行试验，也可以根据设备使用的电磁环境选择部分干扰类型进行试验。

智能真空开关主要考核电磁抗扰度试验，试验的目的是检验连接到供电网络、控制和通信网络中的电气、电子设备对传导干扰、辐射干扰的承受能力。一般采用专门试验装置，根据 IEC61000－4（试验和测量技术）国际标准和电磁抗扰度试验国家标准 GB/T 17626，做以下几个方面的工作：

1）静电放电抗扰度试验：试品处于正常工作状态，采用直接放电方式用放电枪在其表面进行放电。原则上，凡可以用直接接触放电的地方一律用直接接触放电，否则采用气隙放电。采用间接放电方式时，用放电枪对试品附近的金属板放电。

2）射频辐射电磁场抗扰度试验：在电波暗室中，信号发生器输出的射频信号经功率放大器放大到需要的等级后，通过天线建立电磁场，同时观察试品运行状态，判断其是否能够正常工作。

3）电快速瞬变脉冲群抗扰度试验：将电快速瞬变脉冲群发生器输出的由许多快速瞬变脉冲组成的脉冲群耦合到试品的电源端口、信号和控制端口，检验其是否能正常工作。

4）雷击浪涌抗扰度试验：分别用组合波发生器和 10/700μs 浪涌波发生器经耦合/去耦

网络对试品的电源线和通信线施加浪涌干扰，检验该干扰是否能损坏智能电器设备。

5）由射频场感应所引起的传导干扰抗扰度试验：由射频信号发生器输出的射频干扰信号经过射频功率放大器，低通、高通滤波器和固定衰减器后变为传导干扰信号。该传导干扰信号再经过耦合/去耦网络耦合到试品的端口上，检验其是否能正常工作。

6）工频磁场抗扰度试验：电流发生器输出工频电流进入感应线圈，感应线圈产生工频磁场，由此检验放在感应线圈中央的试品抗工频磁场干扰的能力。

7）电压跌落、短时中断和电压渐变抗扰度试验：根据试验的要求，通过控制器控制波形发生器输出相应的干扰模拟信号，经功率放大器施加在试品的电源端口，检验其抗干扰的能力。

8）衰减振荡波抗扰度试验：衰减振荡波发生器输出 1MHz 或 100kHz 的干扰信号，经过耦合/去耦网络以共模或差模的形式耦合到试品的电源线上，检验其抗衰减振荡波干扰的能力。

8.4.4　智能真空开关的可靠性评价

上述智能真空开关的电磁兼容问题实际上反映了人们对产品的可靠性有了更高的需求。可靠性指标评价反映在技术规范中。一般技术规范定义的产品可靠性为产品在规定条件下和规定时间内完成规定功能的能力。从这个定义可以看出，可靠性包含了五个要素：产品对象、使用条件、规定时间、规定功能和能力。为了确切地评价智能真空开关的可靠性程度，必须做出定量刻画。由于可靠性所涉及的对象各式各样，其完成规定功能的能力往往也采用不同的特征量来描述，如可靠度、失效率和平均寿命等。

1. 常用的可靠性指标

（1）可靠度

可靠度是指产品在规定条件下和规定时间内完成规定功能的概率。设有 N 个产品或元器件工作到 t 时刻的失效数为 $n(t)$，则产品在这段时间内的可靠度为

$$R(t)=\frac{N-n(t)}{N} \tag{8-10}$$

显然有

$$R(t)=1-F(t)=1-\int_0^t f(t)\,\mathrm{d}t \tag{8-11}$$

$$\lambda(t)=\frac{f(t)}{R(t)} \tag{8-12}$$

（2）失效率和失效概率密度

失效率是产品工作到 t 时刻后，在单位时间内失效的概率。设有 N 个产品，工作到 t 时刻的失效产品数为 $n(t)$，若（t，$t+\Delta t$）时间区段内有 $\Delta n(t)$ 个产品失效，则定义 t 时刻的产品失效率为

$$\lambda(t)=\frac{\Delta n(t)}{[N-n(t)]\Delta t} \tag{8-13}$$

失效概率密度为

$$f(t)=\frac{\Delta n(t)}{N\Delta t}=\frac{\mathrm{d}n(t)}{N\mathrm{d}t} \tag{8-14}$$

（3）平均寿命

平均寿命是指一批产品的寿命的算术平均值。对于不可修复的产品，平均寿命是指从开始使用到发生故障的平均时间（或工作次数），记为 MTTF（Mean Time To Failure）。对于可修复的产品，平均寿命是指一次故障到下一次故障的平均时间（或工作次数），记为平均无故障工作时间 MTBF（Mean Time Before Fault）。

2. 设备常见失效模式与模型

人们在大量使用和试验中发现，产品的失效具有多种模式。智能真空开关系统也大致遵循这些模式。最常见的产品失效模式如图 8-29 所示。由于它形状上类似于一个浴盆，因此又常被称为“浴盆失效模式”或“浴盆曲线”。它表示产品在投入使用初期，由于各部分的配合尚未达到良好，容易出现故障，经过一段时间的磨合后，系统各部分状态逐渐配合和谐，系统的故障率表现为一个相对稳定的值。在产品寿命终了时，故障率又快速增加，此时是因为系统各部分磨损达到较大的程度，已经达到寿命期。

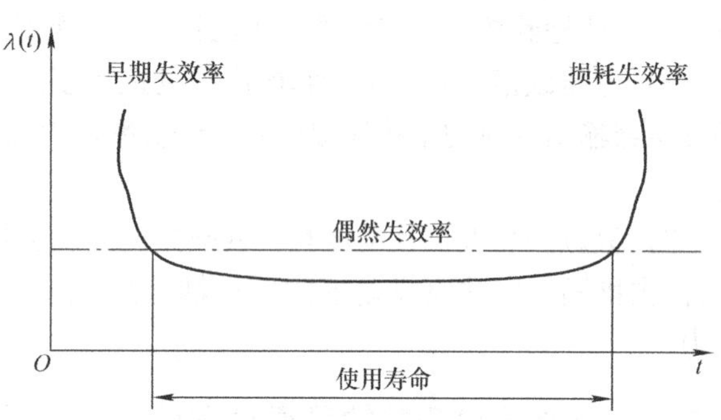

图 8-29　产品典型失效模式——模式一

第二种、第三种模式主要反映开关的电磨损与机械磨损。第二种产品失效模式如图 8-30所示，它表示产品从投入使用至寿命终了的时间内，发生故障的可能性都保持在一个相对稳定的低水平上，直到产品磨损到一定程度后，故障概率逐渐增加。

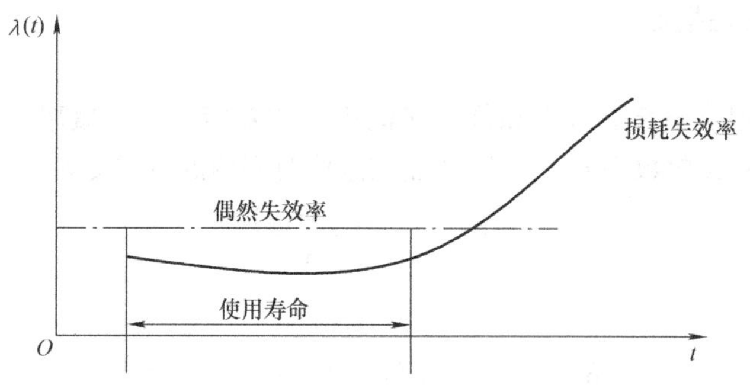

图 8-30　产品典型失效模式——模式二

第三种产品失效模式如图 8-31 所示。它表示产品从投入使用时开始，其故障概率随时间而线性增加，直至达到产品的寿命终了。

第四种产品失效模式如图 8-32 所示，主要考虑真空开关真空度的可能衰减，即产品在投入使用初期，处于一种故障概率非常低的状态，随着使用而快速增加至一稳定值，随后即长时间保持在该稳定值上，直至产品真空度崩溃为止。

准确评价产品的可靠性需要建立正确的模型。一个产品可以看成由一系列部件和元器件组成的系统，该系统的可靠性与各元器件的可靠性、系统的组成方式等有关。可通过系统可靠性模型进行分析。

系统可靠性模型是从可靠性角度表示系统各单元、元器件之间的逻辑关系的概念模型，

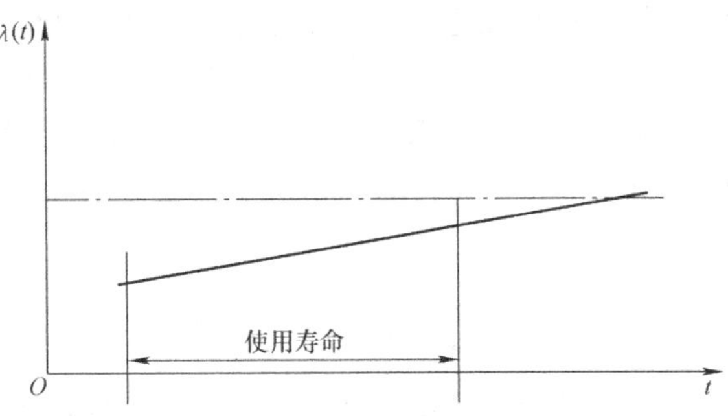

图 8-31　产品典型失效模式——模式三

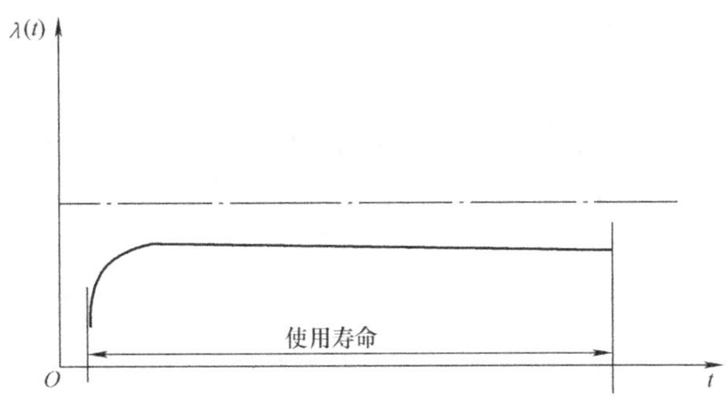

图 8-32　产品典型失效模式——模式四

包括可靠性结构模型和可靠性数学模型。可靠性结构模型是将系统各单元之间的可靠性逻辑关系用框图方式表达的一种模型，又称为可靠性框图。可靠性数学模型是对可靠性框图所表示的逻辑关系的数学描述。

典型的可靠性结构模型有串联结构、并联结构、串并联混合结构、表决及复杂结构等。在组成系统的所有元器件中，任意一个元器件发生故障（失效）都将导致整个系统发生故障（失效），这种可靠性逻辑关系称为串联结构。假设串联结构模型中有 n 个相互独立的单元，每个单元的可靠度分别为 $R_i(t)$，$i=1$，2，…，n，则整个系统的可靠度为

$$R_S(t) = R_1(t) \cdot R_2(t) \cdot \cdots \cdot R_n(t) = \prod_{i=1}^{n} R_i(t) \tag{8-15}$$

当组成系统的所有单元都发生故障（失效）时，系统才发生故障（失效），系统中只要有一个单元在正常工作，整个系统就能正常工作，这样的系统称为并联系统。对于一般的并联系统，假定存在 n 个相互独立的并联单元，每个单元的可靠度为 $R_i(t)$，$i=1$，2，…，n，各单元的累积失效概率，或称各单元的不可靠度为 $F_i(t)$，$i=1$，2，…，n，则整个系统的累积失效概率为

$$F_S(t) = F_1(t) \cdot F_2(t) \cdot \cdots \cdot F_n(t) = \prod_{i=1}^{n} F_i(t) = \prod_{i=1}^{n} [1 - R_i(t)] \tag{8-16}$$

系统的可靠度为

$$R_S(t) = 1 - F_S(t) = 1 - \prod_{i=1}^{n} F_i(t) = 1 - \prod_{i=1}^{n} [1 - R_i(t)] \tag{8-17}$$

如果有 m 个可靠度均为 R 的单元组成的并联结构，其中必须有 n 个单元正常工作，整个系统才能正常工作，称这种模型为（m，n）表决系统，该系统的可靠度计算方法可用二项式分布的公式计算，即当 m 个单元中有 n 个单元正常工作时，系统工作正常。如果有 $n+1$，$n+2$……直到 m 个单元工作正常，那么系统工作也一定正常，故可根据加法定律，得到整个系统的可靠度为

$$R_S = \sum_{i=n}^{m} C_m^i R^i (1-R)^{m-i} \tag{8-18}$$

其他一些复杂结构的可靠性模型可根据以上方法得到。这样，在得到了组成系统的各单元的可靠度的基础上，就可以计算得到整个系统的可靠度及其他可靠性指标参数。

3. 可靠性的评估与评价

进行系统可靠性的预测和评估有很多方法，如上文所介绍的基于系统可靠性结构模型的估计法、图估计法、功能预计法、简单枚举归纳推理可靠性快速预计法、元器件计数可靠性预计法和元器件应力分析预计法等。其中，前面几种方法主要用于方案论证与确定阶段的粗略估计，而元器件应力分析法虽然比较准确，但是计算比较烦琐复杂。

元器件计数法是根据设备中各种元器件的数量及该种元器件的通用失效率、质量等级及设备的应用环境类别等来估算产品可靠性的一种方法，其计算设备失效率 λ_{AP} 的数学表达式为

$$\lambda_{AP} = \sum_{i=1}^{n} N_i(\lambda_{Gi}\pi_{Qi}) \tag{8-19}$$

其中，λ_{AP}为设备的总失效率；λ_{Gi}为第 i 个元器件的通用失效率；π_{Qi}为第 i 个元器件的通用质量系数；N_i为第 i 个元器件的数量；n 为设备所用元器件的种类数目。

通常，采用元器件计数法对设备进行可靠性预测时，都不需要建立相应的可靠性结构模型，只是把设备中所有同类元器件的可靠性指标简单相加，因此，整个估计比较粗略。为提高计算准确度，可以将元器件计数法和可靠性结构模型结合起来。下文是一个利用元器件计数法和可靠性结构模型相结合对一个控制器进行可靠性估计的例子。

控制器包含工作电源（双电源）、电流检测单元（A、B、C 三相）、电压检测单元、控制单元、驱动单元、显示单元和操作单元等功能模块。系统各单元之间的可靠性逻辑关系如图 8-33 所示。从图 8-33 可以看出，该控制器各功能模块之间的关系为串联结构，但工作电源、电压检测单元、驱动电路和操作单元等模块都采用了并联结构。此外，A、B、C 三相电流检测电路中只要有任意两相电流检测电路能正常工作，就可以判别相间短路故障，因此，A、B、C 三相电流检测电路是一个（3，2）并联结构（表决系统）模型。设该控制器

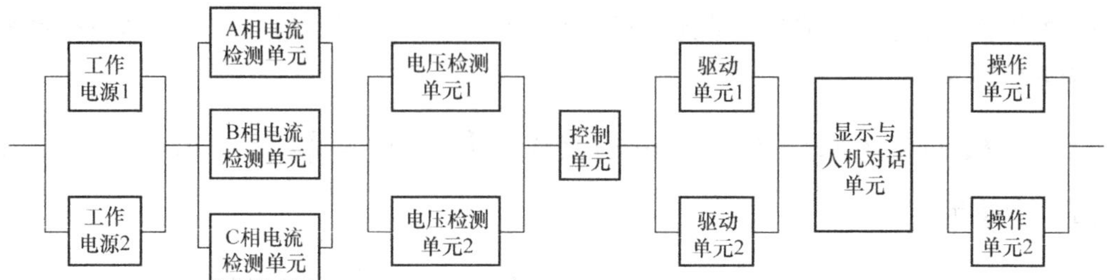

图 8-33　控制器可靠性结构模型

使用的元器件数量及其失效率计算结果见表 8-6。可以计算出控制器的可靠性估计结果，如表中的故障率和总故障率。

表 8-6　控制器使用的元器件数量及其失效率计算结果

单元	元器件名称	数量/只	通用失效率 $\lambda_G/(10^{-6}/h)$	质量系数 π_Q	故障率 $/(10^{-6}/h)$	总故障率 $/(10^{-6}/h)$
工作电源	功率变压器	1	0.053	3.0	0.159	0.159
	滤波变压器	1	0.0625	1.0	0.0625	0.0625
	滤波器	1	0.053	3.0	0.159	0.159
	整流二极管	4	0.036	1.5	0.054	0.216
	电解电容	1	0.23	1.5	0.345	0.345
	水泥电阻	1	0.014	1.5	0.21	0.021
	开关电源	1	0.01	1.0	0.01	0.01
单相电流检测单元	CT	1	0.004	3.0	0.012	0.012
	二极管	4	0.036	1.5	0.054	0.216
	精密电阻	1	0.0031	3.0	0.0093	0.0093
	可调电阻	1	0.0034	3.0	0.0102	0.0102
	钽电解电容	1	0.026	3.0	0.078	0.078
单相电压检测单元	PT	1	0.004	3.0	0.012	0.012
	二极管	4	0.036	1.5	0.054	0.216
	精密电阻	1	0.0031	3.0	0.0093	0.0093
	可调电阻	1	0.0034	3.0	0.0102	0.0102
	钽电解电容	1	0.026	3.0	0.078	0.078
控制单元	A/D 模块	1	0.005	1.0	0.005	0.005
	PLC	1	0.005	1.0	0.005	0.005
驱动电路	继电器	2	0.14	1.5	0.21	0.42
	电解电容	1	0.13	1.5	0.195	0.195
	二极管	3	0.036	1.5	0.054	0.162
	水泥电阻	1	0.014	1.5	0.21	0.21
显示单元	TD200 模块	1	0.005	1.0	0.005	0.005
操作单元	拨动开关	1	0.011	3.0	0.033	0.033
	按钮开关	5	0.011	3.0	0.033	0.165
总计						5.618

由表 8-6 的计算结果并结合图 8-33 的可靠性结构模型，可计算各单元的可靠度，计算结果见表 8-7。根据以上计算结果可以得出控制器的整体可靠度 $R_S=0.981627$，平均工作寿命为 177999.29h。

表 8-7　各单元可靠度的计算结果

单元	工作电源	电流检测单元	电压检测单元	控制单元	驱动电路	显示单元	操作单元
可靠度	0.993423	0.997674	0.99210	0.99124	0.993149	0.999561	0.999704

参考文献

[1] 邹积岩，何俊佳，孙辉，等．智能电器［M］.2版．北京：机械工业出版社，2019.

[2] 王汝文，宋政湘，张国钢．电器智能化原理及应用［M］．北京：电子工业出版社，2008.

[3] 邹积岩，王毅．开关智能化的概念与相关的理论研究［J］．高压电器，2000，36（6）：43.

[4] 江征风．测试技术基础［M］.2版．北京：北京大学出版社，2010.

[5] 纪建伟．传感器与信号处理电路［M］．北京：中国水利水电出版社，2008.

[6] 钱家骊．相位控制高压断路器的动向［J］．高压电器，2001，31（1）：38－40.

[7] 苏方春，李凯．开关设备选相分合闸技术的发展现状［J］．电气开关，1997（2）：3－5.

[8] 方春恩．基于电子操动的同步开关理论与应用研究［D］．大连：大连理工大学，2004.

[9] 董恩源．基于电子操动的快速直流断路器的研究［D］．大连：大连理工大学，2004.

[10] 郑占峰．基于换流技术的快速直流真空开关理论与应用研究［D］．大连：大连理工大学，2013.

[11] 秦涛涛．真空直流断路器循迹操动及开断动态影响因素研究［D］．大连：大连理工大学，2017.

[12] 曾祥浩．多断口真空断路器有限异步分断与动态介质恢复补偿研究［D］．大连：大连理工大学，2019.

[13] 周莉，童雪芳，文习山，等．断路器均压电容爆炸原因的仿真分析与研究［J］．高电压技术，2005，31（9）：34－37.

[14] FUGEL T，KOENIG D. Influence of grading capacitors on the breaking performance of a 24 － kV vacuum breaker series design［J］. Dielectrics and Electrical Insulation，IEEE Transactions，2003，10（4）：569－575.

[15] SARRAILH P，GARRIGUES L，HAGELAAR G J M，et al. Plasma decay modeling during the post － arc phase of a vacuum circuit breaker［C］. Discharges and Electrical Insulation in Vacuum，ISDEIV 2008. 23rd International Symposium. IEEE，2008，2：406－409.

[16] 刘路辉，等，快速直流断路器研究现状与展望［J］．中国电机工程学报，2017，37（4）：966－977.

[17] 钱振宇．3C认证中的电磁兼容测试与对策［M］．北京：电子工业出版社，2004.

[18] 王庆斌，刘萍，尤利文．电磁干扰与电磁兼容技术［M］．北京：机械工业出版社，1999.

[19] 朗维川，张文亮．电磁兼容与抗扰性试验的选择［J］．高电压技术，1998，24（1）：41－46.

[20] 程林，何剑．电力系统可靠性原理和应用［M］．北京：清华大学出版社，2015.

[21] 陆险国，唐义良．电器可靠性理论及其应用［M］．北京：机械工业出版社，1995.

[22] 廖敏夫．基于光控模块的多断口真空开关研究［D］．大连：大连理工大学，2004.

[23] 文化宾．基于虚拟样机技术的新型高压真空开关研究［D］．大连：大连理工大学，2009.

[24] 黄智慧．短路故障的相控开断及在光控真空模块中的应用研究［D］．大连：大连理工大学，2012.